轨道交通装备制造业职业技能鉴定指导丛书

工 具 钳 工

中国北车股份有限公司　编写

中国铁道出版社

２０１５年·北京

图书在版编目(CIP)数据

工具钳工/中国北车股份有限公司编写．—北京：
中国铁道出版社，2015.6

(轨道交通装备制造业职业技能鉴定指导丛书)

ISBN 978-7-113-20185-2

Ⅰ.①工…　Ⅱ.①中…　Ⅲ.①钳工－职业技能－
鉴定－自学参考资料　Ⅳ.①TG9

中国版本图书馆 CIP 数据核字(2015)第 065019 号

书　　名：<u>轨道交通装备制造业职业技能鉴定指导丛书</u>
工具钳工

作　　者：中国北车股份有限公司

策　　划：江新锡　钱士明　徐　艳

责任编辑：张　瑜　　　　　　　　编辑部电话：010-51873371

封面设计：郑春鹏

责任校对：苗　丹

责任印制：郭向伟

出版发行：中国铁道出版社(100054，北京市西城区右安门西街 8 号)

网　　址：http://www.tdpress.com

印　　刷：北京市昌平开拓印刷厂

版　　次：2015 年 6 月第 1 版　2015 年 6 月第 1 次印刷

开　　本：787 mm×1 092 mm　1/16　印张：14　字数：345 千

书　　号：ISBN 978-7-113-20185-2

定　　价：43.00 元

中国北车职业技能鉴定教材修订、开发编审委员会

序

在党中央、国务院的正确决策和大力支持下，中国高铁事业迅猛发展。中国已成为全球高铁技术最全、集成能力最强、运营里程最长、运行速度最高的国家。高铁已成为中国外交的新名片，成为中国高端装备"走出国门"的排头兵。

中国北车作为高铁事业的积极参与者和主要推动者，在大力推动产品、技术创新的同时，始终站在人才队伍建设的重要战略高度，把高技能人才作为创新资源的重要组成部分，不断加大培养力度。广大技术工人立足本职岗位，用自己的聪明才智，为中国高铁事业的创新、发展做出了重要贡献，被李克强同志亲切地赞誉为"中国第一代高铁工人"。如今在这支近5万人的队伍中，持证率已超过96%，高技能人才占比已超过60%，3人荣获"中华技能大奖"，24人荣获国务院"政府特殊津贴"，44人荣获"全国技术能手"称号。

高技能人才队伍的发展，得益于国家的政策环境，得益于企业的发展，也得益于扎实的基础工作。自2002年起，中国北车作为国家首批职业技能鉴定试点企业，积极开展工作，编制鉴定教材，在构建企业技能人才评价体系、推动企业高技能人才队伍建设方面取得明显成效。为适应国家职业技能鉴定工作的不断深入，以及中国高端装备制造技术的快速发展，我们又组织修订、开发了覆盖所有职业（工种）的新教材。

在这次教材修订、开发中，编者们基于对多年鉴定工作规律的认识，提出了"核心技能要素"等概念，创造性地开发了《职业技能鉴定技能操作考核框架》。该《框架》作为技能人才评价的新标尺，填补了以往鉴定实操考试中缺乏命题水平评估标准的空白，很好地统一了不同鉴定机构的鉴定标准，大大提高了职业技能鉴定的公信力，具有广泛的适用性。

相信《轨道交通装备制造业职业技能鉴定指导丛书》的出版发行，对于促进我国职业技能鉴定工作的发展，对于推动高技能人才队伍的建设，对于振兴中国高端装备制造业，必将发挥积极的作用。

中国北车股份有限公司总裁：

2015. 2. 7

前　言

　　鉴定教材是职业技能鉴定工作的重要基础。2002 年，经原劳动保障部批准，中国北车成为国家职业技能鉴定首批试点中央企业，开始全面开展职业技能鉴定工作。2003 年，根据《国家职业标准》要求，并结合自身实际，组织开发了《职业技能鉴定指导丛书》，共涉及车工等 52 个职业（工种）的初、中、高 3 个等级。多年来，这些教材为不断提升技能人才素质、适应企业转型升级、实施"三步走"发展战略的需要发挥了重要作用。

　　随着企业的快速发展和国家职业技能鉴定工作的不断深入，特别是以高速动车组为代表的世界一流产品制造技术的快步发展，现有的职业技能鉴定教材在内容、标准等诸多方面，已明显不适应企业构建新型技能人才评价体系的要求。为此，公司决定修订、开发《轨道交通装备制造业职业技能鉴定指导丛书》（以下简称《丛书》）。

　　本《丛书》的修订、开发，始终围绕促进实现中国北车"三步走"发展战略、打造世界一流企业的目标，努力遵循"执行国家标准与体现企业实际需要相结合、继承和发展相结合、坚持质量第一、坚持岗位个性服从于职业共性"四项工作原则，以提高中国北车技术工人队伍整体素质为目的，以主要和关键技术职业为重点，依据《国家职业标准》对知识、技能的各项要求，力求通过自主开发、借鉴吸收、创新发展，进一步推动企业职业技能鉴定教材建设，确保职业技能鉴定工作更好地满足企业发展对高技能人才队伍建设工作的迫切需要。

　　本《丛书》修订、开发中，认真总结和梳理了过去 12 年企业鉴定工作的经验以及对鉴定工作规律的认识，本着"紧密结合企业工作实际，完整贯彻落实《国家职业标准》，切实提高职业技能鉴定工作质量"的基本理念，在技能操作考核方面提出了"核心技能要素"和"完整落实《国家职业标准》"两个概念，并探索、开发出了中国北车《职业技能鉴定技能操作考核框架》；对于暂无《国家职业标准》、又无相关行业职业标准的 40 个职业，按照国家有关《技术规程》开发了《中国北车职业标准》。经 2014 年技师、高级技师技能鉴定实作考试中 27 个职业的试用表明：该《框架》既完整反映了《国家职业标准》对理论和技能两方面的要求，又适应了企业生产和技术工人队伍建设的需要，突破了以往技能鉴定实作考核中试卷的难度与完整性评估的"瓶颈"，统一了不同产品、不同技术含量企业的鉴定标准，提高了鉴定考核的技术含量，保证了职业技能鉴定的公平性，提高了职业技能鉴定工作质量和管理水平，将成为职业技能鉴定工作、进而成为生产操作者技能素质评价的新标尺。

本《丛书》共涉及98个职业(工种),覆盖了中国北车开展职业技能鉴定的所有职业(工种)。《丛书》中每一职业(工种)又分为初、中、高3个技能等级,并按职业技能鉴定理论、技能考试的内容和形式编写。其中:理论知识部分包括知识要求练习题与答案;技能操作部分包括《技能考核框架》和《样题与分析》。本《丛书》按职业(工种)分册,并计划第一批出版74个职业(工种)。

本《丛书》在修订、开发中,仍侧重于相关理论知识和技能要求的应知应会,若要更全面、系统地掌握《国家职业标准》规定的理论与技能要求,还可参考其他相关教材。

本《丛书》在修订、开发中得到了所属企业各级领导、技术专家、技能专家和培训、鉴定工作人员的大力支持;人力资源和社会保障部职业能力建设司和职业技能鉴定中心、中国铁道出版社等有关部门也给予了热情关怀和帮助,我们在此一并表示衷心感谢。

本《丛书》之《工具钳工》由济南轨道交通装备有限责任公司《工具钳工》项目组编写。主编李克强,副主编孟亚平;主审王广利,副主审孙卫国。

由于时间及水平所限,本《丛书》难免有错、漏之处,敬请读者批评指正。

中国北车职业技能鉴定教材修订、开发编审委员会
二〇一四年十二月二十二日

目　录

工具钳工(职业道德)习题

一、填 空 题

1. ( )是职业道德最基本、最起码、最普通的要求。

2. 爱岗是敬业的( ),不爱岗的人,很难做到敬业;敬业是爱岗情感的进一步升化,不敬业的人,很难说是真正的爱岗。

3. ( )信念是职业道德认识和职业道德情感的统一。

4. 工作者要做到敬业,首先要树立正确的( ),认识到无论哪种职业,都是社会分工的不同,并无高低贵贱之分。

5. 加强职业道德是市场经济道德( )的内在要求。

6. 社会主义职业道德是以( )为指导的。

7. ( )是社会主义道德的集中体现,是贯穿社会主义社会一切道德规范的灵魂。

8. 职业道德的最基本要求是( ),为社会主义建设服务。

9. 积极参加( )是职业道德修养的根本途径。

10. ( )是社会主义职业道德的重要规范,是职业道德的基础和基本精神。

11. 诚实守信就是忠诚老实、( ),是中华民族为人处事的一种美德。

12. 一个团队是否有亲和力和战斗力,关键取决于领头人,特别是基层管理者(尤其是班组长),应该成为团队( )的核心。

13. 在职业活动中,主张个人利益高于他人利益、集体利益和国家利益的思想属于( )。

14. 诚实守信的具体要求是忠诚所属企业、维护企业信誉、( )。

15. 职业纪律的最终目标是( )。

16. 职业道德是人们在长期的职业活动中的( )的总和。

17. 职业道德与国家的法律、法规不同,是以意识形态存在于职业活动的、不成条文的行为原则,是靠人们的( )、职业义务感和社会舆论的影响来保证的。

18. 职业守则是企业在长期的工作实践中形成的一种共同遵守的行为准则,是( )的组成部分。

19. 企业职业纪律的核心是( )。

20. 爱岗就是热爱自己的( ),热爱本职工作,亦称热爱本职。

21. 敬业就是对自己的职业有一种敬畏感,用一种严肃的态度对待自己的工作和责任,( )。

22. 敬业本质上是一种文化精神,是( )的集中体现。

23. 爱岗敬业是全社会大力提倡的职业道德行为准则,是国家对人们职业行为的( ),是每一个从业人员应遵守的共同职业道德。

24. 职业道德具有( )的性质。

25. 诚信既是一种道德品质,也是一种(　　　)。

二、单项选择题

1. 下列职业道德活动,符合"仪表端庄"具体要求的是(　　　)。
(A)着装华贵　　　　　　　　　　(B)鞋袜搭配合理
(C)饰品俏丽　　　　　　　　　　(D)发型突出个性

2. 职业道德的原则与企业为保障其发展所制定的规章制度的关系是(　　　)。
(A)遵守职业道德与遵守规章制度相矛盾
(B)遵守职业道德主要靠强制性
(C)职业道德与企业的规章制度之间相辅相成、相得益彰
(D)遵守规章制度主要靠人们的自觉性

3. 下列说法不符合从业人员开拓创新要求的是(　　　)。
(A)坚定的信心和顽强的意志　　　(B)先天生理因素
(C)思维训练　　　　　　　　　　(D)标新立异

4. 关于人与人的工作关系,正确的观点是(　　　)。
(A)主要是竞争　　　　　　　　　(B)有合作,也有竞争
(C)竞争与合作同样重要　　　　　(D)合作多于竞争

5. 职业道德教育的前提和依据是(　　　)。
(A)职业道德认识　　　　　　　　(B)职业道德情感
(C)职业道德意志　　　　　　　　(D)职业道德信念

6. 下列不属于职业道德教育方法的是(　　　)。
(A)理论灌输的方法　　　　　　　(B)他人教育的方法
(C)典型示范的方法　　　　　　　(D)舆论扬抑的方法

7. 企业员工诚实守信的具体要求是(　　　)。
(A)忠诚所属的企业　　　　　　　(B)维护企业信誉
(C)保守企业秘密　　　　　　　　(D)以上都是

8. 党的十八大报告指出,认真贯彻公民道德建设实施纲要,弘扬爱国主义精神,以为人民服务为核心,以集体主义为原则,以(　　　)为重点。
(A)无私奉献　　　(B)爱岗敬业　　　(C)诚实守信　　　(D)遵纪守法

9. 下列关于以德治国与依法治国的关系,说法正确的是(　　　)。
(A)依法治国比以德治国更为重要
(B)以德治国比依法治国更为重要
(C)德治是目的,法治是手段
(D)以德治国与依法治国是相辅相成,相互促进

10. (　　　)是社会主义职业道德的显著标志。
(A)讲究个人利益　　　(B)重视集体利益　　　(C)反对拜金主义　　　(D)为人民服务

11. 职业道德的一般的规范要求是(　　　)。
(A)爱岗敬业　　　(B)诚实守信　　　(C)办事公道　　　(D)以上都是

12.《公民道德建设实施纲要》提出,要充分发挥社会主义市场经济机制的积极作用,人们

必须增强( )。

(A)个人意识、协作意识、效率意识、物质利益观念、改革开放意识

(B)个人意识、竞争意识、公平意识、民主法制意识、开拓创新精神

(C)自立意识、竞争意识、效率意识、民主法制意识、开拓创新精神

(D)自立意识、协作意识、公平意识、物质利益观念、改革开放意识

13. 现实生活中,一些人不断地从一家公司"跳槽"到另一家公司。虽然这种现象在一定意义上有利于人才的流动,但同时也说明这些从业人员缺乏( )。

(A)工作技能 　　　　　　　　(B)强烈的职业责任感

(C)光明磊落的态度 　　　　　　(D)坚持真理的品质

14. 某商场有一位顾客在买东西时,态度非常蛮横,语言也不文明,并提出了许多不合理的要求,你认为营业员应该( )。

(A)坚持耐心细致地给顾客作解释,并最大限度地满足顾客要求

(B)立即向领导汇报

(C)对顾客进行适当的批评教育

(D)不再理睬顾客

15. 集体主义的原则首先要求( ),这是一个大前提。

(A)个人利益服从国家利益 　　　(B)集体利益包含个人利益

(C)集体利益服从国家利益 　　　(D)个人利益服从集体利益

16. 职业情感包括( )和道德责任感。

(A)职业道德规范 　(B)职业道德信念 　(C)道德风尚 　(D)道德习惯

17. 职业道德最突出的外在表现具有( )。

(A)实践性和现实性 　　　　　　(B)现实性和修养性

(C)实践性和修养性 　　　　　　(D)道德性和修养性

18. 诚实和守信两者意思是相通的,是相互联系在一起的。诚实和守信的关系是( )。

(A)守信是诚实的基础,诚实是守信的具体表现

(B)诚实是守信的基础,守信是诚实的具体表现

(C)诚实侧重于对自己应承担、履行的责任和义务的忠实,毫不保留的实践自己的诺言

(D)守信侧重于对客观事实的反映是真实的,对自己内心的思想、情感的表达是真实的

19. 关于职业道德,正确的说法是( )。

(A)职业道德有助于增强企业凝聚力,但无助于企业技术进步

(B)职业道德有助于提高企业生产率,但无助于降低生产成本

(C)职业道德有利于提高员工职业技能,增强企业的竞争力

(D)职业道德只有助于提高产品质量,但无助于提高企业信誉和形象

20. 坚持办事公道,必须做到( )。

(A)坚持真理 　　(B)自我牺牲 　　(C)舍己为人 　　(D)拾金不昧

21. 强化员工职业责任感是( )职业道德规范的具体要求。

(A)团结协作 　　(B)诚实守信 　　(C)勤劳节俭 　　(D)爱岗敬业

22. 办事公道是指职业人员在进行职业活动时要做到( )。

(A)原则至上,不徇私情,举贤任能,不避亲疏

(B)奉献社会,襟怀坦荡,待人热情,勤俭持家

(C)支持真理,公私分明,公平公正,光明磊落

(D)牺牲自我,助人为乐,邻里和睦,正大光明

23. 关于勤劳节俭的说法,正确的是(　　　)。

(A)阻碍消费,因而会阻碍市场经济的发展

(B)市场经济需要勤劳,但不需要节俭

(C)节俭是促进经济发展的动力

(D)节俭有利于节省资源,但与提高生产力无关

24. 下列关于诚实守信的认识和判断,正确的是(　　　)。

(A)诚实守信与经济发展相矛盾　　　　(B)诚实守信是市场经济应有的法则

(C)是否诚实守信要视具体对象而定　　(D)诚实守信应以追求利益最大化为准则

25. 要做到遵纪守法,对每个职工来说必须做到(　　　)。

(A)有法可依　　　　　　　　　　　　(B)反对"管"、"卡"、"压"

(C)反对自由主义　　　　　　　　　　(D)努力学法、知法、守法、用法

26. 下列关于创新的论述,正确的是(　　　)。

(A)创新与继承根本对立　　　　　　　(B)创新就是独立自主

(C)创新是民族进步的灵魂　　　　　　(D)创新不需要引进国外新技术

27. 下列关于爱岗敬业的说法,正确的是(　　　)。

(A)市场经济鼓励人才流动,再提倡爱岗敬业已不合时宜

(B)即便在市场经济时代,也要提倡"干一行、爱一行、专一行"

(C)要做到爱岗敬业,就应一辈子在岗位上无私奉献

(D)在现实中,我们不得不承认,"爱岗敬业"的观念阻碍了人们的择业自由

28. 下列选项没有违反诚实守信要求的是(　　　)。

(A)保守企业秘密　　　　　　　　　　(B)派人打进竞争对手内部,增强竞争优势

(C)根据服务对象来决定是否遵守承诺　(D)凡有利于企业利益的行为

三、多项选择题

1. 关于爱岗敬业的说法,正确的有(　　　)。

(A)爱岗敬业是现代企业精神

(B)现代社会提倡人才流动,爱岗敬业正逐步丧失它的价值

(C)爱岗敬业要树立终生学习观念

(D)发扬螺丝钉精神是爱岗敬业的重要表现

2. 下列情况属于不诚实劳动的是(　　　)。

(A)出工不出力　　　　　　　　　　　(B)炒股票

(C)制造假冒伪劣产品　　　　　　　　(D)盗版

3. 维护企业信誉必须做到(　　　)。

(A)树立产品质量意识　　　　　　　　(B)重视服务质量,树立服务意识

(C)保守企业一切秘密　　　　　　　　(D)妥善处理顾客对企业的投诉

4. 职业道德的价值在于(　　　)。

(A)有利于企业提高产品和服务的质量

(B)可以降低成本,提高劳动生产率和经济效益

(C)有利于协调职工之间及职工与领导之间的关系

(D)有利于企业树立良好形象,创造著名品牌

5. 下列说法正确的是(　　)。

(A)办事公道是对厂长、经理的职业道德要求,与普通工人关系不大

(B)诚实守信是每一个劳动者都应具有的品质

(C)诚实守信可以带来经济效益

(D)在激烈的市场竞争中,信守承诺者往往失败

6. 老陈是企业的老职工,始终坚持节俭办事的原则。有些年轻人看不惯他这样做,认为他的做法与市场经济原则不符。在你看来,节俭的重要价值在于(　　)。

(A)节俭是安邦定国的法宝　　　　　(B)节俭是诚实守信的基础

(C)节俭是持家之本　　　　　　　　(D)节俭是维持人类生存的必需

7. 文明职工的基本要求是(　　)。

(A)模范遵守国家法律和各项纪律

(B)努力学习科学技术知识,在业务上精益求精

(C)顾客是上帝,对顾客应唯命是从

(D)对态度蛮横的顾客要以其人之道还治其人之身

8. 下列说法符合"语言规范"具体要求的是(　　)。

(A)多说俏皮话　　　　　　　　　　(B)用尊称,不用忌语

(C)语速要快,节省客人时间　　　　(D)不乱幽默,以免客人误解

9. 企业文化的功能有(　　)。

(A)激励功能　　　(B)自律功能　　　(C)导向功能　　　(D)整合功能

10. 下列说法正确的是(　　)。

(A)岗位责任规定岗位的工作范围和工作性质

(B)操作规程是职业活动具体而详细的次序和动作要求

(C)规章制度是职业活动中最基本的要求

(D)职业规范是员工在工作中必须遵守和履行的职业行为要求

11. 办事公道对企业活动的意义是(　　)。

(A)企业赢得市场、生存和发展的重要条件

(B)抵制不正之风的客观要求

(C)企业勤俭节约的重要内容

(D)企业能够正常运转的基本保证

12. 要做到平等尊重,需要处理好(　　)之间的关系。

(A)上下级　　　　　　　　　　　　(B)同事

(C)师徒　　　　　　　　　　　　　(D)从业人员与服务对象

13. 文明生产的具体要求包括(　　)。

(A)语言文雅、行为端正、精神振奋、技术熟练

(B)相互学习、取长补短、互相支持、共同提高

(C)岗位明确、纪律严明、严格规范、现场安全

(D)优质、低耗、高效

14. 敬业意识是指(　　　)。

(A)理性上的认识　　　　　　(B)情感上的热爱　　　　　　(C)意志上的投入

(D)行动上的坚持　　　　　　(E)时间上的奉献

15. 加强职业道德建设,要正确对待处理好(　　　)。

(A)自主自律能力和职业道德精神的关系

(B)改革开放与加强职业道德建设的关系

(C)职业道德教育同思想政治工作的关系

(D)社会职业道德与具体职业道德的关系

16. 社会主义职业道德建设的现实意义有(　　　)。

(A)职业道德建设是提高全民族素质的基础性工程

(B)职业道德建设是廉政建设的根本措施

(C)职业道德建设是社会主义市场经济伦理建设的内在要求

(D)职业道德建设是构建和谐社会的必要保障

17. 职业信念主要体现在(　　　)。

(A)职业信念的核心是对国家、对企业负责

(B)职业信念的基础是职业利益同企业利益的一致性

(C)职业信念决定积极、诚实的劳动态度

(D)职业信念来自员工对自己职业的偏见

18. 职业守则是企业文化内涵的组成部分,主要包括(　　　)。

(A)遵纪守法、加强自律　　　　(B)爱岗敬业、诚实守信

(C)团结协作、顾全大局　　　　(D)钻研业务、提高技能

19. 员工团结互助的基本要求是(　　　)。

(A)平等尊重　　　　　　(B)顾全大局　　　　　　(C)互相学习

(D)加强协作　　　　　　(E)爱岗敬业

20. 职业道德品质包括(　　　)。

(A)职业理想　　　　　　　　(B)对财富的孜孜追求

(C)社会责任感　　　　　　　(D)意志力

21. 创新对企事业和个人发展的作用表现在(　　　)。

(A)对个人发展无关紧要　　　　(B)是企事业持续、健康发展的巨大动力

(C)是企事业竞争取胜的重要手段　(D)是个人事业获得成功的关键因素

22. 下列关于"文明礼貌"的说法,正确的是(　　　)。

(A)是职业道德的重要规范

(B)是商业、服务业职工必须遵循的道德规范,与其他职业没有关系

(C)是企业形象的重要内容

(D)只在自己的工作岗位上讲,其他场合不用讲

23. 职工个体形象和企业整体形象的关系是(　　　)。

(A)企业的整体形象是由职工的个体形象组成的

(B)个体形象是整体形象的一部分

(C)职工个体形象与企业整体形象没有关系

(D)没有个体形象就没有整体形象

(E)整体形象要靠个体形象来维护

24. 企业就像一个庞大的机器,每个员工都是这个机器上的部件,每项工作都需要同事提供支持。要保持这台机器的正常运转,就必须提倡团队精神和大局意识,主要包括的内容有(　　　)。

(A)相互尊重,团结友爱　　　　　　　(B)相互独立,各行其是

(C)相互关心,发扬风格　　　　　　　(D)钻研业务,提高技能

(E)互相支持,密切配合

25. 在企业生产经营活动中,员工之间团结互助的要求包括(　　　)。

(A)讲究合作,避免竞争　　　　　　　(B)平等交流,平等对话

(C)既合作,又竞争,竞争与合作相统一　(D)互相学习,共同提高

26. 劳动保护是根据国家法律法规,依靠技术进步和科学管理,采取组织措施和技术措施,用以(　　　)。

(A)消除危及人身安全健康的不良条件和行为

(B)防止事故和职业病

(C)保护劳动者在劳动过程中的安全和健康

(D)其内容包括劳动安全、劳动卫生、女工保护、未成年工保护、工作时间和休假制度

27. 职业纪律具有的特点是(　　　)。

(A)明确的规定性　　　　　　　　　　(B)一定的强制性

(C)一定的弹性　　　　　　　　　　　(D)一定的自我约束性

28. 关于勤劳节俭的正确说法是(　　　)。

(A)消费可以拉动需求,促进经济发展,因此提倡节俭是不合时宜的

(B)勤劳节俭是物质匮乏时代的产物,不符合现代企业精神

(C)勤劳可以提高效率,节俭可以降低成本

(D)勤劳节俭有利于可持续发展

29. 社会主义职业道德的精髓是(　　　)。

(A)爱岗敬业　　　　　(B)无私奉献　　　　　(C)团结协作

(D)遵章守纪　　　　　(E)精益求精　　　　　(F)勇于创新

30. 加入世界贸易组织后,为建立健康有序的市场竞争环境,职业道德的内容也不断丰富,增加了不少内容,例如(　　　)。

(A)保守商业秘密　　　　　　　　　　(B)保护知识产权

(C)为了个人利益可以不惜出卖本企业利益(D)避免不正当竞争

31. 人们对职业道德的评价和衡量,主要通过(　　　)来做出。

(A)个人信念　　　(B)素质　　　(C)社会舆论　　　(D)传统习惯

32. 企业员工的职业道德的基本内容是(　　　)。

(A)树立共产主义远大理想,树立共产主义的世界观和人生观

(B)热爱祖国、热爱社会主义、热爱共产党、热爱集体事业、热爱本职工作

(C)努力学习科学文化知识,不断提高技术和业务水平,积极做好本职工作

(D)充分发挥主动性、积极性和创造性,热爱劳动,各尽所能,发扬共产主义劳动态度

(E)遵守劳动纪律,维护生产秩序,服从生产指挥,爱护生产设备,坚持文明生产,关心集体,关心同志,尊师爱徒,团结互爱

(F)积极参加企业民主管理,讲求工作实效,提高产品质量,降低生产成本

(G)顾全大局,勇挑重担,个人利益服从集体利益,局部利益服从整体利益

33. 职业纪律是企业从业人员在职业活动中必须共同遵守的行为准则,包括(　　　)。

(A)劳动纪律　　　　　　　　(B)财经纪律　　　　　　　　(C)外事纪律

(D)组织纪律　　　　　　　　(E)保密纪律　　　　　　　　(F)群众纪律

34. 爱岗敬业的具体要求是(　　　)。

(A)树立职业理想　　　　　　　　(B)强化职业责任

(C)提高职业技能　　　　　　　　(D)抓住择业机遇

35. 坚持办事公道,必须做到(　　　)。

(A)坚持真理　　　　(B)自我牺牲　　　　(C)舍己为人　　　　(D)光明磊落

36. 工具钳工是一个工作量繁重、工作环境差、工作责任性强和安全风险性大的职业。职业道德意志和职业习惯的逐步培养包括(　　　)。

(A)平时认真学习、勤于思考,对师傅的意图心领神会,积极配合

(B)干完活立即收好工具并妥善保管,认真清除设备周围的氧化皮,做到"班班清"

(C)多向能者学习,团结周围的同志

(D)经常想到安全第一,质量第一

(E)认真执行制度、规范、工艺,不人云亦云随风走

37. 关于诚实守信的说法,正确的是(　　　)。

(A)诚实守信是市场经济法则

(B)诚实守信是企业的无形资产

(C)诚实守信是为人之本

(D)奉行诚实守信的原则在市场经济中必定难以立足

38. 无论你从事的工作有多么特殊,它总是离不开一定的(　　　)的约束。

(A)岗位责任　　　　(B)家庭美德　　　　(C)规章制度　　　　(D)职业道德

39. 职业道德主要通过(　　　)的关系,增强企业的凝聚力。

(A)协调企业职工间　　　　　　　　(B)调节领导与职工

(C)协调职工与企业　　　　　　　　(D)调节企业与市场

40. 市场经济是(　　　)。

(A)高度发达的商品经济　　　　　　　　(B)信用经济

(C)计划经济的重要组成部分　　　　　　(D)法制经济

41. 在日常商业交往中,举止得体的具体要求包括(　　　)。

(A)感情热烈　　　　(B)表情从容　　　　(C)行为适度　　　　(D)表情肃穆

42. 关于办事公道的说法,不正确的是(　　　)。

(A)办事公道就是要按照一个标准办事,各打五十大板

(B)办事公道不可能有明确的标准,只能因人而异

(C)一般工作人员接待顾客时不以貌取人,也属办事公道

(D)任何人在处理涉及他朋友的问题时,都不可能真正做到办事公道

43. 下列不符合平等尊重要求的是( )。

(A)根据员工工龄分配工作 　　(B)根据服务对象的性别给予不同的服务

(C)师徒之间要平等尊重 　　(D)取消员工之间的一切差别

44. 在职业活动中,要做到公正公平就必须( )。

(A)按原则办事 　　(B)不循私情

(C)坚持按劳分配 　　(D)不惧权势,不计个人得失

45. 在职业活动中,讲诚信的意义在于( )。

(A)它是彼此之间获得信任的基础

(B)它是经济持续、稳定、有效运行的重要规范

(C)它有助于降低市场交易的成本

(D)它是市场经济的客观要求

四、判 断 题

1. 职业道德具有鲜明的专业性和对象的特定性。( )

2. 爱岗敬业是社会主义职业道德的基础和核心,是职业道德所倡导的首要规范。爱岗和敬业是相辅相成的,爱岗是前提,敬业是升华。( )

3. 敬业就要为完成工作拼命蛮干,不顾客观条件、规章制度甚至潜在危险。( )

4. 诚实守信是社会主义职业道德的主要内容和基本原则。诚实是守信的标准,守信是诚实的品质。( )

5. 有人说"科技是脚,道德是鞋",意指道德总是阻碍着科技进步,而科技总会冲破道德障碍而不断进步,从而也推动道德进步。( )

6. 文明礼貌是公民最基本的道德意识和义务底线。( )

7. 敬业是社会主义核心价值观的内容之一。( )

8. 实验性创新是自发创新,经验性创新是自觉创新。( )

9. 职业道德的原则与企业为保障其发展所制定的一系列规章制度的精神实质是不一致的。( )

10. 敬业就是热爱自己的本职工作,为做好工作尽心尽力。( )

11. 职业道德修养的过程,实质上就是不断地克服错误的道德观念、道德情感和道德行为,逐步树立社会主义的职业道德观念,培养社会主义的职业道德品质和提高职业道德境界的过程。( )

12. 社会主义职业道德是以最终谋求整个国家的经济利益为目标的。( )

13. 提高职业技能是树立职业道德信念的思想基础。( )

14. 社会主义职业道德原则是共产主义。( )

15. 道德信念是指人们在履行道德义务的过程中所表现出来的自觉地克服一切困难和障碍,做出抉择的力量和坚持精神。( )

16. 科技道德规范是调节人们所从事的科技活动与自然界、科技工作者与社会以及科技

工作者之间相互关系的行为规范,是在科技活动中从思想到行为应当遵循的道德规范和准则的总和,是在科学活动中从思想到行为应当遵循的。(　　)

　　17. 在社会分工越来越细的今天,服务群众体现在职业道德上,最重要的是把行业对象服务好。(　　)

　　18. 当单位利益与社会公众利益发生冲突时,会计人员应首先考虑单位利益,然后再考虑社会公众利益。(　　)

　　19. 资本主义道德的鲜明特点是利己、契约与自由。(　　)

　　20. 道德属于经济基础范畴。(　　)

工具钳工(职业道德)答案

一、填空题

1. 爱岗敬业
2. 前提
3. 职业道德
4. 职业观
5. 文化建设
6. 马克思主义
7. 为人民服务
8. 奉献社会
9. 职业实践
10. 爱岗敬业
11. 信守承诺
12. 团结友爱、齐心协力
13. 极端个人主义
14. 保守企业秘密
15. 自律
16. 行为准则和规范
17. 职业责任感
18. 企业文化内涵
19. 遵纪守法，加强自律
20. 工作岗位
21. 忠于职守，尽职尽责
22. 职业道德
23. 共同要求
24. 社会公德
25. 公共义务

二、单项选择题

1. B　　2. C　　3. B　　4. B　　5. A　　6. B　　7. D　　8. C　　9. D
10. D　　11. D　　12. C　　13. B　　14. A　　15. D　　16. B　　17. C　　18. B
19. C　　20. A　　21. D　　22. C　　23. C　　24. B　　25. D　　26. C　　27. B
28. A

三、多项选择题

1. ACD　　2. ACD　　3. ABD　　4. ABCD　　5. BC　　6. ACD
7. AB　　8. BD　　9. ABCD　　10. ABCD　　11. ABD　　12. ABCD
13. ABCD　　14. ABCDE　　15. BCD　　16. ABC　　17. ABC　　18. ABCD
19. ABCD　　20. ACD　　21. BCD　　22. AC　　23. ABDE　　24. ACDE
25. BCD　　26. ABCD　　27. AB　　28. CD　　29. ABCDEF　　30. ABD
31. ACD　　32. ABCDEFG　　33. ABCDEF　　34. ABC　　35. AD　　36. ABCDE
37. ABC　　38. ACD　　39. ABCD　　40. ABD　　41. BC　　42. ABD
43. ABD　　44. ABD　　45. ABCD

四、判断题

1. √　　2. √　　3. ×　　4. ×　　5. ×　　6. √　　7. √　　8. ×　　9. ×
10. √　　11. √　　12. ×　　13. ×　　14. ×　　15. √　　16. √　　17. √　　18. ×
19. ×　　20. ×

工具钳工(初级工)习题

一、填 空 题

1. 物体三视图的投影规律:长对正、高平齐、(　　　)。

2. 以对称中心线为界,一半画成剖视,另一半画成(　　　)。

3. 画组合体的正投影图时,可按下述步骤进行:分析形体、选择主视图、作图、检查视图、(　　　)。

4. 装配图中有以下几类尺寸:规定尺寸、装配尺寸、(　　　)、外形尺寸。

5. 基本尺寸是(　　　)给定的尺寸。

6. 极限尺寸是允许(　　　)变化的两个界限值。

7. 公差是允许尺寸的(　　　)。

8. 用以确定公差相对于零线位置的上偏差或下偏差,一般靠近零线的那个偏差为(　　　)。

9. 配合是指基本尺寸相同的相互结合的(　　　)公差带之间的关系。

10. 基轴制是基本偏差为一定的轴的公差带,与不同基本偏差的孔的(　　　)形成的各种配合的一种制度。

11. 国标中,剖视图主要有全面剖视图、(　　　)剖视图和局部剖视图。

12. 剖面图可分为(　　　)剖面和重合剖面。

13. 轴测图一般采用正等轴测图、(　　　)轴测图和斜二等轴测图。

14. 一张完整的零件图应该包括:一组视图、完整的尺寸、技术要求、(　　　)。

15. 确定主视图的投影方向通常应考虑(　　　)原则。

16. 未注公差的长度尺寸,其基本偏差用 JS 或(　　　)表示。

17. 形位公差中,"—"表示直线度,"□"表示(　　　)度。

18. 1/20 mm 的游标卡尺,尺身每小格为 1 mm,游标每小格为 0.95 mm,尺身游标每小格差为(　　　)。

19. 千分尺是一种精密量具,测量尺寸精度要比游标卡尺高,而且比较(　　　),用来测量加工精度要求较高的工件尺寸。

20. 千分尺微螺杆的螺纹的螺距为 0.5 mm,活动套筒转一圈,螺杆移动 0.5 mm,转 1/50 圈,螺杆移动(　　　) mm。

21. 万能角度尺仅能测量 0°~180°的外角和(　　　)的内角。

22. 带传动的包角指传动带与带轮接触面的弧长所对应的中心角,一般只要求限制(　　　)轮包角 $\alpha \geqslant 120°$。

23. 渐开线齿轮的啮合特点:保持恒定的传动比,(　　　),保证正确啮合条件。

24. 渐开线齿轮的加工方法可分为仿形法和(　　　)法两大类。

25. 常见齿轮的失效形式有轮齿折断、齿面磨损、齿面点蚀、(　　)等。

26. 蜗杆、蜗轮传动中,其自锁的条件是蜗杆的螺旋升角(　　)当量摩擦角。

27. 阿基米德蜗杆在轴向剖面内为直线梯形,延长渐开线蜗杆在(　　)向剖面内为直线梯形。

28. 齿轮的精度等级共有 13 个,(　　)级精度最高。

29. (　　)是分度圆直径与齿数之比,是齿轮所有尺寸计算的基础。

30. 齿全高是齿顶圆与齿根圆之间的(　　)距离。

31. 液压系统中,各液压元件按其功能可分为动力部分、执行部分、控制部分和(　　)部分等四个部分。

32. 液压系统中,其真空度为 20 kPa,它的绝对压力为(　　)kPa。

33. 液压传动系统中动力部分的作用是将机械能转换成(　　)。

34. 刀具前角的作用是使切削刃锋利,切削(　　),并使切屑容易排出。

35. 钳工常用刀具材料有碳素工具钢、高速工具钢、合金钢和(　　)合金钢。

36. 钻床夹具一般分为固定式、回转式、移动式、翻转式和(　　)等五种夹具。

37. 电伤害人体按其伤害性质的不同可分为电伤和(　　)两类。

38. 常见的触电方式有两线触电和(　　)。

39. 导体内的(　　)作定向流动称为电流。

40. 电路中两点间(　　)称为电压。

41. 导体中(　　)电流通过的阻力称为电阻。

42. 电能在单位时间所作的功称为(　　)。

43. 金属材料分为黑色金属材料和(　　)。

44. 金属的物理性能包括:密度、熔点、导热性、导电性、(　　)、磁性。

45. 根据工艺不同,钢的热处理方法可分为退火、正火、淬火、回火及(　　)五种。

46. 金属材料在受外力作用下,抵抗变形和破坏的能力称为(　　)。

47. 硬度通常是指金属材料接触表面对(　　)压力其表面的抵抗力。

48. 塑性是指金属材料在外力作用下,产生(　　)而不被破坏的最大能力。

49. 金属材料在(　　)作用下抵抗破坏的最大能力称为韧性。

50. 金属材料受热时的(　　)是金属的物理性能之一。

51. 热处理是利用固态加热、保温和冷却的方法来改变钢的内部组织,从而达到改善钢的(　　)的一种工艺。

52. 划线工具按不同用途可分为基准工具、直接划线工具、(　　)、辅助工具四大类。

53. 找正就是利用划线工具使工件上有关的(　　)处于合适的位置。

54. 选择划线基准时,应注意尽量使划线基准与(　　)重合。

55. 锯条锯齿的切削角度是:前角 0°、后角 40°、楔角 50°,锯齿的粗细是以锯条(　　)长度上的齿数来表示的。

56. 錾子切削部分刃磨呈楔形,由前刀面、后刀面和两面相交的(　　)组成。

57. 锉削的精度可达到(　　)mm 左右。

58. 铆接的形式主要有搭接、对接、(　　)三种。

59. 黏合剂按使用的材料分无机黏合剂和(　　)黏合剂两大类。

60. 弹簧按受力情况分为压力弹簧、拉力弹簧、（　　）三种。

61. 麻花钻的外缘处前角最大,后角最小,愈近钻心处,前角愈小,后角（　　）。

62. 麻花钻的五个主要角度是顶角、前角、后角、（　　）和螺旋角。

63. 钻孔时常用辅助工具有标准钻夹头、自动夹紧钻夹头、（　　）和钻头套及斜块。

64. 扩孔最主要特点是:与钻孔相比,切削深度小,切削力小,（　　）得以改善。

65. 锪钻的种类有柱形锪钻、锥形锪钻、（　　）三类。

66. 选择切削余量时,应考虑铰孔的精度、表面粗糙度、孔径大小、（　　）和铰刀的类型等因素的综合影响。

67. 铰孔的精度一般可达（　　）级,表面粗糙度可达 $R_a 1.6~\mu m$ 以上。

68. 螺纹要素包括:牙型、公称直径、螺距、线数、螺纹公差带、旋向和（　　）等。

69. 平面刮削一般都经过粗刮、细刮、（　　）、刮花四个步骤。

70. 平面刮花的目的是为了增加美观及（　　）,以增加工件表面的润滑,减少工件表面的磨损。

71. 平板上常见的花纹有斜纹花、（　　）、半月花。

72. 钳工常用的丝锥有手用普通螺纹丝锥、圆柱管螺纹丝锥、（　　）等三种。

73. 研磨的基本原理包含（　　）的综合作用。

74. 台虎钳按其结构有固定式和（　　）式两种。

75. 产品总装配后的精度检验包括几何精度检验和（　　）等。

76. 部件装配前的准备工作包括装配时的零件清理和清洗、旋转零件或部件的平衡和（　　）三个方面。

77. 部件装配是从基准零件开始,总装是从基准（　　）开始。

78. 在机器的装配过程中,将一些相互联系的尺寸按一定的顺序连成封闭的形式,这就叫（　　）。

79. 冷冲模主要有模架、成型件、（　　）、定位件四大类。

80. 选择切削用量的顺序是:先尽量选择大的切削深度,再尽量选择大的进给量,最后尽量选择（　　）。

81. 切削三要素是切削深度、切削速度和（　　）。

82. 工具钳工常用起重设备有千斤顶、手动葫芦、电葫芦、（　　）。

83. 用剖切面完全地剖开机件所得的（　　）,称为全剖视图。

84. 研究物体的投影,就是把物体放在所建立的三投影面体系中间,用正投影的方法分别得到物体的三个投影,此（　　）称为物体的三视图。

85. 孔的上偏差代号是 ES,轴的上偏差代号是（　　）。

86. 对齿轮传动的基本要求是传动平稳和（　　）。

87. 对了防止触电,电气设备的外壳必须采用保护接地或（　　）的安全措施。

88. 麻花钻顶角大小可根据加工条件由钻头刃磨决定,标准麻花钻顶角 2ϕ 为（　　）,且两切削刃呈直线形。

89. 一般研磨平面的方法是工件沿平板表面按 8 字形、仿 8 字形或（　　）运动轨迹进行研磨。

90. Z525 型立钻的主要部件有变速箱、进给箱、（　　）和主轴等。

91. 按部件或零件连接方式不同,可分为固定连接与(　　)连接两种。

92. 机械加工工序顺序的安排,应遵循先粗后精、先基面后其他、(　　)的原则。

93. 机器主要部件的相对位置精度以及(　　)精度都和机体的精度有着直接的关系。

94. 读零件图的方法与步骤是:读标题栏、看视图、(　　)、识读表面粗糙度和技术要求。

95. 表面粗糙度符号"$\sqrt{}$"表示用去除材料的方法获得的表面,而"$\diamondsuit$"表示用(　　)方法获得的表面。

96. 锯削的作用是分割各种材料或半成品、锯掉工件上的多余部分、在工件上(　　)。

97. 铆接方法有冷铆和热铆两类,工具钳工常用的铆接方法多为(　　)。

98. 工具钳工常用设备主要有钳台、台虎钳、(　　)、台钻和立钻。

99. 产品装配精度包括零、部件相互位置精度,相对(　　)精度,配合精度及接触精度。

100. 虎钳一般可分为手虎钳、桌虎钳和(　　)三种。

101. 台虎钳的规格是以(　　)的长度来表示的。

102. 分度头按其结构一般可分(　　)分度头及光学分度头。

103. 在工具制造中通常采用(　　)分度头。

104. 分度头的分法有简单、(　　)、近似、角度等分度法。

105. 钻床可用来进行钻、铰、镗孔及(　　)等工作。

106. 钻床根据其结构和适用范围的不同,可分为台式钻床、摇臂钻床和(　　)三种。

107. 剪板机有手掀式、双盘式和(　　)三种。

108. Z35 型摇臂钻最大钻孔直径为(　　)mm。

109. 使用电剪刀做小半径剪切时,须将两刃口距离调整至(　　)mm。

110. 砂轮机启动后,应待砂轮转速达到(　　)后再进行磨削。

111. 划线常用的涂料有白灰水、品紫和(　　)三种。

112. 在工具制造中,最常用的立体划线方法是(　　)。

113. 常用手用锯条的齿距有 1.4 mm、1.2 mm、1.1 mm 等几种,其中 1.4 mm 为(　　)锯条。

114. 锯削软钢、铝、紫铜、人造胶质料,选用(　　)手用锯条。

115. 锯削一般材料及中硬钢、黄铜等材料,应选用(　　)齿手用锯条。

116. 锯削开始时,锯齿应逐步切入工件,起锯角一般不超过(　　)。

117. 造成工件严重变形或夹坏的原因是夹紧力过大和(　　)。

118. 錾子的种类分为宽錾、狭錾和(　　)。

119. 錾削工具钢和铸铁,錾子的楔角选用(　　)。

120. 錾槽时錾过了尺寸线,这是因为起錾不准或錾削时不注意和(　　)。

121. 錾子崩刃的原因,除了工件硬度高或材质硬度不均匀和錾子刃口硬度过硬、回火不好外,还有(　　)。

122. 工具钳工常用的锉刀有 100 mm、150 mm、200 mm、(　　)mm、300 mm 等几种。

123. 锉刀的粗细是反映齿纹的粗细,齿纹的粗细等级分为(　　)种。

124. 锉刀按其用途的不同,可分为普通、特种和(　　)锉刀。

125. 普通锉刀按其断面形状不同,可分为板锉、方锉、三角锉、(　　)、圆锉等几种。

126. 平面基本锉削法分为顺向锉、交叉锉和（　　）三种。

127. 两个或两个以上零件通过锉削能按一定的配合精度装配起来的加工方法称为（　　）。

128. 铆接按使用要求可分为活动铆接和（　　）铆接。

129. 一般铆接铆钉的直径为板厚的（　　）倍。

130. 粘接所用的粘接剂有磷酸盐型和（　　）盐型。

131. 常用手工矫正的方法有扭转法、（　　）、延展法和伸张法等几种。

132. 金属材料的矫正是利用材料的（　　）变形。

133. 钢板因变形而中部凸起，为使恢复平直，必须采取（　　）法进行矫正。

134. 消除材料或工件弯曲、翘曲、凸凹不平等缺陷的加工方法，称为（　　）。

135. 钻头种类较多，常用的有偏钻、中心钻、麻花钻、深孔钻和（　　）等。

136. 工具钳工常用的钻头是麻花钻和（　　）钻两种。

137. 麻花钻头的柄部是在钻孔时用来传递扭矩和（　　）的。

138. 快换钻头能在主轴（　　）更换刀具，这样可以减少装夹时间。

139. 扩孔钻的结构，按装夹方法可分为带锥柄的和（　　）的两种。

140. 扩孔钻的结构，按刀体的结构又可分为（　　）的和镶片的两种。

141. 铰刀是铰孔的工具，按其使用方法可分为（　　）和机用铰刀。

142. 铰刀按其材料可分为高速钢铰刀和（　　）铰刀。

143. 工具钳工常用的铰刀有整体式圆柱铰刀、可调式圆柱铰刀和（　　）铰刀三种。

144. 常用的硬质合金铰刀有 YG 和（　　）两类。

145. YG 和 YT 两类硬质合金铰刀分别用来铰削（　　）和钢。

146. 常用整体式锥度铰刀可分为 1∶10、1∶30、1∶50 锥度铰刀,圆锥管螺纹铰刀和（　　）锥度铰刀。

147. 铰刀工作部分的前端有 45°倒角作为（　　）,便于铰刀能放入孔内,并可避免铰削过多或孔中有缺陷时损坏刀齿。

148. 丝锥按使用手法不同,可分为手用丝锥和（　　）两大类。

149. 机用丝锥是通过（　　）,装夹在机床上使用的丝锥。

150. 机用丝锥的形状及基本尺寸与手用丝锥（　　）。

151. 圆锥管螺纹丝锥按牙型不同,可分为 55°圆锥管螺纹丝锥和 60°（　　）丝锥。

152. 圆锥管螺纹丝锥和布氏圆锥管螺纹丝锥每一个规格的数量均为（　　）支。

153. 丝锥的负荷分配有锥形分配和（　　）两种。

154. 旧标准 2α 攻丝锥相当于新标准（　　）级丝锥。

155. 普通铰手分为（　　）和活动铰手。

156. 方孔尺寸可以调节的铰手称为（　　）。

157. 常用的摩擦式攻螺纹夹头是通过（　　）来传递扭矩的。

158. 圆锥管螺纹板牙只在单面制有切削部分,因此只能（　　）套螺纹。

159. 套螺纹时板牙端面与圆杆不垂直或用力不均匀,铰手歪斜将使套出的螺纹（　　）。

160. 校正直尺可用来检验狭长的平面,常用校正直尺有桥型直尺、（　　）直尺两种。

161. 刮刀分平面刮刀和（　　）两大类。

162. 粗刮刀的刀刃必须平直,其楔角约为（　　）。

163. 蓝油是有色金属刮削时用的一种显示剂,是用普鲁士蓝粉、(　　)及适量的耗油调合而成的。

164. 常用的显示剂有红丹粉、蓝油、(　　)及酒精四种。

165. 粗刮平面时,往往会出现(　　)的现象,所以四周应多刮几次。

166. 细刮时每刮一遍都要(　　)以刮成45°～60°网纹。

167. 用刮刀刮除工件表面薄层的加工方法称为(　　)。

168. 显示工件刮削表面与校正工具的标准表面之间相互接触面大小时所涂的辅助材料称为(　　)。

169. 刮削精度是以(　　)范围内研点的多少来检查的。

170. 内曲面的研点分布应根据内曲面的(　　)来合理分布,以获得良好的工作效果。

171. 精刮削是在细刮削面每25 mm×25 mm内出现(　　)个研点的基础上进行的。

172. 研磨时,研具的材料应比工件材料(　　)。

173. 研磨时由于研磨的切削量很小,所以研磨前所留的(　　)不能太大。

174. 用研磨工具和(　　)从工件上研去一层极薄表面金属的加工方法称为研磨。

175. 磨料的种类常用的有氧化铝磨料、碳化物磨料和(　　)磨料。

176. 研磨平面时,压力不能太大,否则工件的(　　)。

177. 研磨液在研磨中起调和磨料和(　　)作用。

178. 手工研磨的运动轨迹有直线摆动式、螺旋线和(　　)等几种。

179. 研磨内孔时两端挤出的研磨剂应及时擦去,否则将使(　　)。

二、单项选择题

1. 图样上的细实线约等于粗实线(　　)。
(A)1/2　　　　　(B)1/3　　　　　(C)1/4　　　　　(D)1/5

2. 双点划线一般应用于(　　)。
(A)假想投影轮廓线　　　　　　　(B)不可见过渡线
(C)对称中心线　　　　　　　　　(D)可见过渡线

3. 千分尺的制造精度分为0级和1级两种,0级精度(　　)。
(A)稍差　　　　　(B)一般　　　　　(C)最高　　　　　(D)偏高

4. 千分尺的分度值是(　　)。
(A)0.1 mm　　　(B)0.01 mm　　　(C)0.001 mm　　　(D)0.05 mm

5. 用万能角度尺测量工件时,当测量角度大于90°小于180°时,应加上(　　)。
(A)90°　　　　　(B)180°　　　　　(C)360°　　　　　(D)45°

6. 过渡配合中,孔的下偏差必定(　　)轴的上偏差。
(A)等于　　　　　(B)大于　　　　　(C)小于　　　　　(D)稍大于

7. 允许尺寸变化的两个界限称为(　　)。
(A)基本尺寸　　　(B)实际尺寸　　　(C)极限尺寸　　　(D)参考尺寸

8. 尺寸偏差是(　　)。
(A)正值　　　　　(B)负值　　　　　(C)代数值　　　　　(D)绝对值

9. 在相同条件下平带传递的功率(　　)V带传递的功率。

(A)＞　　　　　　(B)＝　　　　　　(C)＜　　　　　　(D)≈

10. V 带的计算长度指 V 带的(　　)。

(A)外周长度　　　(B)内周长度　　　(C)中性层长度　　　(D)实际长度

11. 制造钻头的材料常用(　　)。

(A)T10A　　　　　(B)9CrSi　　　　(C)1W18Cr4V　　　(D)T8A

12. 刀具(　　)的主要作用是减少刀具与工件已加工表面之间的摩擦。

(A)前角　　　　　(B)后角　　　　　(C)楔角　　　　　(D)刃倾角

13. 机床照明灯应选(　　)电压供电。

(A)220 V　　　　　(B)110 V　　　　(C)36 V　　　　　(D)24 V

14. 发生电火时,应选用(　　)灭火。

(A)水　　　　　　(B)砂　　　　　　(C)普通灭火器　　　(D)干粉灭火器

15. 机床需变速时,应(　　)变速。

(A)停车　　　　　(B)旋转时　　　　(C)高速旋转时　　　(D)慢速旋转时

16. 刀具切削部分常用的材料,红硬性最好的是(　　)。

(A)碳素工具钢　　(B)高速钢　　　　(C)硬质合金　　　(D)陶瓷材料

17. 在工具制造中的划线精度一般要求控制在(　　)之间。

(A)0.01～0.10 mm　　　　　　　　　(B)0.10～0.25 mm

(C)0.25～0.35 mm　　　　　　　　　(D)0.35～0.45 mm

18. 制造锯条的材料一般由(　　)制成。

(A)45 号钢　　　(B)不锈钢　　　(C)T8 或 T12　　　(D)40Cr

19. 粘接结合处的表面应尽量(　　)。

(A)粗糙些　　　　(B)细些　　　　　(C)粗细均可　　　(D)略细些

20. 精铰孔的铰削余量一般为(　　)。

(A)0.1～0.2 mm　　　　　　　　　　(B)0.25～0.35 mm

(C)0.4～0.5 mm　　　　　　　　　　(D)0.15～0.25 mm

21. 螺纹相邻两牙,在中径线上对应两点面的轴向距离叫(　　)。

(A)导程　　　　　(B)螺距　　　　　(C)节距　　　　　(D)间距

22. 机械加工后留下的刮削余量不宜太大,一般为(　　)。

(A)0.04～0.05 mm　　　　　　　　　(B)0.05～0.4 mm

(C)0.4～0.5 mm　　　　　　　　　　(D)0.05～0.5 mm

23. 主要用于碳素工具钢、合金工具钢、高速钢和铸铁工件研磨的磨料是(　　)磨料。

(A)碳化物　　　　(B)氧化物　　　　(C)金刚石　　　　(D)氧化铬

24. 装配精度完全依赖于零件加工的装配方法是(　　)。

(A)完全互换法　　(B)选配法　　　　(C)调整法　　　　(D)修配法

25. 部件装配和总装配都是由若干个装配(　　)组成。

(A)工步　　　　　(B)工序　　　　　(C)基准零件　　　(D)标准零件

26. 切削加工时,主运动有(　　)。

(A)一个　　　　　(B)两个　　　　　(C)三个　　　　　(D)四个

27. 制作手锤、錾子等钳工工具的材料是(　　)。

(A)碳素结构钢 　　　(B)高速钢 　　　(C)碳素工具钢 　　　(D)40Cr

28. YG类硬质合金适于加工（　　　）。

(A)碳素结构钢 　　　(B)铸铁、青铜 　　　(C)合金钢 　　　(D)碳素工具钢

29. 为了降低钢件的硬度,便于切削加工,可采用（　　　）处理。

(A)退火 　　　(B)淬火 　　　(C)回火 　　　(D)调质

30. 为了提高钢件的硬度和强度,以提高耐磨性,可以采用（　　　）处理。

(A)正火 　　　(B)时效 　　　(C)淬火 　　　(D)调质

31. 手工卷制弹簧用芯轴的直径等于（　　　）。

(A)(0.75～0.80)×弹簧内径 　　　(B)(0.75～0.80)×弹簧外径

(C)(0.75～0.80)×弹簧中径 　　　(D)0.75×弹簧外径

32. 使用台虎钳夹紧工件时,（　　　）。

(A)为了省力可以用手锤敲击手柄来夹紧 　　　(B)为了夹紧可以加长套管扳动手柄

(C)只允许用手的力量扳动手柄夹紧 　　　(D)可以用脚蹬虎钳手柄

33. 钻实体孔时的切削深度是（　　　）。

(A)钻孔的深度 　　　(B)钻头直径的一半

(C)等于钻头直径 　　　(D)大于钻头直径

34. 刮削时由于用力不均,局部落刀太重或多次刀迹重叠而产生的缺陷是（　　　）。

(A)振痕 　　　(B)丝痕 　　　(C)深凹痕 　　　(D)扎刀

35. 刮削时多次同向刮削,刀迹没有交叉而产生的缺陷是（　　　）。

(A)深凹痕 　　　(B)振痕 　　　(C)丝痕 　　　(D)凸凹不均

36. 渗碳处理主要适用于（　　　）。

(A)碳素工具钢 　　　(B)低碳钢和低合金钢

(C)中碳钢 　　　(D)高碳钢

37. 挺刮法适合刮削（　　　）。

(A)刮削余量较大的平面 　　　(B)内曲面如套类零件

(C)刮削余量较小的平面 　　　(D)外曲面如轴类零件

38. 平台和方箱在划线工序中是属于（　　　）工具。

(A)测量 　　　(B)支承 　　　(C)基准 　　　(D)辅助

39. 卡规通规的开挡尺寸（　　　）被测轴径的最大极限尺寸。

(A)大于 　　　(B)小于 　　　(C)等于 　　　(D)超出

40. 分度头的两种常用分度方法是简单分度法和（　　　）。

(A)近似分度法 　　　(B)角度分度法 　　　(C)差动分度法 　　　(D)单动间隙分度法

41. 分度头内的蜗轮与蜗杆的速比为（　　　）。

(A)1/20 　　　(B)1/30 　　　(C)1/40 　　　(D)1/90

42. 分度头的分度手柄转一周时,装夹在主轴上的工件转（　　　）周。

(A)40 　　　(B)1 　　　(C)1/40 　　　(D)1/20

43. 砂轮机旋转时,砂轮的线速度 v 一般为（　　　）。

(A)25 m/s 　　　(B)35 m/s 　　　(C)45 m/s 　　　(D)60 m/s

44. 为了进行环形、圆形、圆弧和曲线等的剪切落料,采用（　　　）剪板机。

(A)手掀式　　　　(B)双盘式　　　　(C)龙门式　　　　(D)液压摆式

45. Z535 型立式钻床的最大钻孔直径是(　　)。

(A)35 mm　　　(B)50 mm　　　(C)75 mm　　　(D)60 mm

46. Z535 型立式钻床的主轴孔锥度为莫氏(　　)。

(A)3 号　　　　(B)4 号　　　　(C)5 号　　　　(D)6 号

47. Z35 型摇臂钻床的最大钻孔直径是(　　)。

(A)35 mm　　　(B)50 mm　　　(C)75 mm　　　(D)60 mm

48. Z35 型摇臂钻床的主轴孔锥度为莫氏(　　)。

(A)4 号　　　　(B)5 号　　　　(C)6 号　　　　(D)3 号

49. 在铸锻件毛坯表面上进行划线时,可使用(　　)。

(A)品紫　　　　(B)硫酸铜溶液　　(C)白灰水　　　(D)醇酸漆

50. 对于各种形状复杂、批量大、精度要求一般的零件,可选用(　　)来进行划线。

(A)平面样板划线法　　　　　　　(B)几何划线法

(C)直接翻转零件法　　　　　　　(D)立体划线法

51. 用于检查工件在加工后的各种差错,甚至在出现废品时作为分析原因用的线,称为(　　)。

(A)加工线　　　(B)找正线　　　(C)证明线　　　(D)基准线

52. 划线确定了工件的尺寸界限,在加工过程中,应通过(　　)来保证尺寸的准确性。

(A)划线　　　　(B)测量　　　　(C)加工　　　　(D)按线加工

53. 当毛坯件上有不加工表面时,对加工表面自身位置校正后再划线,能使各加工表面与不加工表面之间保持(　　)。

(A)尺寸均匀　　　　　　　　　　(B)形状均匀

(C)尺寸和形状均匀　　　　　　　(D)尺寸不均匀

54. 划线时,千斤顶主要用来支承(　　)工件。

(A)圆柱形轴类或套类　　　　　　(B)毛坯或形状不规则的

(C)形状规则的半成品　　　　　　(D)方形类

55. 设计图样上所采用的基准,称为(　　)。

(A)设计基准　　　(B)定位基准　　　(C)划线基准　　　(D)加工基准

56. 用分度头划线,在调整分度叉时,如果分度手柄要摇过 42 孔距数,则两叉脚间就有(　　)个孔。

(A)41　　　　　(B)42　　　　　(C)43　　　　　(D)44

57. 划线时,选用未经切削加工过的毛坯面作基准,使用次数只能为(　　)次。

(A)一　　　　　(B)二　　　　　(C)三　　　　　(D)四

58. 平面划线要选择(　　)个划线基准。

(A)一　　　　　(B)两　　　　　(C)三　　　　　(D)四

59. 立体划线时,要选择(　　)个划线基准。

(A)两　　　　　(B)三　　　　　(C)多　　　　　(D)一

60. 找正的目的,不仅是使加工表面与不加工表面之间保持尺寸均匀,同时还可使各加工表面的(　　)。

(A)加工余量减少　　　　　　　　(B)加工余量增加

(C)加工余量合理和均匀分布　　　　(D)加工余量均匀分布

61. 划线时,当发现毛坯误差不大时,可依靠划线时(　　)方法予以补救,使加工后的零件仍然符合要求。

(A)找正　　　　(B)借料　　　　(C)变换基准　　　　(D)改变尺寸

62. 在工具制造中,最常用的立体划线方法是(　　)。

(A)平面样板划线法　　　　　　(B)几何划线法

(C)直接翻转零件法　　　　　　(D)拉线与吊线法

63. 工具钳工常用的手用锯条,其长度为(　　)。

(A)250 mm　　(B)300 mm　　(C)400 mm　　(D)200 mm

64. 锯削软钢、铝、纯铜,应选用(　　)齿手用锯条。

(A)粗　　　　(B)中　　　　(C)细

65. 锯削中等硬度钢、硬的轻金属、黄铜、较厚的型钢,应选用(　　)齿手用锯条。

(A)粗　　　　(B)中　　　　(C)细

66. 锯削板料、薄壁管子、电缆及硬性金属,应选用(　　)齿手用锯条。

(A)粗　　　　(B)中　　　　(C)细

67. 锉刀的锉纹号分为(　　)种等级。

(A)3　　　　(B)4　　　　(C)5　　　　(D)6

68. 锯削工件时,在一般情况下应采用的起锯为(　　)较好。

(A)远起锯　　(B)近起锯　　(C)任意位置　　(D)中间起锯

69. 錾子的前面与后面之间的夹角称为(　　)。

(A)楔角　　　(B)切削角　　(C)前角　　　(D)后角

70. 錾切厚板料时,可先钻出密集的排孔,再放在铁砧上錾切。当錾切直线时,应采用(　　)。

(A)狭錾　　　(B)阔錾　　　(C)油槽錾　　(D)尖錾

71. 錾切厚板料时,可先钻出密集的排孔,再放在铁砧上錾切。当錾切曲线时,应采用(　　)。

(A)狭錾　　　(B)阔錾　　　(C)油槽錾　　(D)尖錾

72. 錾削硬钢、铸铁等硬材料时,錾子的楔角应选取(　　)。

(A)60°~70°　(B)50°~60°　(C)30°~50°　(D)10°~20°

73. 錾削一般钢材和中等硬度材料时,錾子的楔角应选取(　　)。

(A)60°~70°　(B)50°~60°　(C)30°~50°　(D)10°~20°

74. 錾削铜、铝等软性材料时,錾子的楔角应选取(　　)。

(A)60°~70°　(B)50°~60°　(C)30°~50°　(D)10°~20°

75. 1号纹锉刀用于(　　)的锉削。

(A)锉削余量较大　　　　　　(B)锉削余量适中

(C)锉削余量较小　　　　　　(D)锉削余量很小

76. 3号纹锉刀用于(　　)锉削。

(A)中粗　　　(B)细齿　　　(C)双细齿　　(D)油光

77. 5号纹锉刀用于(　　)锉削。

（A）细齿　　　　　（B）双细　　　　　（C）油光　　　　　（D）中粗

78. 锉削软材料时,若没有单纹锉,可选用(　　)锉刀。

（A）细齿　　　　　（B）中齿　　　　　（C）粗齿　　　　　（D）油光

79. 在锉削加工余量较小或者在修正尺寸时,应采用(　　)。

（A）顺向锉法　　　（B）交叉锉法　　　（C）推锉法　　　　（D）直锉法

80. 造成铆接件工作表面凹痕的原因是罩模歪斜,或(　　)。

（A）铆钉太短　　　（B）工作面不平整　　（C）罩模凹坑太大　　（D）铆钉太长

81. 压紧冲头的作用是(　　)。

（A）使板料互相压紧贴合　　　　　　　　（B）作铆合头

（C）顶住铆钉　　　　　　　　　　　　　（D）顶住工件

82. 顶模的柄部制成(　　)。

（A）圆柱形　　　　（B）三角形　　　　（C）扁身　　　　　（D）四方形

83. 粘接面的最好结构形式是(　　)。

（A）T形槽　　　　（B）燕尾槽　　　　（C）轴套类配合　　（D）平面接合

84. 工件在粘接前的表面清洗工作,除了常用香蕉水清洗外,还可用(　　)清洗。

（A）柴油　　　　　（B）丙酮　　　　　（C）酸类溶液　　　（D）汽油

85. 磷酸一氧化铜粘接剂的正常颜色为(　　)。

（A）黑灰色　　　　（B）绿色　　　　　（C）蓝色　　　　　（D）灰色

86. 通常半圆头铆钉伸长部分的长度,应为铆钉直径的(　　)倍。

（A）1～1.25　　　（B）1.25～1.5　　（C）1.5～1.75　　（D）1.75～2

87. 沉头铆钉的伸长部分的长度,应为铆条直径的(　　)倍。

（A）0.5～0.8　　　（B）0.8～1.2　　（C）1.2～1.5　　（D）1.5～1.75

88. 用于需要高强度的钢结构连接,如屋架、车辆等,应采用(　　)铆接。

（A）强固　　　　　（B）紧密　　　　　（C）强密　　　　　（D）强紧

89. 用于既承受巨大压力、又要保持紧密结合的铆接,如蒸汽锅炉等高压容器,应采用
(　　)铆接。

（A）强固　　　　　（B）紧密　　　　　（C）强密　　　　　（D）强紧

90. 用于金属薄板与非金属材料的连接,应采用(　　)铆钉。

（A）实心　　　　　（B）半空心　　　　（C）空心　　　　　（D）半实心

91. (　　)铆钉都用作强固连接和强密连接。

（A）半圆头　　　　（B）平头　　　　　（C）沉头　　　　　（D）圆头

92. 金属材料的变形有弹性变形和(　　)变形两种。

（A）拉伸　　　　　（B）弯曲　　　　　（C）塑性　　　　　（D）扭转

93. 用来矫正各种翘曲的板料,应采用(　　)法。

（A）弯曲　　　　　（B）延展　　　　　（C）伸张　　　　　（D）拉伸

94. 弯形后,中性层的长度(　　)。

（A）变长　　　　　（B）变短　　　　　（C）不变　　　　　（D）略有变长

95. 计算弯形前的毛坯长度时,应该按(　　)的长度计算。

（A）外层　　　　　（B）内层　　　　　（C）中性层　　　　（D）设计

96. 中性层的位置取决于( )。

(A)弯形半径 r　　(B)材料厚度 t　　(C)比值 r/t　　(D)材料

97. 矫正主要用于( )好的材料。

(A)塑性　　(B)弹性　　(C)韧性　　(D)刚性

98. 常用钢材的弯曲半径如果( )工件材料厚度,一般就不会被弯裂。

(A)等于　　(B)小于　　(C)大于　　(D)略小于

99. 冷作硬化后的材料给进一步矫正带来困难,可进行( )处理。

(A)退火　　(B)回火　　(C)调质　　(D)时效

100. 中部凸起的板料在锤击矫正时,应直接锤击( )。

(A)边缘处　　(B)中部凸起处　　(C)离中部一半处　　(D)接近中部处

101. 对角翘曲的板料在锤击矫正时,应沿着( )进行往复锤击。

(A)翘曲的对角线　　　　　　　　(B)没有翘曲的对角线

(C)中心部分　　　　　　　　　　(D)边缘部分

102. 为了使钻头的导向部分在切削过程中既能保持钻头正直的钻削方向,又能减少钻头与孔壁的摩擦,所以钻头的直径( )。

(A)向柄部逐渐减小　　　　　　　(B)向柄部逐渐增大

(C)与柄部直径相等　　　　　　　(D)略有倒锥

103. 标准中心钻的顶角是( )。

(A)45°　　(B)60°　　(C)90°　　(D)120°

104. 锥柄麻花钻 $\phi32.5$ mm 的柄部是莫氏( )。

(A)3 号　　(B)4 号　　(C)5 号　　(D)2 号

105. 标准麻花钻的顶角是( )。

(A)60°　　(B)118°　　(C)135°　　(D)90°

106. 在两种不同材料的组合件中间钻孔,钻孔开始阶段将钻头往( )材料一边"借",以抵消因材料不同而引起的偏移。

(A)软　　(B)硬　　(C)外　　(D)内

107. 工具钳工常用的钻头是中心钻和( )钻两种。

(A)麻花　　(B)扁　　(C)直槽　　(D)扩孔

108. 钻孔一般属于粗加工,其公差等级是( )。

(A)IT10～IT11　　(B)IT9～IT10　　(C)IT7～IT9　　(D)IT12～IT14

109. 钻孔加工的表面粗糙度值是( )。

(A)$R_a12.5\sim50\ \mu m$　　　　　　(B)$R_a3.2\sim12.5\ \mu m$

(C)$R_a1.6\sim3.2\ \mu m$　　　　　　(D)$R_a0.8\sim1.6\ \mu m$

110. 一般直径小于( )的钻头做成圆柱直柄。

(A)$\phi20$ mm　　(B)$\phi15$ mm　　(C)$\phi13$ mm　　(D)$\phi10$ mm

111. 钻削加工时,起主要切削作用的是( )。

(A)两主切削刃　　　　　　　　　(B)横刃

(C)两主切削刃和横刃　　　　　　(D)副切削刃

112. 在硬材料上钻孔,标准麻花钻头的顶角应( )。

(A)小些　　　　　(B)大些　　　　　(C)不变　　　　　(D)尖些

113. 标准麻花钻头具有较长的横刃,并且横刃的前角为负值。因此,横刃在钻削时是刮削和挤压,使轴向分力(　　　)。

(A)增大　　　　　(B)减小　　　　　(C)不变　　　　　(D)略有减小

114. 在钻孔时,小于(　　　)的孔通常是一次钻出。

(A)ϕ20 mm　　(B)ϕ30 mm　　(C)ϕ40 mm　　(D)ϕ50 mm

115. 钻孔时,孔产生多角形的原因是(　　　)。

(A)钻头后角太大　(B)钻头不锋利　　(C)进给量太大　　(D)横刃太长

116. 钻床主轴径向跳动使被扩孔呈(　　　)。

(A)椭圆形　　　　(B)圆锥形　　　　(C)轴线偏斜　　　(D)多边形

117. 用锪削方法,在孔口表面加工出一定形状的孔或表面,称为(　　　)。

(A)扩孔　　　　　(B)锪孔　　　　　(C)钻孔　　　　　(D)铰孔

118. 常用锥形锪钻的锥角是(　　　)。

(A)45°　　　　　(B)60°　　　　　(C)90°　　　　　(D)120°

119. 扩孔后,孔的公差等级一般可达(　　　)。

(A)IT10～IT11　(B)IT9～IT10　　(C)IT7～IT9　　(D)IT12～IT14

120. 扩孔后,加工表面粗糙度值可达到(　　　)。

(A)R_a12.5～50 μm　　　　　　(B)R_a3.2～12.5 μm

(C)R_a1.6～3.2 μm　　　　　　(D)R_a0.8～1.6 μm

121. 在预钻孔上用麻花钻进行扩孔,麻花钻的横刃(　　　)切削。

(A)不进行　　　　(B)仍进行　　　　(C)部分进行　　　(D)略有

122. 在毛坯孔上进行扩孔,由于麻花钻的旋转轴线与毛坯孔的轴心线不重合、孔壁形状不规则、孔端面不平等原因,(　　　)使麻花钻发生偏斜,甚至折断。

(A)容易　　　　　(B)不会　　　　　(C)可能会　　　　(D)不容易

123. 扩孔钻的外形与麻花钻相似,扩孔钻的切削刀刃数一般有(　　　)。

(A)2个　　　　　(B)3～4个　　　　(C)5～6个　　　　(D)大于6个

124. 二号扩孔钻用于(　　　)的扩孔。

(A)铰孔前　　　　(B)H11精度孔　　(C)精铰前　　　　(D)H8精度孔

125. 扩孔后,被加工孔呈圆锥形,其原因是(　　　)。

(A)刀具磨损或崩刃　　　　　　　　(B)进给量太大

(C)钻床主轴与工作台平面不垂直　　(D)进给量太小

126. 用锪孔钻锪削后,平面呈凹凸形的原因是(　　　)。

(A)前角太大　　　　　　　　　　　(B)锪削速度太高

(C)锪钻切削刃与刀杆旋转轴线不垂直　(D)前角太小

127. 铰孔的切削速度比钻孔切削速度(　　　)。

(A)大　　　　　　(B)小　　　　　　(C)相等　　　　　(D)略快

128. 铰孔的精度一般可达(　　　)。

(A)IT11～IT12　(B)IT7～IT9　　(C)IT4～IT5　　(D)IT13～IT14

129. 铰削后,被加工孔表面粗糙度值可达(　　　)。

(A)R_a3.2～12.5 μm　　　　　　　　　(B)R_a1.6～3.2 μm

(C)R_a0.4～1.6 μm　　　　　　　　　(D)R_a0.4～3.2 μm

130. 每把可调节手铰刀的直径可调范围为(　　)mm。

(A)0.1～0.3　　　(B)0.5～1.0　　　(C)10～12　　　(D)5～8

131. 为了使铰削时的轴向力压向主轴,应选择(　　)铰刀。

(A)左螺旋槽　　　　　(B)右螺旋槽　　　　　(C)直槽

132. 铰刀工作部分最前端有(　　)倒角。

(A)45°　　　(B)60°　　　(C)0°　　　(D)90°

133. 机用铰刀的校准部分由(　　)组成。

(A)圆柱段　　　　　(B)倒锥段　　　　　(C)圆柱段和倒锥段

134. 手用铰刀的校准部分由(　　)组成。

(A)圆柱段　　　　　(B)倒锥段　　　　　(C)圆柱段和倒锥段

135. 铰削时切削厚度较小,前角对切削变形的影响不显著,一般铰刀的前角 r_0 为(　　)。

(A)5°　　　(B)0°　　　(C)-5°　　　(D)3°

136. 为了便于测量铰刀的直径,铰刀的刀齿数往往采用(　　)齿数。

(A)2～3　　　(B)奇　　　(C)偶　　　(D)3～5

137. 铰削不通孔适宜于采用(　　)铰刀。

(A)左螺旋槽　　　　　(B)右螺旋槽　　　　　(C)直槽

138. 铰刀在使用过程中,磨损最严重的地方是(　　)。

(A)切削部分　　　　　　　　　(B)校准部分

(C)切削部分与校准部分的过渡处　　(D)切削部分与校准部分的连接处

139. 在机用铰刀铰孔时,当铰孔完毕,应(　　)。

(A)先退刀再停机　　　　　　　(B)先停机再退刀

(C)边退刀边停机　　　　　　　(D)退刀与停机同时

140. 铰孔时,孔表面粗糙度达不到要求,这是由于(　　)。

(A)铰刀磨钝　　　　　　　　　(B)铰刀刃口不锋利或刀面粗糙

(C)铰削余量太大　　　　　　　(D)铰削余量过小

141. 铰孔时,孔径扩大的原因是(　　)。

(A)机铰刀轴心线与预钻孔轴心线不重合(B)前角太小

(C)切削液不充分　　　　　　　(D)前角太大

142. 铰孔时,孔径偏小的原因是(　　)。

(A)切削速度太高　　　　　　　(B)铰刀偏摆过大

(C)铰刀直径小于最小极限尺寸　　(D)铰刀磨损严重

143. 铰孔时,孔呈多棱形的原因是(　　)。

(A)切削刃上粘有积屑瘤　　　　(B)铰刀磨钝

(C)铰削余量太大　　　　　　　(D)铰削余量太小

144. 为了获得较高的铰孔质量,一般手铰刀刀齿的齿距在圆周上呈现(　　)。

(A)均匀分布　　　　　　　　　(B)不均匀分布

(C)180°对称的不均匀分布　　　(D)对称均匀分布

145. 平面刮刀可用来刮削( )。

(A)平面　　　(B)平面和外曲面　　(C)外曲面　　　(D)内曲面

146. 挺刮法一般用( )。

(A)精刮　　　(B)挑花　　　(C)粗刮　　　(D)细刮

147. 平面粗刮刀头部角度的大小为( )。

(A)90°~92.5°　　(B)95°　　　(C)97.5°　　　(D)100°

148. 红丹粉使用时可用( )调合,常用于钢和铸铁工件的刮削。

(A)煤油　　　(B)乳化油　　　(C)牛油或机油　　(D)柴油

149. 在使用显示剂时,显示剂调和的稀稠要适当,粗刮时应该( )。

(A)调和干些　　　　　　　　(B)调和稀些

(C)对稀稠无严格要求　　　　(D)调和适中

150. 显示剂的使用方法与刮削质量有很大关系,一般在精刮和细研时,为使显示剂的研点没有闪光,清晰显目,应将显示剂涂在( )的表面,对刮削较为有利。

(A)工件　　　　　(B)校准件　　　　　(C)工件与校准件

151. 粗刮平面至每 25 mm×25 mm 的面积上有( )个研点时,才可进入细刮。

(A)4~6　　　(B)12~15　　(C)20 以上　　(D)8~10

152. 刮花应选用( )来进行。

(A)粗刮刀　　　　　　　　(B)精刮刀

(C)精刮刀或粗刮刀　　　　(D)细刮刀

153. 工形平尺用来检验( )导轨平面。

(A)较短　　　(B)较大　　　(C)既大又长　　(D)既宽又长

154. 粗刮刀的刃口呈( )。

(A)圆弧形　　(B)稍带弧形　　(C)平直　　　(D)凸形

155. 刮削平面出现( )是由于刮削时刮刀倾斜引起。

(A)振痕　　　(B)深凹痕　　(C)撕纹　　　(D)深纹

156. 刮削平板,其精度检查常用( )来表示。

(A)贴合面的面积　　　　　(B)接触点的数目

(C)单位面积内的接触点数　　(D)接触点的大小

157. 用三块平板采取互研互刮的方法,刮削成精密的平板,这种平板称为( )。

(A)原始平板　　(B)校准平板　　(C)基准平板　　(D)检测平板

158. 精刮平面时,应采用( )法。

(A)长刮　　　(B)短刮　　　(C)点刮　　　(D)平刮

159. 对平板的平面度检验是采用在 25 mm×25 mm 面积内达到所规定的点数。0~1 级平板的点数应( )。

(A)不少于 25 点　(B)不少于 20 点　(C)不少于 12 点　(D)不少于 15 点

160. 平板的表面粗糙度值一般为( )。

(A)$R_a 0.8\ \mu m$　(B)$R_a 1.6\ \mu m$　　(C)$R_a 3.2\ \mu m$　　(D)$R_a 6.3\ \mu m$

161. 加工不通孔螺纹时,为了使切屑从孔口排出,丝锥容屑槽应采用( )。

(A)左螺旋槽　　(B)右螺旋槽　　(C)直槽　　　(D)斜槽

162. 230 mm 的活铰杠适用攻制(　　)范围的螺纹。

(A)M5～M8　　　　(B)M8～M12　　　　(C)M12～M14　　　　(D)M14～M16

163. 丝锥的校准部分磨损时,应修磨丝锥的(　　)。

(A)前面　　　　(B)顶刃后面　　　　(C)侧刃后面　　　　(D)前面与后面

164. 攻制铸铁材料的螺孔时,可采用(　　)作切削液。

(A)L-AN38 全系统损耗机械油　　　　(B)乳化液

(C)煤油　　　　(D)机油

165. 套制螺纹前的圆杆直径尺寸应(　　)螺纹的大径尺寸。

(A)大于　　　　(B)等于　　　　(C)小于　　　　(D)略小于

166. 攻螺纹前的底孔直径(　　)螺纹的小径。

(A)略小于　　　　(B)等于　　　　(C)略大于　　　　(D)大于

167. 当丝锥的切削部分磨损后,应在砂轮上修磨丝锥的(　　)。

(A)前面　　　　(B)后面　　　　(C)前面与后面　　　　(D)螺纹面

168. 当丝锥的校准部分磨损时,应采用(　　)攻削,这样可防止丝锥折断。

(A)前面　　　　(B)后面　　　　(C)前面与后面　　　　(D)螺纹面

169. 在攻制较硬材料的螺孔时,应采用(　　)攻削,这样可防止丝锥折断。

(A)初锥　　　　　　　　(B)中锥　　　　　　　　(C)初锥与中锥交替

170. 管螺纹的公称直径(　　)螺纹的大径。

(A)小于　　　　(B)等于　　　　(C)大于　　　　(D)略大于

171. 攻螺纹时出现烂牙(乱扣),其原因是(　　)。

(A)初锥攻螺纹位置不正,中、底锥强行纠正　　(B)丝锥磨损

(C)丝锥前、后角太小　　　　(D)底孔直径太大

172. 攻螺纹时,螺纹产生歪斜,这是由于(　　)引起的。

(A)丝锥前、后面粗糙　　　　(B)丝锥与螺纹底孔不同轴

(C)切屑堵塞　　　　(D)丝锥磨损

173. 攻螺纹时发现螺纹表面粗糙,是因为(　　)。

(A)丝锥磨损　　　　(B)丝锥前、后面粗糙

(C)没有选用合适的切削液　　　　(D)底孔直径太大

174. 套螺纹时螺纹烂牙(乱扣)的原因是(　　)。

(A)绞杠歪斜　　　　(B)圆杆直径太小　　　　(C)板牙磨钝　　　　(D)沿用切削液

175. 套螺纹时螺纹歪斜,这是由于(　　)引起的。

(A)板牙切削刃上粘有切屑瘤　　　　(B)没有选用合适的切削液

(C)圆杆端面倒角不好,板牙位置难以放正(D)圆杆直径太大

176. 样板角尺的圆弧测量面的研磨,应采用(　　)。

(A)摆动式直线　　　　(B)直线

(C)8 字形或仿 8 字形　　　　(D)无规则圆环线

177. 粗研狭长平面,往复速度应取(　　)。

(A)20～40 次/min　　　　(B)40～60 次/min

(C)＞60 次/min　　　　(D)10～20 次/min

178. 研磨工件的内孔时,第一根研具的直径应比工件孔小(　　)。

(A)0.01～0.015 mm　　　　　　　　　(B)0.015 mm

(C)0.005 mm　　　　　　　　　　　　(D)0.02 mm

179. 成套整体式螺纹研具由三根不同螺纹中径的螺杆组成,其中最大一根螺杆的中径为环规中径的(　　)极限尺寸。

(A)最大　　　　　　　　(B)最小　　　　　　　　(C)平均

180. 研具通常采用比被研磨工件(　　)的材料制成。

(A)硬　　　　　　(B)软　　　　　　(C)相同　　　　　　(D)稍硬

181. 研磨的公差等级可达到(　　)。

(A)IT9～IT10　　　(B)IT7～IT9　　　(C)IT6 以上　　　(D)IT10～IT12

182. 研磨工件,可达到的工件表面粗糙度为(　　)。

(A)R_a1.6～3.2 μm　　　　　　　　(B)R_a0.16～1.6 μm

(C)R_a0.012～0.16 μm　　　　　　(D)R_a3.2～6.3 μm

183. 为了保证研磨的加工精度,提高加工速度,一般研磨的加工余量在(　　)之间。

(A)0.005～0.05 mm　　　　　　　　　(B)0.05～0.1 mm

(C)0.1～0.15 mm　　　　　　　　　　(D)0.15～0.2 mm

184. 用于量具测量面研磨的合成钻石研磨膏,使用时可用(　　)调和。

(A)机械油　　　　(B)乳化油　　　　(C)蒸馏水　　　　(D)汽油

185. 研磨硬质合金材料制成的工件,磨料应采用(　　)。

(A)氧化铝　　　　(B)碳化硅　　　　(C)金刚石　　　　(D)氧化铁

186. 工件经研磨后,工作表面粗糙是由于(　　)引起的。

(A)研磨时压力太大　　　　　　　　　(B)磨料太粗

(C)运动轨迹没有错开　　　　　　　　(D)压力太小

187. 研磨后,工件平面呈凸形,其原因是(　　)。

(A)研磨剂中混入杂质　　　　　　　　(B)研磨时压力太大

(C)研磨剂涂得太薄　　　　　　　　　(D)研磨剂涂得太厚

188. 研磨内孔,发现孔口扩大是由于(　　)。

(A)研磨时孔口挤出的研磨剂未及时擦去　(B)研磨时没有更换方向

(C)研磨时没有及时调头　　　　　　　(D)没有及时测量

189. 研具常用的材料有灰铸铁。而(　　)因嵌存磨料好,并能嵌得均匀,牢固而耐用,目前也得到广泛应用。

(A)球墨铸铁　　　　(B)铜　　　　(C)低碳钢　　　　(D)高碳钢

190. 在工装制造中,常用的装配方法是(　　)。

(A)完全互换法　　　　　　　　　　　(B)选配法

(C)调整法和修配法　　　　　　　　　(D)不完全互换法

191. 用于成批生产或流水线生产的装配方法是(　　)。

(A)完全互换法　　　　　　　　　　　(B)选配法

(C)调整法和修配法　　　　　　　　　(D)不完全互换法

192. 装配精度要求高或单件小批量产品的装配方法是(　　)。

(A)完全互换法　　　　　　　　　(B)选配法

(C)调整法和修配法　　　　　　　(D)不完全互换法

193. 分组装配法是将一批零件逐一测量后,按(　　)大小分成若干组。

(A)基本尺寸　　　(B)极限尺寸　　　(C)实际尺寸　　　(D)图纸尺寸

194. 装配工艺组织形式的好坏对装配效率的高低影响很大,而移动式装配适用于(　　)生产。

(A)大批大量　　　(B)中批中量　　　(C)单件小批　　　(D)成批生产

三、多项选择题

1. 安全操作规程是长期生产实践中的(　　)总结。

(A)经验　　　　　　　(B)教训　　　　　　　(C)经历

(D)收获　　　　　　　(E)操作方法　　　　　(F)规章制度

2. 安全操作规程对保护职工的(　　),促进生产发展起着指导的作用。

(A)身体　　　　　　　(B)体力　　　　　　　(C)安全

(D)健康　　　　　　　(E)体质　　　　　　　(F)平安

3. 工作前应检查零件堆放是否(　　)。

(A)稳固　　　　　　　(B)整齐　　　　　　　(C)安全

(D)可靠　　　　　　　(E)牢固　　　　　　　(F)牢靠

4. 不能用(　　)清除铁屑。

(A)铁钩　　　　　　　(B)刷子　　　　　　　(C)木棒

(D)铁铲　　　　　　　(E)手拉　　　　　　　(F)嘴吹

5. 电动工具使用前必须检查电源插头是否完好,并要有可靠的(　　)措施。

(A)接地　　　　　　　(B)绝缘　　　　　　　(C)预防

(D)防范　　　　　　　(E)断电　　　　　　　(F)接零

6. 操作钻床变换(　　)时,必须在停车后进行调整。

(A)手动进给量　　　　(B)主轴转速　　　　　(C)自动进给量

(D)切深　　　　　　　(E)工件孔位　　　　　(F)切削液添加量

7. 严禁在砂轮机上磨削(　　)。

(A)高碳工具钢　　　　(B)低合金刃具钢　　　(C)硬质合金

(D)高速钢　　　　　　(E)软金属　　　　　　(F)非金属物

8. 砂轮不准(　　),要经常保持干燥。

(A)沾灰　　　　　　　(B)污染　　　　　　　(C)沾油

(D)沾水　　　　　　　(E)落尘　　　　　　　(F)落灰

9. 在台虎钳上进行强力作业时,应尽量使力量朝向固定钳身,否则会使(　　)受到损害。

(A)钳口　　　　　　　(B)丝杠　　　　　　　(C)钳身

(D)螺母　　　　　　　(E)转座　　　　　　　(F)夹紧盘

10. 暂时不用的(　　),应整齐地放在钳台桌的抽屉内或柜内的工具箱中。

(A)工具　　　　　　　(B)吊具　　　　　　　(C)夹具

(D)辅具　　　　　　　(E)量具　　　　　　　(F)模具

11. 方箱适用于(　　)的光滑圆柱体工件的划线。

(A)较大直径　　　　　　(B)台阶形　　　　　　(C)盘类

(D)较小直径　　　　　　(E)适中直径　　　　　(F)大型

12. 禁止用方箱作为敲击工具,以免损坏方箱(　　)。

(A)表面　　　　　　　　(B)V 形槽　　　　　　(C)工作面

(D)内壁　　　　　　　　(E)箱体　　　　　　　(F)空心腔

13. 分度头的分度叉能使分度(　　)。

(A)简单　　　　　　　　(B)方便　　　　　　　(C)准确

(D)迅速　　　　　　　　(E)快捷　　　　　　　(F)简易

14. 使用手电钻时应对(　　)采取接地或接零措施。

(A)隔离变压器　　　　　(B)插头　　　　　　　(C)插座

(D)导线　　　　　　　　(E)漏电保护器　　　　(F)握手把

15. 根据不同的车削方式,车刀有(　　)。

(A)外圆车刀　　　　　　(B)车孔刀　　　　　　(C)车槽刀

(D)整体车刀　　　　　　(E)焊接车刀　　　　　(F)机夹车刀

16. 使用手电钻钻削时,要扶正握紧,不要让手电钻(　　)。

(A)晃动　　　　　　　　(B)歪斜　　　　　　　(C)振动

(D)倾倒　　　　　　　　(E)抖动　　　　　　　(F)摇摆

17. 电动曲线锯具有(　　)等优点。

(A)使用简单　　　　　　(B)使用方便　　　　　(C)操作灵活

(D)体积小　　　　　　　(E)质量轻　　　　　　(F)携带方便

18. 在电动曲线锯使用过程中,若发现(　　),应立即停机检查。

(A)异常声响　　　　　　(B)温升过高　　　　　(C)断锯条

(D)锯条打滑　　　　　　(E)锯条卡死　　　　　(F)锯削效率明显下降

19. 使用非双重结构的电动工具时,必须穿戴(　　),或站在绝缘板上。

(A)防护手套　　　　　　(B)安全手套　　　　　(C)橡胶手套

(D)绝缘鞋　　　　　　　(E)橡胶鞋　　　　　　(F)防护服

20. 防护镜分为(　　)等种类。

(A)近视镜　　　　　　　(B)老花镜　　　　　　(C)红外线防护镜

(D)紫外线防护镜　　　　(E)平光防护镜　　　　(F)遮光防护镜

21. (　　)是机械行业中常用的防护手套。

(A)纱手套　　　　　　　(B)帆布手套　　　　　(C)绝缘手套

(D)电焊手套　　　　　　(E)石棉手套　　　　　(F)乳胶手套

22. 防尘口罩一般用白纱布做成,可以防止灰尘进入(　　)而引起硅肺病。

(A)人体　　　　　　　　(B)鼻腔　　　　　　　(C)口腔

(D)肺部　　　　　　　　(E)呼吸道　　　　　　(F)消化道

23. 从事(　　)等工作的生产工人,需穿好帆布工作服和工作鞋。

(A)焊接　　　　　　　　(B)锻压　　　　　　　(C)铸造

(D)机械加工　　　　　　(E)机器装配　　　　　(F)产品试验

24. 工艺装备是指零件在加工过程中所用的(　　)。

| (A)机床 | (B)设备 | (C)刀具 |
| (D)夹具 | (E)量具 | (F)各种辅具 |

25. 使用手电钻时应对隔离变压器或漏电保护器采取( )措施。

| (A)断电 | (B)接地 | (C)接零 |
| (D)定期测试 | (E)定期送检 | (F)检测 |

26. 用于实体材料加工出孔的刀具有( )。

| (A)扩孔钻 | (B)铰刀 | (C)镗刀 |
| (D)麻花钻 | (E)中心钻 | (F)深孔钻 |

27. ( )是对工件上已有孔进行再加工的刀具。

| (A)扩孔钻 | (B)铰刀 | (C)镗刀 |
| (D)麻花钻 | (E)中心钻 | (F)深孔钻 |

28. 按刀具材料分类,可分为( )刀具。

| (A)整体 | (B)焊接 | (C)高速钢 |
| (D)硬质合金 | (E)陶瓷 | (F)复合 |

29. 按刀具切削刃分类,可分为( )刀具。

| (A)单刃 | (B)多刃 | (C)成型 |
| (D)焊接式 | (E)机械夹固式 | (F)整体 |

30. 按刀具结构分类,可分为( )刀具。

| (A)整体 | (B)单刃 | (C)多刃 |
| (D)镶片 | (E)焊接 | (F)复合 |

31. ( )等都是常用的游标量具。

| (A)钢直尺 | (B)千分尺 | (C)游标卡尺 |
| (D)游标高度尺 | (E)带表卡尺 | (F)杠杆千分表 |

32. 固定刻线量具主要有( )。

| (A)钢直尺 | (B)游标卡尺 | (C)千分尺 |
| (D)带表卡尺 | (E)杠杆千分表 | (F)钢卷尺 |

33. ( )等是利用精密螺旋副原理测量长度的通用量具。

| (A)游标卡尺 | (B)千分尺 | (C)内径千分尺 |
| (D)杠杆千分尺 | (E)杠杆千分表 | (F)带表卡尺 |

34. 表类量具种类很多,常用的有( )。

| (A)杠杆百分表 | (B)杠杆千分尺 | (C)内径百分表 |
| (D)千分尺 | (E)千分表 | (F)带表卡尺 |

35. 常用的测量长度的量具有( )。

| (A)千分尺 | (B)水平仪 | (C)螺纹量规 |
| (D)百分表 | (E)万能角度尺 | (F)螺纹千分尺 |

36. 常用的测量角度的量具有( )。

| (A)千分尺 | (B)水平仪 | (C)螺纹量规 |
| (D)百分表 | (E)万能角度尺 | (F)螺纹千分尺 |

37. 常用的测量螺纹的量具有( )。

(A)千分尺　　　　　　　　(B)水平仪　　　　　　　　(C)螺纹量规

(D)百分表　　　　　　　　(E)万能角度尺　　　　　　(F)螺纹千分尺

38. 按量具用途分类,可将量具分为(　　　)。

(A)测长度量具　　　　　　(B)测角度量具　　　　　　(C)测螺纹量具

(D)测齿量具　　　　　　　(E)专用量具　　　　　　　(F)通用量具

39. 冷冲是指板料在常温状态下,利用(　　　)的作用,把板料的局部或全部进行塑变分离或成型的一种加工方法。

(A)压力机　　　　　　　　(B)模具　　　　　　　　　(C)凸模

(D)凹模　　　　　　　　　(E)模架　　　　　　　　　(F)模座

40. 塑料在料筒中熔融塑化,经(　　　)注入塑料注射模型腔。

(A)活塞　　　　　　　　　(B)导套　　　　　　　　　(C)喷嘴

(D)浇注系统　　　　　　　(E)推杆　　　　　　　　　(F)模板

41. 钻床按其(　　　)可分为台式钻床、立式钻床、摇臂钻床3种。

(A)加工尺寸　　　　　　　(B)工作性质　　　　　　　(C)加工精度

(D)结构　　　　　　　　　(E)使用范围　　　　　　　(F)外形

42. 要合理布置视图的位置,布置视图时应考虑(　　　)。

(A)图样清晰美观　　　　　(B)图样尺寸完整　　　　　(C)图幅充分利用

(D)视图表达清楚完整　　　(E)视图间的相互关系清楚　(F)技术要求表达清楚

43. 合理地选择图样上零件的尺寸基准是使所注尺寸符合(　　　)要求的重要环节。

(A)加工　　　　　　　　　(B)装配　　　　　　　　　(C)检验

(D)设计　　　　　　　　　(E)制造　　　　　　　　　(F)工艺

44. 零件图上除了表达(　　　)外,还必须标注和说明制造零件时应达到的一些技术要求。

(A)零件形状　　　　　　　(B)零件结构　　　　　　　(C)标注尺寸

(D)零件相互关系　　　　　(E)零件外形　　　　　　　(F)尺寸链关系

45. 任何复杂的图形都是由(　　　)组成的。

(A)直线　　　　　　　　　(B)圆弧　　　　　　　　　(C)圆

(D)矩形　　　　　　　　　(E)角度　　　　　　　　　(F)曲线

46. 由于工件的(　　　)各不相同,因此,找出不同图形的中心点是非常重要的。

(A)结构　　　　　　　　　(B)几何形状　　　　　　　(C)尺寸要求

(D)表面粗糙度　　　　　　(E)形位公差　　　　　　　(F)加工要求

47. 工艺过程就是指零件在加工过程中,直接改变毛坯的(　　　),使之变为成品或半成品的过程。

(A)结构　　　　　　　　　(B)形状　　　　　　　　　(C)尺寸

(D)材料性能　　　　　　　(E)位置　　　　　　　　　(F)精度

48. 在(　　　)不变的情况下,连续完成的那一部分工序称为工步。

(A)加工表面　　　　　　　(B)切削刀具　　　　　　　(C)切削用量

(D)加工设备　　　　　　　(E)夹具　　　　　　　　　(F)操作者

49. 在钻床上可进行(　　　)等工作。

(A)钻孔　　　　　　　　　(B)铰孔　　　　　　　　　(C)扩孔

(D)锪孔　　　　　　　　(E)车孔　　　　　　　　(F)攻螺纹

50. 钻床按其结构和使用范围可分为(　　)。

(A)台式钻床　　　　　　(B)立式钻床　　　　　　(C)摇臂钻床

(D)深孔钻床　　　　　　(E)万能钻床　　　　　　(F)专用钻床

51. 主视图选定以后,再根据零件的(　　)来全面考虑所需要的其他视图。

(A)尺寸要求　　　　　　(B)尺寸大小　　　　　　(C)内外结构

(D)形状　　　　　　　　(E)加工要求　　　　　　(F)复杂程度

52. 根据分度头的结构及原理的不同,可将其分为(　　)等类型。

(A)万能　　　　　　　　(B)专用　　　　　　　　(C)机械

(D)光学　　　　　　　　(E)数控　　　　　　　　(F)电动

53. 台式钻床不宜进行(　　)加工。

(A)钻孔　　　　　　　　(B)锪孔　　　　　　　　(C)铰孔

(D)扩孔　　　　　　　　(E)车孔　　　　　　　　(F)攻螺纹

54. 立式钻床的(　　)均可沿床身导轨垂直移动。

(A)主轴　　　　　　　　(B)主轴套筒　　　　　　(C)主轴箱

(D)进给箱　　　　　　　(E)工作台　　　　　　　(F)主轴变速箱

55. 立式钻床的优点是(　　)。

(A)功率较大　　　　　　(B)切削用量较高　　　　(C)结构简单

(D)操作方便　　　　　　(E)加工精度高　　　　　(F)进给变动范围大

56. (　　)是摇臂钻床的主要特点。

(A)操作方便　　　　　　　　　　(B)加工精度高

(C)主轴变速范围广　　　　　　　(D)摇臂能回转360°

(E)摇臂可沿立柱上下移动　　　　(F)主轴套筒能够从主轴箱自由伸出

57. 使用立式钻床、摇臂钻床过程中,当(　　)时,必须停车进行调整。

(A)变换主轴转速　　　　(B)退出刀具　　　　　　(C)找正工件

(D)变换自动进给　　　　(E)给工件冷却润滑　　　(F)清扫切屑

58. 台虎钳有固定式和回转式两种,两者在(　　)上基本相同。

(A)外形尺寸　　　　　　(B)主要结构　　　　　　(C)使用方法

(D)使用要求　　　　　　(E)工作原理　　　　　　(F)夹持工件

59. 台虎钳的钢制钳口有(　　)等形式。

(A)交叉网纹　　　　　　(B)水平直纹　　　　　　(C)垂直直纹

(D)光面　　　　　　　　(E)垂直V形　　　　　　(F)水平V形

60. 交叉网纹钢制钳口主要用来夹持(　　)的表面。

(A)精加工件　　　　　　(B)半精加工件　　　　　(C)粗加工件

(D)毛坯件　　　　　　　(E)半成品件　　　　　　(F)成品件

61. 台式钻床的特点是(　　)。

(A)结构简单　　　　　　(B)外形尺寸小　　　　　(C)灵活性较大

(D)操作方便　　　　　　(E)转速高　　　　　　　(F)加工精度高

62. 水平仪可以测量零件相互间的(　　)等。

(A)直线度   (B)平面度   (C)垂直度

(D)平行度   (E)同轴度   (F)相交度

63. 在使用分度头后,要定期对( )部分加注润滑油。

(A)传动   (B)分度   (C)固定

(D)转动   (E)支承   (F)读数

64. 在使用电动工具时,当需( )时,要立即切断电源。

(A)换钻头   (B)休息   (C)离开工作场地

(D)变换操作位置   (E)变换加工对象   (F)变换操作者

65. 钳工常用的錾削工具有( )。

(A)冲子   (B)铲刀   (C)样冲

(D)扁錾   (E)窄錾   (F)油槽錾

66. 扁錾主要用来( ),应用最为广泛。

(A)去除凸缘   (B)分割曲线板材   (C)去除毛刺

(D)錾削油槽   (E)錾深槽   (F)分割材料

67. 窄錾的切削刃比较短,主要用来( )。

(A)去除凸缘   (B)分割曲线板材   (C)去除毛刺

(D)錾削油槽   (E)錾深槽   (F)分割材料

68. 錾子的热处理包括( )。

(A)正火   (B)退火   (C)淬火

(D)调质   (E)回火   (F)渗碳

69. 使用螺钉旋具时,要注意刀口的( )要与被旋螺钉相吻合。

(A)宽度   (B)厚度   (C)长度

(D)深度   (E)角度   (F)材质

70. 手锯是由( )组成的。

(A)锯弓   (B)固定螺钉   (C)调节螺钉

(D)锯条   (E)弓架   (F)把手

71. 锉刀按形状可分为( )等。

(A)方锉   (B)整形锉   (C)扁锉

(D)圆锉   (E)半圆锉   (F)三角锉

72. 锉刀按用途可分为( )等。

(A)整形锉   (B)钳工锉   (C)圆锉

(D)特形锉   (E)三角锉   (F)硬质合金旋转锉

73. 不要用细纹锉刀锉削( )等,以免堵塞锉齿。

(A)铸铁   (B)软钢   (C)铜

(D)铝   (E)铅   (F)锡

74. 钳工常用的钳子有( )等。

(A)钢丝钳   (B)尖嘴钳   (C)大力钳

(D)扁嘴钳   (E)管子钳   (F)剥线钳

75. 用于弹簧挡圈安装的钳子有( )等几种。

(A)尖嘴钳   (B)管子钳   (C)直嘴式钳

(D)弯嘴式钳   (E)孔用钳   (F)轴用钳

76. 平口钳是钳工在钻床上进行（　　）等工作常用的夹具。

(A)钻孔   (B)扩孔   (C)铰孔

(D)攻螺纹   (E)校直工件   (F)分度

77. 倒链是由（　　）等零部件组成的。

(A)链轮   (B)手拉链   (C)传动机械

(D)起重链   (E)上下吊钩   (F)钢丝绳

78. 倒链按传动方式可分为（　　）。

(A)蜗轮式   (B)液压筒式   (C)齿条式

(D)滑轮式   (E)杠杆式   (F)齿轮式

79. 电葫芦具有（　　）等特点。

(A)尺寸小   (B)体积小   (C)起重量大

(D)质量轻   (E)操作方便   (F)效率高

80. 叉车根据（　　）可分为插腿式叉车、前移式叉车、平衡重式叉车、侧面式叉车、集装箱叉车等。

(A)起重量大小   (B)起重高度   (C)结构

(D)行走方式   (E)功用   (F)性能

81. 刀口形直尺的测量面不得有（　　）等缺陷。

(A)划痕   (B)碰伤   (C)锈蚀

(D)带磁   (E)热变形   (F)倒棱

82. 在使用或搬运分度头的过程中,严禁（　　）,以保持分度头的精度。

(A)拆卸   (B)调整   (C)敲打

(D)冲击   (E)挤压   (F)倒置

83. 立体划线的步骤分为（　　）等阶段。

(A)划线前准备   (B)实体划线   (C)检查校对

(D)熟悉图样   (E)确定划线基准   (F)清理工件

84. 划线前,应事先对铸件毛坯的（　　）进行清洁、錾平。

(A)残余型砂   (B)砂眼   (C)毛刺

(D)气孔   (E)浇口和冒口   (F)料头

85. 锻件划线前,应将（　　）除去。

(A)毛刺   (B)飞翅   (C)气孔

(D)氧化皮   (E)料头   (F)砂眼

86. 直接翻转零件划线法的缺点是（　　）。

(A)工作效率低   (B)划线精度差   (C)劳动强度大

(D)要求操作技能高   (E)调整找正困难   (F)工件放置不安全

87. 錾削的工作范围包括（　　）等。

(A)去除浇口   (B)打样冲眼   (C)去除凸缘

(D)去毛刺   (E)分割材料   (F)錾削油槽

88. 錾削油槽要求（　　）。

(A)圆滑　　　　　　　　(B)深浅一致　　　　　　　(C)光滑

(D)宽度一致　　　　　　(E)形状规范　　　　　　　(F)尺寸一致

89. 錾削（　　）时,应戴防护眼镜。

(A)油槽　　　　　　　　(B)凸缘　　　　　　　　　(C)飞翅

(D)板料　　　　　　　　(E)毛刺　　　　　　　　　(F)脆性材料

90. 刮削具有（　　）等特点。

(A)切削量小　　　　　　(B)切削力小　　　　　　　(C)产生热量少

(D)装夹变形小　　　　　(E)加工精度高　　　　　　(F)表面质量好

91. 刮削能够获得很高的（　　）。

(A)表面硬度　　　　　　(B)尺寸精度　　　　　　　(C)形状和位置精度

(D)接触精度　　　　　　(E)传动精度　　　　　　　(F)结构强度

92. 手工矫正是用锤子在平台、铁砧或台虎钳等工具上,采用（　　）等方法,使工件恢复到原来的形状。

(A)扭转　　　　　　　　(B)拉伸　　　　　　　　　(C)弯曲

(D)扭曲　　　　　　　　(E)延展　　　　　　　　　(F)伸张

93. 研磨的基本原理包含着（　　）的综合作用。

(A)机械　　　　　　　　(B)力学　　　　　　　　　(C)物理

(D)化学　　　　　　　　(E)生物学　　　　　　　　(F)电磁学

94. 强固铆接常用于（　　）。

(A)桥梁　　　　　　　　(B)车辆　　　　　　　　　(C)起重机

(D)水箱　　　　　　　　(E)油罐　　　　　　　　　(F)气筒

95. 紧密铆接常用于（　　）。

(A)桥梁　　　　　　　　(B)车辆　　　　　　　　　(C)起重机

(D)水箱　　　　　　　　(E)油罐　　　　　　　　　(F)气筒

96. 按铆接方法不同,铆接可分为（　　）。

(A)冷铆　　　　　　　　(B)热铆　　　　　　　　　(C)混合铆

(D)强固铆接　　　　　　(E)紧密铆接　　　　　　　(F)强密铆接

97. （　　）属于铆接部位固定不动的固定铆接。

(A)冷铆　　　　　　　　(B)热铆　　　　　　　　　(C)混合铆

(D)强固铆接　　　　　　(E)紧密铆接　　　　　　　(F)强密铆接

98. 按形状分,常用的铆钉有（　　）。

(A)平头铆钉　　　　　　(B)半圆头铆钉　　　　　　(C)沉头铆钉

(D)半沉头铆钉　　　　　(E)管状铆钉　　　　　　　(F)平锥头铆钉

四、判 断 题

1. 由已知的两视图可以补画唯一的第三视图。（　　）

2. 剖视分全剖视、半剖视和局部剖视三大类。（　　）

3. 直接用于制造和检验工件的图样称为零件工作图,简称零件图。（　　）

4. 旋转视图要有标记。( )

5. 螺纹千分尺用来测量螺纹大径。( )

6. 万能角度尺可以测量 0°～360° 的任何角度。( )

7. 形位公差就是限制零件的形状误差。( )

8. 工件的尺寸精度越高,它的表面粗糙度值也越小。( )

9. 带传动时小带轮的包角愈大,传递的拉力也愈大。( )

10. 靠摩擦力工作的带传动不能保证严格的传动比。( )

11. 分度圆上的齿形角为零度。( )

12. 模数 m 表示齿轮齿形的大小,是没有单位的。( )

13. 溢流阀是压力控制阀的一种。( )

14. 液压的作用是将机械能转换为液压能。( )

15. 切削用量中,对刀具磨损影响最大的是切削速度。( )

16. 在任何电气设备未经检查证明无电之前,应一律认为有电,不得乱动。( )

17. 一般来说,硬度高的材料耐磨性好。( )

18. 合理选择划线基准,是提高划线质量和效益的关键。( )

19. 安装锯条时,锯齿应朝向前推的方向。( )

20. 扁錾和尖錾均用于錾削沟槽及分割曲线形状板料。( )

21. 圆锉刀和方锉刀的尺寸规格都是以锉身长度表示的。( )

22. 金属材料弯曲时,其他条件一定,弯曲半径越小,变形越小。( )

23. 钻孔时,加切削液的目的主要是为了润滑。( )

24. 扩孔是用扩孔钻对工件上已有孔进行精加工。( )

25. 铰孔是用铰刀对粗加工的孔进行精加工。( )

26. 铰刀的前角 $\gamma=0°$。( )

27. 机用铰刀一般采用不等齿距分布。( )

28. 原始平板刮削时,应采取四块平板相互研刮。( )

29. 刮花的目的主要是为了美观。( )

30. 在使用砂轮机时,砂轮的正确放置方向,应使磨屑向上方飞离砂轮。( )

31. 砂轮机托架与砂轮间的距离应在 3 mm 以上。( )

32. 装配单元系统图主要起指导和组织装配工艺的作用。( )

33. 产品总装配后的调整,目的是使机构或机器工作协调。( )

34. 部装和总装都是以基准零件开始的。( )

35. 测量电路中的电流时,电流表应与电路中的负载并联。( )

36. 测量电路中的电压时,电压表应与电路中的负载并联。( )

37. 电流的方向和值的大小不随时间变化的电流是交流电。( )

38. 图纸上标注符号"○"是表示圆柱度。( )

39. 图纸上标注符号"⊥"是表示直角。( )

40. 决定錾子性能的主要参数是其前角。( )

41. 调和显示剂时,精刮应调干些,这样显示才能清晰。( )

42. 细刮工件时应注意保住已显的研点,并使其不断增加。( )

43. 用塞规检验工件时,只要通端能顺利通过,该孔就合格了。(　　)

44. 使用电动工具时,必须握住工具手柄,但可拉着软线拖动工具。(　　)

45. 双重绝缘的电动工具,使用时不必戴橡胶手套。(　　)

46. 工具钳工使用的台式钻床能钻削精度要求不高的孔,但不宜在台钻上锪孔、铰孔、攻螺纹等。(　　)

47. 分度头内的蜗杆速比为 1/20。(　　)

48. 一般砂轮的线速度为 35 m/s 左右。(　　)

49. 圆盘工件上的任意等分孔都能借用铣床分度头,利用简单分度来分度划线,既迅速又准确。(　　)

50. 利用分度头划等分孔中心线时,分度盘上应尽量选用孔数较多的孔圈,因摇动方便,准确度也高。(　　)

51. 划线时用来确定工件各部分尺寸、几何形状及相对位置的依据称为划线基准。(　　)

52. 划线平板是划线工作的基准面,划线时可把需要划线的工件直接安放在划线平板上。(　　)

53. 借料的目的是为了保证工件各部位的加工表面有足够的加工余量。(　　)

54. 划线时,千斤顶主要用来支承半成品工件或形状规则的工件。(　　)

55. 利用方箱划线,工件在一次安装后,通过翻转方箱,可以划出三个方向的尺寸线。(　　)

56. 工件上有装配关系的非加工部位,应先考虑作为划线的尺寸基准,以保证工件经划线和加工后能顺利地进行装配。(　　)

57. 在划线时,采用 V 形块主要用来支承安放平面平整的工件。(　　)

58. 凡铸件、锻件毛坯,多要进行借料划线。(　　)

59. 划线时,划出的线条除要求清晰均匀符合要求外,最重要的是要保证尺寸准确。(　　)

60. 用于检查工件加工后的各种误差或出现废品时作为分析原因的线,称为找正线。(　　)

61. 当零件上有两个以上的不加工表面时,应选择其中面积较小、较次要的或外观质量要求较低的表面作为校正基准。(　　)

62. 划线能及时发现毛坯的各种质量问题,当毛坯误差不大时,可通过划线借料予以补救。(　　)

63. 划线时,一般应选择设计基准为划线基准。(　　)

64. 在需要精加工的已加工表面上划线时,用硫酸铜溶液作涂料。(　　)

65. 采用样板划线的方法适用于形状简单、精度要求高和加工面少的工件。(　　)

66. 錾子切削部分热处理时,其淬火硬度越高越好,以增加其耐磨性。(　　)

67. 錾削平面,在接近尽头处应调头錾去余下部分,这样可避免工件边缘崩裂。(　　)

68. 錾子的楔角和后角对錾削质量和效率没有影响,因此可以任意选取。(　　)

69. 锉刀锉纹号的选择主要取决于工件的加工余量、加工精度和表面粗糙度要求。(　　)

70. 用手锯锯削时,其起锯角应小于 15°角为宜,但不能太小。(　　)

71. 安装锯条不仅要注意齿尖方向,还要注意锯条的松紧程度。(　　)

72. 锯削钢材,锯条往返均需施加压力。(　　)

73. 手用钳子的铆接为固定铆接。(　　)

74. 铆钉伸长部分的长度应为铆钉直径的 1.25～1.5 倍。(　　)

75. 罩模与顶模的区别在柄部。（　　　）

76. 粘接面的表面粗糙度越粗,配合间隙越大,则粘接强度越高。（　　　）

77. 粘接面的表面处理是保证粘接强度的重要环节。（　　　）

78. 锯削零件快要锯断时,锯削速度要加快,压力要轻,并用手扶住被锯下的部分。（　　　）

79. 手工锯削管子时必须选用粗齿锯条,这样可以加快锯削速度。（　　　）

80. 粘接面的最好结构形式是轴套类配合。（　　　）

81. 铆接按使用要求可分为固定铆接和活动铆接。（　　　）

82. 铆接的形式主要有对接、搭接和角接。（　　　）

83. 铆钉的直径一般为板厚的一倍。（　　　）

84. 用于铆接平头铆钉罩模的工作部分应制成凸形。（　　　）

85. 半圆铆合头不完整的原因是铆钉太短。（　　　）

86. 无机粘接所用的粘结剂有磷酸盐型和硅酸盐型两类。（　　　）

87. 粘接表面可以不经过处理直接进行粘结。（　　　）

88. 有机粘结剂的基体胶样的合成树脂分为热固性树脂和热塑性树脂。（　　　）

89. 一切材料都能进行矫正。（　　　）

90. 热弯管子时,在两塞头中间钻小孔的目的是防止加热后气体膨胀而发生事故。（　　　）

91. 当外力去除后仍能恢复原状的变形,称为弹性变形。矫正就是利用弹性变形来消除材料的弯曲、翘曲、凹凸不平等缺陷的加工方法。（　　　）

92. 为使钢板中部凸起的变形恢复平直,应该敲打凸起处。（　　　）

93. 标准麻花钻的顶角为110°。（　　　）

94. 钻削硬材料时,钻头顶角要大;钻削软材料时,钻头的顶角要小。（　　　）

95. 标准麻花钻,在钻头的不同半径处,其螺旋角的大小是不等的,从钻头外缘向中心逐渐增大。（　　　）

96. 标准中心钻的顶角是60°。（　　　）

97. 用钻模钻孔的优点之一是工件装夹迅速方便,能减少辅助时间。（　　　）

98. 快换钻夹头在换刀具时,仍要使主轴停止旋转。（　　　）

99. 在组合件上钻孔时,钻头容易向材料较硬的一边偏斜。（　　　）

100. 直柄麻花钻比锥柄麻花钻传递的转矩大。（　　　）

101. 麻花钻头的柄部在钻孔时是用来传递转矩和轴向力的。（　　　）

102. 扩孔不能作为孔的最终加工。（　　　）

103. 用麻花钻扩孔可避免横刃切削的不良影响。（　　　）

104. 由于扩孔钻的导向部分比麻花钻短,所以其刚性和导向性均比麻花钻差。（　　　）

105. 一般扩孔时的切削速度约为钻孔的一半。（　　　）

106. 柱形锪钻的端面刃为主切削刃,外圆切削刃为副切削刃。（　　　）

107. 柱形锪钻和锥形锪钻都可以用麻花钻改制。（　　　）

108. 为了避免锪削表面出现多角形,应采用较大的前角和较高的转速。（　　　）

109. 二号扩孔钻能扩精度为 H11 的孔。（　　　）

110. 手用铰刀的切削部分比机用铰刀短。（　　　）

111. 铰削不通孔时,常采用主偏角 $k_r=45°$ 的铰刀。（　　　）

112. 一般高速钢铰刀的前角 $\alpha_p=0°$。（　　）

113. 不等齿距分布的铰刀不会周期性重复切入已有的孔壁缺陷,所以能得到较高的铰孔质量。（　　）

114. 左螺旋槽铰刀切削时,切屑向后排出,适用于加工不通孔。（　　）

115. 工具厂生产的铰刀,外径一般均留有研磨余量。（　　）

116. 整体式铰刀研具没有调整量,因此研磨精度较高。（　　）

117. 1∶10 锥度铰刀的锥度较大,一般无粗、精铰刀之分,只有一把铰刀。（　　）

118. 铰刀是铰孔的工具,按使用方法可分为手用铰刀和机用铰刀两类。（　　）

119. 铰刀切削部分的材料是高碳钢或硬质合金。（　　）

120. 铰刀的结构形式有整体式、套式和调节式。（　　）

121. 机用铰刀的校准部分全部为圆柱形。（　　）

122. 铰刀校准部分有后角为零度的刃带,起挤压和导向作用。（　　）

123. 手工铰孔时铰刀不能反转,即使退出也不能反转。（　　）

124. 使用硬质合金机用铰刀铰削时,会使孔产生严重的挤压变形,孔径扩大。（　　）

125. 铰削余量越小越好,这样才能使铰出的孔表面粗糙度值小。（　　）

126. 为了获得较高的铰孔质量,一般手用铰刀刀齿采用等齿距分布。（　　）

127. 铰刀铰削钢料时,加工余量太大会造成孔径缩小。（　　）

128. 机用丝锥和手用丝锥一样,螺纹牙型侧刃都不铲磨,所以后角为零度。（　　）

129. 丝锥的容屑槽有直槽和螺旋槽两种形式,使用螺旋槽丝锥攻螺纹时,切削平稳并能控制排屑方向。（　　）

130. 丝锥的校准部分有完整的齿形,切削部分磨出主偏角。（　　）

131. 为了减少丝锥校准部分与螺孔之间的摩擦,丝锥校准部分除中径外,大径与小径也制成倒锥。（　　）

132. 锥形分配形式的一组丝锥中,每把丝锥的大径、中径和小径都相同。（　　）

133. 用柱形分配形式的丝锥加工通孔螺纹时,只需使用初锥丝锥,就能攻到螺纹参数要求。（　　）

134. 精度为 H4 的丝锥相当于旧标准二级精度丝锥,可用来加工 4H 和 5H 的内螺纹。（　　）

135. 使用摩擦式攻螺纹夹头攻制螺纹时,当切削转矩突然增加时,能起到安全保险作用。（　　）

136. 攻螺纹时,螺纹底孔直径必须与内螺纹的小径尺寸一致。（　　）

137. 丝锥是定尺寸刀具,当丝锥的切削部分磨损后,丝锥就报废了。（　　）

138. 圆扳牙的 V 形槽用锯片砂轮割通后,就成了调整槽。（　　）

139. 圆锥管螺纹扳牙一端的切削部分磨损后,可以换另一端继续使用。（　　）

140. 套螺纹时,杆的直径太大会造成螺纹烂牙。（　　）

141. 快换式攻螺纹夹头可以不停机调换各种不同规格的丝锥。（　　）

142. 在灰铸铁上攻螺纹时,宜采用菜油。（　　）

143. 角度直尺的三个面都经过精刮,所以不使用时应该用钩子吊起。（　　）

144. 平面刮刀只能用来刮削平面,不可用于刮削外曲面。（　　）

145. 挺刮刀主要用于精刮和刮花。(　　)

146. 三角刮刀可用来刮削平面。(　　)

147. 蛇头刮刀可用来刮削曲面。(　　)

148. 精刮时落刀要轻,起刀要快,每个研点只能刮一刀,不能重复。(　　)

149. 不论是粗刮、细刮还是精刮,对小工件合研研点时,应将工件固定,平板放在工件上移动合研。(　　)

150. 研磨余量大小应根据工件精度要求而定,与工件的尺寸大小无关。(　　)

151. 铸铁耐磨性良好,硬度适中,研磨剂涂布均匀,因此广泛用作研具材料。(　　)

152. 用铜合金制成的研具质软易被磨料嵌入,所以常用来精研。(　　)

153. 金刚石磨料的切削能力最高,所以应用最广。(　　)

154. 氧化物磨料的切削能力最高,所以应用最广。(　　)

155. 磨料的粒度号数大,磨料粗;号数小,磨料细。(　　)

156. 磨料的粒度愈粗,研磨精度愈低。(　　)

157. 研磨小平面工件,通常采用 8 字形或仿 8 字形研具。(　　)

158. 研磨量规的测量面,应采用直线研磨运动轨迹。(　　)

159. 固定式研磨棒上的螺旋槽,主要用来存放研磨剂。(　　)

160. 精研平板时,为了能及时把多余的研磨剂刮去,平板表面常加工出长槽。(　　)

161. 尽管某些零、部件质量不高,但如采用正确的装配工艺,也能装出性能良好的产品。(　　)

162. 某些零、部件质量不高,装配时,虽然经过仔细的修配和调整,也不可能装出性能良好的产品。(　　)

163. 完全互换的装配方法,一般常用于成批生产和流水线生产。(　　)

164. 用修配法装配能降低制造零件时的加工精度,使产品成本下降,故一般常用于公差要求较高的大批量生产。(　　)

165. 在工具制造中,常用的装配方法是完全互换法。(　　)

166. 对于有焊缝的管子,弯形时必须注意把焊缝放在中性层位置,以免弯形时焊缝裂开。(　　)

167. 矫正过程中,由于材料受到锤打,使金属组织变得紧密,材料表面硬度增加,弹性降低,这种现象称为冷作硬化。(　　)

168. 桥形平尺主要用来检验大导轨的直线度。(　　)

169. 弯形件毛坯长度计算的中性层,一般都在材料厚度的中间。(　　)

170. 在圆盘形钻模上钻、铰 5 等分和 8 等分的钻套,可用简单分度法。(　　)

171. 毛坯零件划线时,为使加工表面有足够的加工余量,必须选择面积最大的加工表面作为校正基准。(　　)

172. Z35 型摇臂钻床的最大钻孔直径为 35 mm。(　　)

173. 直接翻转零件法划线的优点是能对零件进行全面检查,并能在两个平面上划线。(　　)

174. 内、外直角面都要锉削时,应先锉削外直角面,然后再锉削内直角面。(　　)

175. 錾子的前面和后面之间的夹角称为楔角。(　　)

176. 锯齿碰到工件内的缩孔或杂质会引起锯条崩裂。（　　）

177. 手铰过程中,要注意变换铰刀每次停歇的位置,以消除铰刀切削刃常在同一处停歇而造成孔壁产生振痕。（　　）

178. 机铰结束前,应停机后再退出铰刀。否则,退出后孔壁要被拉毛,影响铰孔质量。（　　）

179. 套螺纹的圆杆直径等于螺纹大径。（　　）

180. 刮削余量主要根据工件的材料性质来决定,硬材料余量应大些,反之余量可小些。（　　）

181. 钻孔时注入切削液的目的,主要是起冷却作用。（　　）

182. 铰孔时注入切削液,主要起润滑作用,以使孔壁表面的粗糙度细化。（　　）

183. 机攻螺纹时,丝锥的校准部分应全部出头后再反转退出丝锥,以保证螺纹牙型的正确性。（　　）

184. 研磨质量的好坏除了与研磨工艺有很大关系外,还与研磨时的清洁工作有直接的影响。（　　）

185. 仿 8 字形研磨运动轨迹能使相互研磨的面保持均匀接触,既有利于提高研磨质量,又能使研具保持均匀磨损。（　　）

186. 划线时,都应从划线基准开始。（　　）

187. 用千斤顶支承较重的工件时,应使三个支承点组成的三角形面积尽量大些。（　　）

188. 錾削时,錾子前面与基面之间的夹角是楔角。（　　）

189. 錾削时形成的切削角度有前角、后角和楔角,三角之和为 90°。（　　）

190. 锯削管料和薄板料时,须先用粗齿锯条。（　　）

191. 双锉纹锉刀,面锉纹和底锉纹的方向和角度一样,锉削时锉痕交错,锉面光滑。（　　）

192. 麻花钻主切削刃上各点的前角大小是不相等的。（　　）

193. 铰铸铁孔时,加煤油润滑可能会产生铰孔后孔径缩小。（　　）

194. 铰孔与攻螺纹的操作一样,退出刀具时均用反转退出。（　　）

195. 加工螺纹孔时,只要底孔对端面是垂直的,即使丝锥倾斜攻入,螺纹孔还是垂直的。（　　）

196. 带有键槽的孔,铰削时应采用螺旋铰刀。（　　）

197. 相同材料的管子,弯曲半径越小,表面层材料变形也越小。（　　）

198. 矫正薄板料是利用材料拉伸或压缩的原理。（　　）

199. 通用平板的精度等级,0 级最低,3 级最高。（　　）

200. 精刮时,显示剂可调得稀些,便于涂抹,显示的研点也大,也便于刮削。（　　）

201. 研磨后的尺寸精度可达到 0.01～0.05 mm。（　　）

202. 刮研中小型工件的显点,标准平板固定不动,工件被刮面在平板上推研。（　　）

五、简 答 题

1. 在工具制造中,常用的立体划线方法是哪种? 有什么特点?

2. 钳工必须掌握哪些基本操作?

3. 提高扩孔质量的措施有哪些?

4. 简述板牙的种类和使用范围。

5. 为什么要对铰刀进行研磨？常用的铰刀研具有哪几种？

6. 试述铆接工具不当可能造成的废品形式。

7. 铰孔时铰刀为什么不能反转？

8. 螺纹底孔直径为什么要略大于螺纹小径？

9. 通常平面锉削法有几种？各具有哪些优缺点？

10. 使用钻模钻孔具有哪些优点？

11. 錾子的楔角应如何选择？

12. 标准麻花钻的主要切削角度有哪些？

13. 扩孔有什么结构特点？

14. 选用什么材料制造錾子？对其进行热处理时有何要求？

15. 常用的游标卡尺有哪几种？各有什么作用？

16. 立体划线的一般步骤有哪些？

17. 什么叫平面样板划线法？划线的一般步骤有哪些？

18. 铰孔后不圆的原因是什么？如何预防？

19. 研磨剂混合液主要包括哪些成分？

20. 研磨用的研具材料一般要具备哪些技术要求？

21. 锯条为什么要有锯路？

22. 立式钻床的使用及维护保养内容有哪些？

23. 在电力系统中,高压电、低压电和安全电压是如何划分的？

24. 使用电动工具时应注意哪些事项？

25. 带锯机的使用及维护保养有哪些内容？

26. 产品的装配工艺过程包括哪三个阶段？

27. 装配工艺规程主要包括哪些内容？

28. 部件装配包括哪些主要工作？

29. 工厂常用的起重设备有哪些？

30. 套螺纹前圆杆直径为什么要略小于螺纹大径？

31. 手铰刀的齿距做成不等分的作用是什么？

32. 为达到产品的装配精度要求,有哪些装配方法？

33. 粗刮、细刮、精刮在研点数上有何不同？

34. 工厂常用的砂轮机有几种？

35. 何谓零件、部件、组件和装配单元？

36. 如何使用台虎钳？

37. 简述摇臂钻床与立式钻床在结构上比较有哪些优点。

38. 简述锯削薄壁管、狭长薄板的方法。

39. 试述锯削要点。

40. 分析錾削时废品产生形式及原因。

41. 錾削时錾子卷边、崩刃原因有哪些？

42. 简述各种锉刀用途。

43. 试述直角面锉削的基本方法。

44. 试述锉刀排配方孔的工艺步骤。

45. 锉削应掌握哪些安全知识？

46. 试述常见锡焊的弊病形式及产生原因。

47. 试分析计算弯形前毛坯展开长度的几个步骤。

48. 分析常见弯形废品形式及产生原因。

49. 搭压板时应注意哪几点？

50. 分析钻孔时钻头折断的原因。

51. 试述铰孔时造成孔径扩大的原因。

52. 圆板牙外圆上的 V 形槽有什么作用？

53. 攻螺纹时造成表面粗糙度粗的原因有哪些？

54. 常见的研具材料有几种？各有什么特点？

55. 试述研磨硬质合金刀具的研磨剂配方及调和方法。

56. 研磨液中的辅助材料起什么作用？常用的辅助材料有哪几种？

57. 大型工件划线时，应如何选定第一划线位置？为什么？

58. 划线的作用有哪些？

59. 什么叫划线基准？划线基准可分为哪几类？

60. 常见的尺寸基准有哪三种？

61. 何谓粘接？有哪些特点？

62. 铰削余量为什么不宜太大或太小？

63. 试述显示剂的种类及其应用场合。

64. 刮削前应做哪些准备工作？平面刮削分哪几个步骤进行？

65. 平面刮花的目的是什么？常见的花纹有哪几种？

66. 曲面刮削时应如何掌握刮刀的刮削位置？

67. 什么叫研磨？研磨的功能有哪些？

68. 内孔研磨时，造成孔口扩大的主要原因有哪些？

69. 研磨时工件表面被拉毛的主要原因有哪些？

70. 轴类零件加工的大体工序有哪些？

六、综 合 题

1. 手攻螺纹工艺要点是什么？

2. 在斜面上钻孔常用方法有哪些？

3. 分析锉削时常见的废品形式及产生的原因。

4. 什么叫修配装配法？有哪些优缺点？

5. 什么叫完全互换装配法？有哪些优缺点？

6. 怎样解决锪孔时容易产生的弊病？

7. 简述锪钻孔的工作要点。

8. 什么叫借料？试述借料划线的一般步骤。

9. 使用砂轮机应注意哪些要求？

10. 手工研磨运动轨迹有哪几种？试述各类型的主要特征及用途。

11. 标准麻花钻有哪些特点？

12. 钻削用量应根据哪些因素确定？

13. 冷冲模装配的内容及步骤有哪些？

14. 试述铆接半圆头铆钉、空心铆钉的工艺步骤。

15. 钻头直径为 16 mm，以 $n=500$ r/min 的转速钻孔时的切削速度 v 为多少？背吃刀量 α_p 为多少？

16. 用分度头在工件圆周上划出均匀分布的 15 个孔，试求每划定一个孔的位置后，手柄应转过多少转？（分度盘孔数：24、25、28、30、34、37）

17. 在直径为 $\phi100$ mm 的圆周上作 12 等分，求等分弦长为多少毫米？（$\sin15°=0.258\,81$，$\cos15°=0.965\,92$，$\tan15°=0.267\,94$）

18. 已知四孔在 $\phi120$ mm 圆周上均匀分布，如图 1 所示，试求所示零件两孔间的距离 x。

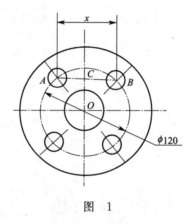

图　1

19. 如图 2 所示钻模板划线时，试计算 B 孔的水平坐标尺寸。已知：$AC=36$ mm，$AB=50$ mm，$\angle ACB=60°$。

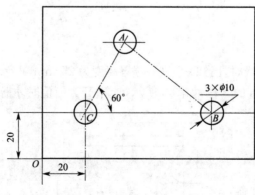

图　2

20. 在图 3 所示模板中，已知 $AB=30$ mm，试计算 B、C 两孔及 A、C 两孔的中心距。

21. 如图 4 所示的工件和尺寸，图中 $\phi10$ mm 为测量棒，试求 90°交点 A 的划线高度尺寸 L 为多少？

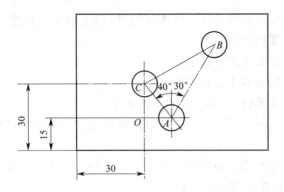

图 3 钻模板

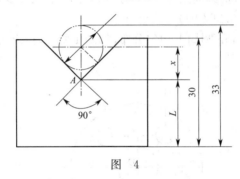

图 4

22. 某工件需划 3 个 $\phi 15$ mm 的孔,位置如图 5 所示。已知:$AC=100$ mm,$AB=90$ mm,$\angle A=30°$,求 BC 之间距离。

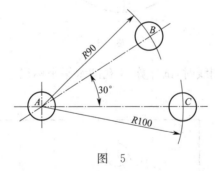

图 5

23. 在制作燕尾槽样板时,已知 $\alpha=60°$,燕尾高度为 25 mm,$A=100$ mm,试求:在燕尾两边放两只直径同为 25 mm 的圆柱,如图 6 所示,计算 Y 为何值时才能符合 A 值。

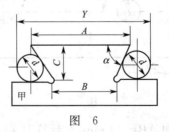

图 6

24. 求如图 7 所示板料的展开长度。已知:工件弯曲中心角 $\alpha=120°$,弯曲半径 $r=16$ mm,板料厚度 $t=4$ mm,边长 $l_1=50$ mm,$l_2=100$ mm。($x_0=0.41$)

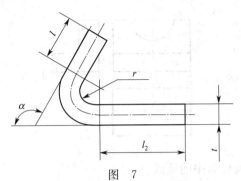

图 7

25. 如图 8 所示工件,已知:$R=60$ mm,$r=15$ mm,试求弯形前的毛坯长度。(中性层位置系数 $x_0=0.5$)

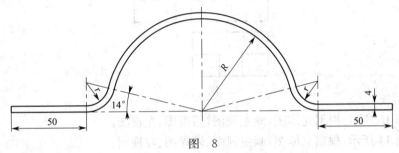

图 8

26. 已知圆锥孔的锥度为 1:10,大端直径 $D=16$ mm,长度 $L=28$ mm,铰削余量 $\delta=0.2$ mm,试计算铰孔前三节阶梯孔预钻孔的直径。

27. 试计算确定 M8-6H、M12-7H 螺栓套螺纹前的圆杆直径。

28. 如图 9 所示,已知主视图、左视图,补画俯视图。

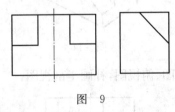

图 9

29. 如图 10 所示,已知主视图、俯视图,补画左视图。

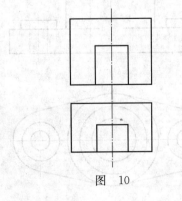

图 10

30. 如图 11 所示,补画视图中的缺线。

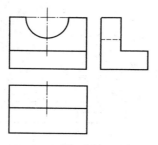

图　11

31. 如图 12 所示,补画视图中的缺线。

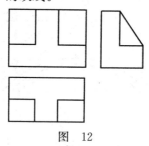

图　12

32. 如图 13 所示,根据立体图,画主视图、俯视图、左视图。

33. 如图 14 所示,根据立体图,画主视图、俯视图、左视图。

34. 如图 15 所示,根据立体图,画主视图、俯视图、左视图。

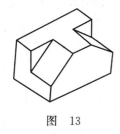

图　13　　　　　　　　图　14　　　　　　　　图　15

35. 如图 16 所示,根据主视图、俯视图,补画半剖视图。

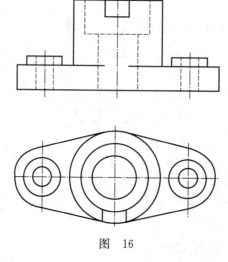

图　16

工具钳工(初级工)答案

一、填 空 题

1. 宽相等	2. 视图	3. 加深线型	4. 安装尺寸
5. 设计	6. 尺寸	7. 变动量	8. 基本偏差
9. 孔和轴	10. 公差带	11. 半	12. 移出
13. 正二等	14. 标题栏	15. 形状特征	16. js
17. 平面	18. 0.05 mm	19. 灵敏	20. 0.01
21. 40°~180°	22. 小带	23. 传动的可分离性	24. 展成
25. 齿面胶合	26. 小于	27. 法	28. 0
29. 模数	30. 径向	31. 辅助	32. 81
33. 液压能	34. 省力	35. 硬质	36. 盖板式
37. 电击	38. 单线触电	39. 自由电子	40. 电位差
41. 阻碍	42. 电功率	43. 有色金属材料	44. 热膨胀性
45. 表面热处理	46. 强度	47. 更硬物	48. 永久变形
49. 冲击载荷	50. 热膨胀性	51. 性能	52. 测量工具
53. 毛坯表面	54. 设计基准	55. 25 mm	56. 切削刃
57. 0.01	58. 角接	59. 有机	60. 扭力弹簧
61. 愈大	62. 横刃斜角	63. 快换钻夹头	64. 切削条件
65. 端面锪钻	66. 材料软硬	67. IT7~IT9	68. 旋合长度
69. 精刮	70. 储油	71. 鱼鳞花	72. 圆锥管螺纹丝锥
73. 物理和化学	74. 回转	75. 工件精度检验	76. 零件的密封性试验
77. 部件	78. 装配尺寸链	79. 卸料件	80. 大的切削速度
81. 进给量	82. 吊架	83. 剖视图	84. 三投影
85. es	86. 承载能力强	87. 保护接零	88. (118±2)°
89. 螺旋形	90. 进给机构	91. 活动	92. 先主后次
93. 运动	94. 看尺寸	95. 不去除材料的	96. 锯槽
97. 冷铆	98. 砂轮机	99. 运动	100. 台虎钳
101. 钳口	102. 万能	103. 万能	104. 差动
105. 攻螺纹	106. 立式钻床	107. 龙门	108. 50
109. 0.3~0.4	110. 正常转速	111. 硫酸铜溶液	112. 直接翻转零件法
113. 粗齿	114. 粗齿	115. 中	116. 15°
117. 夹持位置不适当	118. 油槽錾	119. 60°~70°	120. 工件装夹不牢
121. 锤击力过猛	122. 250	123. 5	124. 整型

125. 半圆锉　　　　126. 推锉　　　　127. 配锉　　　　128. 固定

129. 1.8　　　　　　130. 硅酸　　　　131. 弯曲法　　　　132. 塑性

133. 延展　　　　　134. 矫正　　　　135. 直槽钻　　　　136. 中心

137. 轴向力　　　　138. 旋转时　　　139. 套式　　　　　140. 整体

141. 手用铰刀　　　142. 硬质合金　　143. 整体式锥度　　144. YT

145. 铸铁　　　　　146. 莫氏　　　　147. 引导　　　　　148. 机用丝锥

149. 攻螺纹夹头　　150. 相同　　　　151. 布氏圆锥管螺纹　152. 单

153. 柱形分配　　　154. H2　　　　　155. 呆绞手　　　　156. 活动绞手

157. 摩擦片　　　　158. 单向　　　　159. 歪斜　　　　　160. 工字型

161. 曲面刮刀　　　162. 90°～92.5°　163. 蓖麻油　　　　164. 松节油

165. 四周高　　　　166. 变换方向　　167. 刮削　　　　　168. 显示剂

169. 25 mm×25 mm　170. 工作情况　　171. 12～15　　　　172. 硬度低

173. 研磨余量　　　174. 研磨剂　　　175. 金刚石　　　　176. 表面粗糙度差

177. 冷却润滑　　　178. 8字形　　　179. 孔口扩大

二、单项选择题

1. B	2. A	3. C	4. B	5. A	6. C	7. C	8. C	9. C
10. C	11. C	12. B	13. C	14. B	15. A	16. C	17. B	18. C
19. A	20. A	21. B	22. B	23. B	24. A	25. B	26. A	27. C
28. B	29. A	30. C	31. A	32. C	33. B	34. C	35. B	36. B
37. A	38. C	39. C	40. C	41. C	42. C	43. B	44. B	45. A
46. B	47. B	48. B	49. C	50. A	51. C	52. B	53. A	54. B
55. A	56. C	57. A	58. B	59. B	60. C	61. B	62. B	63. B
64. A	65. B	66. C	67. C	68. A	69. A	70. B	71. A	72. A
73. B	74. C	75. A	76. B	77. C	78. C	79. C	80. C	81. A
82. C	83. C	84. B	85. A	86. B	87. B	88. A	89. C	90. B
91. A	92. C	93. B	94. C	95. C	96. C	97. A	98. C	99. A
100. A	101. B	102. A	103. B	104. A	105. B	106. B	107. A	108. A
109. A	110. C	111. C	112. B	113. A	114. B	115. A	116. A	117. B
118. C	119. B	120. B	121. A	122. A	123. B	124. A	125. B	126. C
127. B	128. B	129. C	130. B	131. A	132. A	133. C	134. B	135. B
136. C	137. B	138. C	139. A	140. B	141. A	142. C	143. C	144. B
145. B	146. C	147. A	148. C	149. B	150. A	151. A	152. B	153. A
154. C	155. C	156. C	157. C	158. B	159. A	160. A	161. A	162. B
163. A	164. C	165. D	166. C	167. B	168. A	169. C	170. A	171. A
172. B	173. B	174. C	175. C	176. A	177. B	178. B	179. B	180. B
181. C	182. C	183. A	184. C	185. C	186. B	187. B	188. A	189. A
190. C	191. A	192. C	193. C	194. A				

三、多项选择题

1. AB	2. CD	3. ABCD	4. EF	5. ABF	6. BC
7. EF	8. CD	9. BD	10. AE	11. DE	12. ABC
13. CD	14. AE	15. ABC	16. AB	17. CDEF	18. AB
19. CD	20. EF	21. ABC	22. BC	23. ABC	24. CDEF
25. BC	26. DEF	27. ABC	28. CDE	29. ABC	30. ADF
31. CDE	32. AF	33. BCD	34. ACE	35. AD	36. BE
37. CF	38. EF	39. AB	40. CD	41. DE	42. AC
43. DF	44. AC	45. ABCEF	46. AB	47. BCD	48. ABC
49. ABCDEF	50. ABC	51. CF	52. CDEF	53. BCF	54. DE
55. ABF	56. CDE	57. AD	58. BE	59. AD	60. CD
61. CE	62. CD	63. AD	64. BC	65. DEF	66. ACF
67. BE	68. CE	69. AB	70. AD	71. ACDEF	72. ABDF
73. CDEF	74. ABCDE	75. CDEF	76. ABCD	77. ABCDE	78. AF
79. BDF	80. CE	81. ABC	82. CD	83. ABC	84. ACE
85. BD	86. ACE	87. CDEF	88. AB	89. CEF	90. ABCD
91. BCDE	92. ACEF	93. CD	94. ABC	95. DEF	96. ABC
97. DEF	98. ABCDEF				

四、判　断　题

1. ×	2. √	3. √	4. ×	5. ×	6. ×	7. ×	8. ×	9. √
10. √	11. ×	12. ×	13. √	14. √	15. √	16. √	17. ×	18. √
19. √	20. ×	21. ×	22. ×	23. ×	24. ×	25. √	26. √	27. ×
28. ×	29. ×	30. ×	31. ×	32. √	33. √	34. √	35. ×	36. √
37. ×	38. ×	39. ×	40. ×	41. √	42. ×	43. ×	44. ×	45. √
46. √	47. ×	48. √	49. ×	50. √	51. √	52. ×	53. √	54. ×
55. √	56. ×	57. ×	58. ×	59. √	60. ×	61. ×	62. ×	63. ×
64. √	65. ×	66. ×	67. √	68. ×	69. √	70. √	71. √	72. ×
73. ×	74. ×	75. √	76. ×	77. √	78. ×	79. ×	80. ×	81. √
82. √	83. ×	84. ×	85. √	86. √	87. ×	88. √	89. ×	90. √
91. ×	92. ×	93. ×	94. √	95. ×	96. √	97. √	98. ×	99. √
100. ×	101. √	102. ×	103. √	104. ×	105. √	106. √	107. √	108. ×
109. √	110. ×	111. √	112. √	113. √	114. ×	115. √	116. ×	117. ×
118. √	119. ×	120. √	121. ×	122. √	123. √	124. ×	125. ×	126. ×
127. √	128. ×	129. √	130. √	131. √	132. √	133. √	134. ×	135. √
136. ×	137. ×	138. √	139. ×	140. √	141. √	142. ×	143. ×	144. ×
145. ×	146. ×	147. ×	148. √	149. √	150. ×	151. √	152. ×	153. ×
154. ×	155. ×	156. √	157. √	158. ×	159. √	160. ×	161. √	162. ×

163. √	164. ×	165. ×	166. √	167. √	168. ×	169. ×	170. √	171. ×
172. ×	173. ×	174. √	175. √	176. √	177. √	178. ×	179. √	180. ×
181. √	182. √	183. ×	184. √	185. √	186. √	187. √	188. ×	189. √
190. ×	191. ×	192. √	193. √	194. ×	195. ×	196. √	197. √	198. ×
199. ×	200. ×	201. ×	202. √					

五、简 答 题

1. 答:在工具制造中,最常用的立体划线方法是直接翻转零件法(1分)。直接翻转零件法划线的优点是便于对工件进行全面检查,并能在任意平面上划线(2分)。直接翻转零件法划线的缺点是工作效率低,劳动强度大,调整找正较困难(2分)。

2. 答:钳工必须掌握划线(0.5分)、錾削、锯削、锉削(0.5分)、钻孔、锪孔、铰孔(0.5分)、攻螺纹和套螺纹(0.5分)、矫正和弯曲(0.5分)、铆接(0.5分)、刮削(0.5分)、研磨(0.5分)、装配和调试(0.5分)、测量(0.5分)和简单的热处理等基本操作。

3. 答:提高扩孔质量常采取下列措施:(1)采用合适的刀具几何参数,合适的切削用量,并选用合适的切削液(2分);(2)钻孔后,在不改变工件和机床主轴相互位置的情况下,立即换成扩孔钻进行扩孔(1分);(3)扩孔前,先用镗刀镗削一段直径与扩孔钻相同的导向孔,改善导向条件(1分);(4)利用夹具导套引导扩孔钻扩孔(1分)。

4. 答:板牙有开缝板牙(1分)和整体板牙两种(1分)。开缝板牙的螺纹直径可以在±(0.1~0.25)mm 的范围内调整(1分),用于 M12 以上的螺纹套丝(1分),分几次逐步套成,比较省力(1分)。

5. 答:工具厂制造的标准圆柱铰刀均留有研磨余量,使用前应根据工件的扩张量或收缩量对铰刀进行研磨(1分)。磨损的铰刀通过研磨可以用于铰削其他配合精度的孔(1分)。常用的铰刀研具有以下几种:(1)径向调整式研具(1分);(2)轴向调整式研具(1分);(3)整体式研具(1分)。

6. 答:罩模工作面不光洁会造成铆合头不光洁(3分);罩模凹坑太大会造成工作表面有凹痕(2分)。

7. 答:铰刀在铰孔时,无论进刀或退刀,都只能顺转,不能反转(1分)。原因如下:(1)铰刀刀刃的切削角是有方向的,在顺转时才起切削作用;反转时不但不起切削作用,反而会磨损刀齿(2分)。(2)铰刀在退出时反转,容易使切屑从铰刀后面挤进去,卡在铰刀与孔壁之间,划伤孔壁,增大孔的粗糙度值,或使孔径扩大,还可能造成崩齿,严重时会折断铰刀(2分)。

8. 答:攻螺纹时,丝锥切削刃除起切削作用外,还对工件材料产生挤压作用(2分)。被挤压出来的材料凸出在工件螺纹牙型的顶端,嵌在丝锥刀齿根部的空隙中(1分)。此时,如果丝锥刀齿根部与工件螺纹牙型的顶端之间没有足够的空隙,丝锥就会被撞压出的材料轧住,造成崩刃、折断和工件螺纹烂牙(2分)。因此,攻螺纹时螺纹底孔直径必须大于标准规定的螺纹小径。

9. 答:平面锉削法分顺向锉、交叉锉和推锉三种(2分):(1)只向一个方向锉削的方法称为顺向锉,具有锉纹清晰、美观和表面粗糙度较细的特点(1分);(2)相互交叉角度的锉法称为交叉锉,交叉锉时锉刀与工件的接触面积大,锉削后能获得较高的平面度,但表面粗糙度较粗(1分);(3)双手将锉刀横拿往复锉削的方法称为推锉,具有顺向锉的特点,但锉削效率很低

(1分)。

10. 答:使用钻模钻孔具有以下三个优点:(1)能减少划线工序,缩短生产周期(1分);(2)工件装夹迅速方便,能减少辅助时间(2分);(3)加工后能获得较高的形状和位置精度(2分)。

11. 答:楔角的大小根据工件材料的硬度而定(2分),一般錾削软材料时,楔角 $\beta=30°\sim50°$(1分);錾削一般材料时,楔角 $\beta=50°\sim60°$(1分);錾削硬材料时,楔角 $\beta=60°\sim70°$(1分)。

12. 答:主要切削角度有:(1)前角 γ_0(1分);(2)后角 α_0(1分);(3)顶角 2ϕ(1分);(4)螺旋角 β(1分);(5)横刃斜角 Ψ(1分)。

13. 答:其结构特点是:(1)因中心不切削,没有横刃,切削刃只做成边缘的一段(2分);(2)因扩孔产生切屑体积小,不需大容屑槽,从而扩钻可以加粗钻芯,提高刚度,使切削平稳(1分);(3)由于切削槽较小,扩孔钻可做出较多刃齿,增强导向作用,一般整体式扩孔钻有 3~4 个齿(1分);(4)因切削深度小,切削角度可取较大值,使切削省力(1分)。

14. 答:选用 T7、T8 等材料锻制(2分)。热处理时,要求淬火后回火才能使用(1分),淬火温度一般在 $750\ ℃\sim780\ ℃$ 之间,在水中进行淬火,并利用淬火的余热来回火(1分)。在淬火中,刃口先由白色变成黄色,继续向蓝色转变,当刚刚变成蓝色的时候就把錾子全部放入水中进行"蓝火"回火,使其可以达到 HRC50~55 的理想硬度(1分)。

15. 答:常用游标卡尺有一般的游标卡尺、游标深度尺和游标高度尺(2分)。一般的游标卡尺能直接测量零件的大径、小径、长度、宽度、深度和孔距等(1分);游标深度尺可用来测量孔、台阶和槽的深度(1分);游标高度尺可用来测量零件的高度或精密划线(1分)。

16. 答:立体划线的一般步骤有:(1)看清图样,详细了解工件划线的部位以及与划线有关部分的作用和要求,了解有关的加工工艺(1分);(2)选取划线基准,确定装夹方法(1分);(3)在划线部位涂上涂料(0.5分);(4)夹紧工件,使划线基准平行或垂直于平台(1分);(5)划线(0.5分);(6)检查划线的准确性以及是否有漏划(0.5分);(7)在线条上打样冲眼(0.5分)。

17. 答:根据零件的尺寸和形状要求,先加工一块平面划线样板,然后根据划线样板,在零件表面上仿划出零件的加工界线(1分)。一般步骤为:(1)在工件表面涂上涂料(1分);(2)将样板放在需划线的工件表面上,尽量使各部分的加工余量留得比较均匀,若有中心线等基准线,则要对正基准线(1分);(3)用划针及样板划出外形线、中心线位置及其圆线(1分);(4)取下样板,用样冲在外形线上打出样冲眼(1分)。

18. 答:主要原因及预防措施是:(1)铰削余量太大,刃口不锋利,有"啃刀"现象,产生振动,因而使孔壁出现棱形,所以余量要留得适宜,刃口要锋利(1分);(2)铰前钻孔不圆,加工余量有厚有薄,使铰削负荷不一致,产生弹跳,造成孔径不圆,所以要提高钻孔质量(2分);(3)钻床精度不高,主轴振摆大,铰刀产生抖动,就易出现多角形,故需提高钻床精度,防止铰刀振摆(2分)。

19. 答:研磨剂混合液主要由磨料(2分)、研磨液(2分)及辅助材料(1分)调和而成。

20. 答:研具材料应具备如下技术要求:(1)材料的组织要细密均匀(1分);(2)要求有很高的稳定性和耐磨性(1分);(3)具有较好的嵌存磨料的性能(1分);(4)工作面的硬度应比工件表面硬度稍软(2分)。

21. 答:锯条有了锯路以后,使工件上的锯缝宽度大于锯条背部的厚度(2分),从而防止

"夹锯"和锯条过热(2分),并减少锯条磨损(1分)。

22. 答:(1)使用前必须空转试车,机床各部分运转正常后方可操作(1分);(2)使用时,当不采用自动进给时,必须脱开自动进给手柄(1分);(3)变换主轴转速或自动进给时,必须在停车后进行调整(1分);(4)经常检查润滑系统的供油情况(1分);(5)使用完毕后必须清扫、上油、切断电源(1分)。

23. 答:在电力系统中1 000 V以上的电压为高电压(1.5分),1 000 V以下的电压为低电压(1.5分),36 V以下为安全电压(2分)。

24. 答:(1)长期搁置不用的电动工具,在使用前必须进行电气检查(2分);(2)电源电压不得超过额定电压的10%(1分);(3)使用非双重绝缘结构的电动工具时,必须戴橡皮手套,穿胶鞋或站在绝缘板上,以防漏电(1分);(4)使用电动工具时,必须握工具手柄,不能拉着软线拖动工具,以防因软线擦破而造成事故(1分)。

25. 答:(1)锯削前应先开空车运转几分钟,观察运转是否正常,同时在各注油孔按规定注入润滑油(2分);(2)锯削前检查锯条松紧是否适中,否则会影响锯削质量,而且一旦带锯条脱出还有造成事故的可能(2分);(3)带锯条修磨焊缝前,应待砂轮空转3~5 min后修整砂轮,然后进行带锯条的修磨(1分)。

26. 答:产品的装配工艺过程包括三个阶段:(1)装配前的准备工作(1分);(2)装配工作(2分);(3)调整、检验、试车(2分)。

27. 答:装配工艺规程是装配工作的指导性文件,是工人进行装配工作的依据,必须包括以下内容:(1)规定出所有零件和部件的装配顺序(1分);(2)规定出对所有的装配单元既能保证装配精度,又能获得最高生产率和最经济的装配方法(1分);(3)划分工序,确定工序内容(1分);(4)确定必须的工人等级和工时定额(0.5分);(5)选择完成装配工作所必需的工夹具及装配用设备(1分);(6)确定验收方法和装配技术条件(0.5分)。

28. 答:部件装配的主要工作包括零件的清洗(1分)、整型和补充加工(1分),零件的预紧(1分)、组装(1分)、调整(1分)等。

29. 答:常用起重设备按动力分有手动、液压和电动三种(2分),按形式和功能分有汽车吊、手动龙门吊、单臂液压吊、塔式起重机等(2分),但运用最广泛的是电动吊钩式起重机(1分)。

30. 答:板牙套螺纹切削刃除起切削作用外,还对工件材料产生挤压作用(2分)。因此,为提高板牙的使用寿命(2分)和套螺纹后螺纹的精度和表面粗糙度(1分),套螺纹前圆杆的直径应略小于螺纹大径。

31. 答:手铰刀的齿距做成不等分的作用是消除铰削时由于手每次旋转角度基本相同而使刀刃重叠所产生的孔壁凹痕(2分),从而可获得理想的精度(2分)和孔壁表面粗糙度(1分)。

32. 答:为保证机器的工作性能要求,在装配时必须保证零件间、部件间的装配精度要求(1分)。装配方法有:完全互换法(1分)、选配法(1分)、调配法(1分)、修配法(1分)。

33. 答:当刮到每25 mm×25 mm方框内有4~6个研点时,即为粗刮完成(2分)。当刮到每25 mm×25 mm方框有12~15个研点时,即为细刮完成(2分)。当刮到每25 mm×25 mm有24个及以上研点,为精刮完成(1分)。

34. 答:砂轮机的种类较多,有台式砂轮机(1分)、落地式砂轮机(1分)、手提式砂轮机(1分)、软轴式砂轮机(0.5分)及悬挂式砂轮机(0.5分)等。工厂常用的砂轮机是台式砂轮机(0.5分)和手提式砂轮机(0.5分)。

35. 答:(1)零件:指组成机器(或产品)的最小单元(1分)。(2)部件:指由若干个零件组合成的机器的一部分(无论其结合形式和方法如何)(1分)。(3)组件:指直接进入机器(或产品)装配的部件(1分)。(4)装配单元:指可以单独进行装配的部件。任何一个产品,一般都能分为若干个装配单元(2分)。

36. 答:使用台虎钳时应注意:(1)安装时固定钳身的钳口工作面应处于钳台边缘之外(1分);(2)夹持工件不能用接长手柄或手锤敲击手柄(1分);(3)在活动钳身光滑平面上,不能用锤敲击(1分);(4)工作时钳身不能有松动现象(1分);(5)工件应夹在钳口的中部,使钳口受力均匀(1分)。

37. 答:(1)摇臂钻床是靠移动主轴来对准工件孔的中心的,故使用时比立式钻床方便(1分);(2)摇臂钻床比立式钻床工作范围大(2分);(3)摇臂钻床主轴转速范围和进给量范围比立式钻床广,因而生产效率和加工精度均比立式钻床高(2分)。

38. 答:锯削薄壁管时,应将管子用两块 V 形木材衬垫好,水平地轻夹在虎钳上操作(2分),锯到内壁处,应将管子转过一定的角度,其转动方向应是锯条推进方向(1分)。狭长薄板在锯削时,工作中将产生振动和变形,故应将工件夹在两块木板之间,然后按线锯下(2分)。

39. 答:锯削要点如下:(1)锯削时压力不宜过大(1分),应保持平衡,回程时不应施加压力(1分);(2)锯削速度一般以 20~40 次/min 为宜,材料软可快些,反之应慢些(1分);(3)尽量使锯条长度全部利用上(1分);(4)起锯角度要小,一般不超过 15°(1分)。

40. 答:錾削时废品产生的形式有三种:(1)棱角崩缺,其原因是:1)錾到尽头时没有调头錾削;2)錾槽时錾子切削刃比后面一段窄(2分)。(2)錾过尺寸界线,其原因是:1)起錾不准或錾削时不注意;2)工件装夹不牢,錾削时有松动(1分)。(3)錾削表面过分粗糙,其原因是:1)操作技术不熟;2)錾削时后角太大;3)刃口用钝;4)锤击不均匀(2分)。

41. 答:(1)錾子卷边的原因:1)錾子刃口硬度不够;2)楔角太小;3)錾削量太大(2.5分)。(2)錾子崩刃的原因:1)工件硬度太高或材质硬度不均匀;2)刃口硬度太大,回火不好;3)锤击过猛(2.5分)。

42. 答:板锉:锉平面、外圆面、凸弧面(1分);方锉:锉方孔、长方孔(0.5分);圆锉:锉圆孔、半径较小的凹弧面、椭圆面(1分);三角锉:锉内角、三角孔、平面(0.5分);刀锉:锉内角、窄槽及方孔、三角孔、长方孔的表面(0.5分);椭圆锉:锉内处凹面、椭圆孔、边圆角和凹圆角(0.5分);菱形锉:锉菱形孔、锐角槽(0.5分);圆肚角角锉:锉厚金属(0.5分)。

43. 答:锉直角面的基本方法:(1)先锉外直角面,再锉内直角面(1分);(2)锉削外直角面时应选择尺寸大或长的平面,按要求锉对作为测量其他面的基准,然后再锉垂直面(1分);(3)锉削内直角面时,应使用带光面的锉刀,以防锉一面时,将另一直角面碰坏(1分)。先锉好与外直角面中基面平行的平面,再锉另一平面(1分)。内外直角垂直度的误差均用刀口角尺透光去检查(1分)。

44. 答:锉刀排配方孔的步骤是:(1)以刀排外圆为基准,划方孔线,打样冲眼(1分);(2)钻落刀孔,孔径小于方孔截面尺寸 1~2 mm(1分);(3)用方锉按线粗锉方孔,留余量 0.5 mm(1分);(4)精锉:1)先锉一个面至尺寸作为基准面;2)再锉与基准面相平行对应的面;3)然后锉与基准面垂直的两个平面(1分);(5)用刀具试塞方法修去卡阻部位,直至符合锉配要求(1分)。

45. 答:锉削时的安全知识为:(1)不使用无柄或柄已裂开的锉刀(2分);(2)不能用嘴吹切

屑,防止切屑飞入眼睛(2分);(3)锉刀放置不要露出钳台外,以免掉下伤人及损坏锉刀(1分)。

46. 答:常见的弊病有三种:(1)焊缝不牢,其原因是:1)焊剂选用不当;2)焊接部位不清洁(2分)。(2)焊缝中焊锡呈渣状,其原因是:1)烙铁温度低;2)焊缝中锡含量低,熔化后流动性差;3)焊缝不清洁(2分)。(3)烙铁粘不上焊锡,其原因是:1)烙铁温度低,焊锡不能熔化;2)烙铁温度太高,表面形成氧化铜(1分)。

47. 答:工艺步骤为:(1)将工件复杂的弯形形状分解成几段简单的几何曲线和直线(2分);(2)计算弯形半径和材料厚度比值 r/t,然后查出中性层的位置系数 λ(1分);(3)按中性层分别计算各段的展开长度(1分);(4)各简单曲线的展开长度和直线长度相加(1分)。

48. 答:废品形式及原因为:(1)断裂,其原因是:1)弯形过程中多次折弯;2) r/t 比值太小;3)工件材料塑性差;4)材料内部有缺陷(2分)。(2)形状或尺寸不准确,其原因是:1)夹持不稳,弯形时出现松动;2)模具形状不准确(2分)。(3)管子有瘪痕或焊缝裂开,其原因是:1)砂没灌满;2)弯形半径超过了规定的最小值;3)焊缝没放在中心层位置上弯形(1分)。

49. 答:搭压板时的要点:(1)螺栓应尽量靠近工件(2分);(2)垫铁应尽量靠近工件(1分);(3)垫铁应比工件的压紧面稍高(1分);(4)在精加工表面上应垫上铜皮(1分)。

50. 答:(1)钻头钝了(0.5分);(2)进给量太大(1分);(3)切屑塞住螺旋槽未及时排出(1分);(4)孔刚钻穿,进刀阻力突然降低,使进给量增大(1分);(5)工件装夹不好,钻削时有松动(1分);(6)钻铸件时碰到缩孔(0.5分)。

51. 答:孔径扩大的原因是:(1)铰刀与孔的中心不重合,铰刀偏摆过大(2分);(2)进给量及铰削余量过大(1分);(3)切削速度太高,使铰刀温度上升,直径加大(1分);(4)铰刀直径不符合要求(1分)。

52. 答:V 形槽在圆板牙制造过程中起工艺定位作用(1分),新板牙 V 形槽与出屑孔不通(1分),当使用过久,校准部位磨损时可用锯片砂轮沿 V 形槽中心割出通槽(1分)。使用时可通过铰手的紧定螺钉来调整圆板牙校准部分孔径尺寸(1分),达到延长圆板牙寿命的目的(1分)。

53. 答:造成表面粗糙度粗的原因主要为:(1)丝锥前、后刃面及容屑槽的表面粗糙度粗(1分);(2)丝锥切削部分,校准部分前后角太小(1分);(3)丝锥磨损(0.5分);(4)攻丝过程中丝锥未经常倒转(1分);(5)丝锥刃齿上粘有积屑瘤(0.5分);(6)攻丝未采用合适的切屑液(1分)。

54. 答:(1)灰铸铁,具有良好的润滑性能,硬度适中,磨损较少,且能使研磨剂在其表面涂均匀,研磨效果较好(2分);(2)球墨铸铁,其表面容易嵌入磨料且均匀牢固,能增加研具本身寿命(1分);(3)低碳钢,韧性较好,研磨时不易折断(1分);(4)铜,表面容易嵌入磨料,研磨时效率较高(1分)。

55. 答:配方为:金刚砂 2～3 g(0.5分),硬脂酸 2～2.5 g(0.5分),航空汽油 80～100 g(0.5分),煤油数滴(0.5分)。调和方法:先将硬脂酸和航空汽油在清洁的瓶中混合,然后放入金刚砂摇晃至乳白状而金刚砂不易下沉为止,再滴入煤油(3分)。

56. 答:辅助材料是一种混合脂,在研磨过程中能起吸附作用和提高研磨效率的化学作用(1分)。常用的辅助材料有油酸(1分)、硬脂酸(1分)、工业用甘油及石蜡(1分)、蜂腊(1分)等。

57. 答:大型工件划线时,应尽量选定精度要求较高的面(1分)或主要加工面(1分)作为第一划线位置,主要是为了保证它们有足够的加工余量(2分),经加工后便于达到设计要求(1分)。

58. 答:(1)根据图纸上零件的形状和尺寸,准确地在毛坯或半成品工件上划出加工面的尺寸界线,作为安装定位和加工的依据(2分);(2)检查毛坯的形状和尺寸是否合格(1分);(3)合理分配各加工面的加工余量,使加工余量不均匀地毛坯免于报废。当毛坯误差不大时,可通过划线借料予以补救(1分);对形状或位置误差较大,无法补救的毛坯件,则不再转入下道工序,从而避免不必要的加工浪费(1分)。

59. 答:在划线时,作为确定工件各部分尺寸、几何形状及相对位置的依据,称为划线基准(3分)。划线基准可分为:尺寸基准(1分)和校正基准两类(1分)。

60. 答:常见的尺寸基准有以下三种:(1)以两个互相垂直的平面为基准(2分);(2)以一个平面和一条中心线为基准(2分);(3)以两条互相垂直的中心线为基准(1分)。

61. 答:借助粘接剂形成的连接称为粘接(2分)。粘接的特点是:工艺简单、操作方便(1分),粘接处应力分布均匀、变形小(1分),此外还有密封、绝缘、耐水、耐油等特点(1分)。

62. 答:如果铰削余量太小,铰削不能把上道工序遗留的加工痕迹全部切除(1分),同时刀尖圆弧半径和刃口圆弧半径的挤压摩擦严重,使铰刀磨损加剧(1分)。如果铰削余量太大,则增大刀齿的切削负荷,破坏铰削过程的稳定性(1分),并产生较大的切削热(1分),影响被铰削孔的精度(1分)。所以,铰削余量要选择适当,不宜过大或太小。

63. 答:显示剂分为红丹粉、蓝油、松节油(酒精)、烟墨等种类(1分)。红丹粉用于钢和铸铁的刮削(1分);蓝油用于有色金属的刮削(1分);松节油(酒精)用于精密平板的刮削(1分);烟墨用于软金属的刮削(1分)。

64. 答:刮削前的准备工作包括:选择合适的刮刀(1分),配备油石及显示剂(1分),选择研具及选择合适的刮削余量等工作(1分)。平面刮削的操作步骤分粗刮、细刮、精刮及刮花等四个步骤(2分)。

65. 答:平面刮花的目的是为了增加美观及储油(1分),以增加工件表面的润滑,减少工件表面的磨损(1分)。常见的花纹有斜纹花(1分)、鱼鳞花(1分)、半月花(1分)等。

66. 答:粗刮时,三角刮刀应放在正前角位置,刮出的切屑较厚,刮削速度较快(1.5分)。细刮时,刮刀的位置应具有较小的负前角,刮出的切屑较薄,通过细刮能获得均匀分布的研点(2分)。精刮时,刮刀的位置应具有较大的负前角,刮出的切屑很薄,可获得较高的表面质量(1.5分)。

67. 答:用研具及研磨剂从工件表面研掉极薄一层金属,这种精加工方法称为研磨(3分)。研磨的功能主要有:(1)可提高工件的尺寸精度,降低工件表面粗糙度值(尺寸公差等级达IT16以上,表面粗糙度值 R_a0.012~0.16 μm)(1分);(2)可以改变工件的几何形状(1分)。

68. 答:内孔研磨时,造成孔口扩大的主要原因有:(1)研磨剂涂抹不均匀(1分);(2)研磨时孔口挤出的研磨剂未及时擦去(1分);(3)研磨棒伸出太长(1分);(4)研磨棒与工件孔之间的间隙太大(1分),研磨时,研具对于工件的径向摆太大(1分)。

69. 答:研磨时工件表面被拉毛的主要原因:(1)不注意清洁(2.5分);(2)研磨剂混有杂质(2.5分)。

70. 答:轴类零件加工工序安排大体如下:准备毛坯(0.5分),正火(0.5分),平端面打顶尖孔(0.5分),粗车(0.5分),调质(0.5分),半精车(0.5分),精车(0.5分),表面淬火

（0.5 分），粗、精磨外圆表面（0.5 分），带有内锥孔的轴还要磨内锥孔（0.5 分）。

六、综 合 题

1. 答：（1）攻螺纹前螺纹底孔的孔口要倒角（2 分）；（2）工件装夹位置要正确，尽可能使螺孔中心线置于水平或垂直位置（1 分）；（3）开始攻丝时，丝锥应放正，压力要适当，攻至 2～3 圈时，目测或用角尺检查，并予以校正丝锥位置，切削部分全部攻入时停止对丝锥施压，靠丝锥螺纹自然旋进攻丝（2 分）；（4）经常将丝锥反转 1/2 圈使切屑碎断容易排出（1 分）；（5）攻不通孔螺丝时，应经常退出丝锥，清除积屑（1 分）；（6）退出丝锥时，当可以直接用手旋动时，应停止使用铰手（1 分）；（7）换丝锥时，应先用手旋入已攻出的螺孔直至手旋不动再用铰手（1 分）；（8）攻通螺纹时，应 Ⅰ 锥、Ⅱ 锥交替使用攻削，以减轻 Ⅰ 丝锥的负荷（1 分）。

2. 答：在斜面上钻孔的方法有：（1）将钻孔斜面装夹成水平位置，钻一个浅孔，再将工件倾斜一些，把浅孔再钻深一点，最后把工件校平钻孔（3 分）；（2）在斜面上，用与孔径相同的立铣刀铣出一个平面，然后再钻孔（3 分）；（3）在斜面上用錾子錾出一个平面，用中心钻钻出一个较大的锥坑或用小钻头钻出一个浅孔，然后再钻孔（2 分）；（4）将压板端面磨成与工件相对称的斜面，压于钻孔位置，使工件斜面与压板面成对称的锥槽，然后在锥槽中间钻孔（2 分）。

3. 答：（1）装夹进钳口没垫物品保护，表面出现压痕（2 分）；（2）钳口没垫 V 形铁等或夹紧力过大，使空心工件被夹扁（2 分）；（3）技术不熟练，锉刀选择不当或锉刀面中凹，形成工件平面中凸、塌边或塌角（2 分）；（4）划线不准或锉削时没及时测量，造成工件超差，或形状不符合要求（2 分）；（5）因下列原因使工件表面粗糙度变粗：1）精锉时用较粗锉刀；2）细锉时锉痕太深，精锉无法去除；3）切屑未及时清除；4）锉直角面时没采用带光面锉刀（2 分）。

4. 答：当尺寸链的环数较多，封闭环的精度要求很高时，可将各组成环的公差放大到易于制造的精度，并对某一组成留有足够的补偿量。装配时，通过修配补偿量，消除累积误差，达到规定的装配精度要求，这种装配方法叫作修配装配法（6 分）。

优点：（1）能在较低的制造精度下获得较高的装配精度（1 分）；（2）不需要采用高精度的加工设备，节省了加工时间，降低了加工成本（1 分）。

缺点：（1）由于修配工作增加了装配时间，使装配工作复杂化（1 分）；（2）零件不能互换，不便于以后的零件修理和更换工作，故只能用于单件小批生产（1 分）。

5. 答：完全互换法是指在同类零件中，任取一个装配零件，不经任何选择和修配就能装入部件（或机器）中，并能达到规定的装配精度要求（5 分）。

优点：（1）装配操作简单，易于掌握，生产效率高（1 分）；（2）便于组织流水线作业和实现装配过程自动化（1 分）；（3）零件损坏后便于更换（1 分）。

缺点：这种装配方法对零件的加工精度要求较高（1 分），尤其当装配精度要求较高时，零件难以按经济精度制造，所以大大增加了零件的制造费用（1 分）。

6. 答：防止锪孔弊病的常用方法有：（1）选择合适的刀具几何参数，在刃口处刃磨一条后角为零度的狭窄刃带（2 分）；（2）选择合适的锪削速度，可以利用停机后主轴惯性来切削（2 分）；（3）选择合适的切削液（2 分）；（4）工件和锪钻应装夹牢固（2 分）；（5）用麻花钻改制的锪钻要尽量短，以减少振动（2 分）。

7. 答：锪钻锪孔要点是：（1）锪钻的前后角不能太大，在刃口处应磨出一条后角为零度的狭窄刃带(2分);(2)锪削速度应比钻削速度低(一般为钻前速度的 $1/3 \sim 1/2$),可以利用停车时的惯性进行(2分);(3)锪削钢件材料时,应选用适用的切削液,并在定位导柱和工件原有孔之间加注适量的机油和黄油(2分);(4)锪钻及工件的装夹应牢固稳妥(2分);(5)用麻花钻改制的锪钻要尽量短,切削刃要磨对称(2分)。

8. 答:借料是按划线基准进行划线时,若零件某些加工余量不够,通过试划和调整将各部位加工余量重新分配,以保证各部位加工表面均有足够的加工余量的划线方法(2分)。借料步骤为:(1)测量毛坯体的各部位尺寸,找出偏移部位和确定偏移量(2分);(2)确定借料的方向和大小,找出基准线(2分);(3)按图样要求,以基准线为准,找出其余所有的加工线(2分);(4)检查各部位加工面的加工余量是否合理,如不合理继续借料,重新划线,直至各加工面加工余量均合理为止(2分)。

9. 答:使用砂轮机应注意:(1)砂轮旋转方向应与指示牌一致(2分);(2)启动后应待砂轮转速达到正常时再进行磨削(1分);(3)砂轮在使用时不准将被磨削件对砂轮撞击及施加过大的压力(1分);(4)砂轮表面跳动严重,应及时用砂轮修整器修整(2分);(5)砂轮机的搁架与砂轮的距离一般应保持在 3 mm 之内(1分);(6)操作者应站在砂轮的侧面或斜面位置(1分);(7)应根据磨削材质的不同而采用不同种类的砂轮(2分)。

10. 答:手工研磨运动轨迹的种类、特征及用途如下:(1)直线研磨运动轨迹:轨迹易重叠,被研工件表面质量差,但几何精度高,一般用于有台阶狭长平面的研磨(2分);(2)摆动式直线研磨运动轨迹:被研工件表面的几何精度高,表面质量好,一般用于双斜面直尺、样板角尺圆弧测量面的研磨(3分);(3)螺旋形研磨运动轨迹:被研工件表面的平面度误差小,表面质量好(2分);(4)8 字形或仿 8 字形研磨运动轨迹:被研工件的平面几何精度和表面质量都很好,一般用于小平面的研磨(3分)。

11. 答:(1)它有较长的横刃,横刃在钻削时,实际上不是切削,而是刮削和挤压,使轴向力增加,同时由于横刃过长,钻头的定心作用较差,钻削时容易产生振动(2分);(2)主切削刃上各点前角不一样,使切削的性能不同。靠近横刃处前角成为负值,切削时也处于刮削状态(2分);(3)主刀刃外缘处的刀尖角较小,前角很大,使刀齿强度降低。而钻削时,此处的切削速度又最高,所以容易磨损(2分);(4)主切削刃长,而且全部参加切削,各处切屑排出的速度相差较大,使切屑卷曲成很宽的螺旋卷,容易在容屑槽中堵塞,使切削力增加,并影响切削液进入(2分);(5)因导向部分的棱边较宽,而且没有后角,钻削时孔壁摩擦比较严重,容易发热和磨损(2分)。

12. 答:钻削用量应根据切削深度、切削速度和进给量来确定(3分)。钻孔时,由于切削深度由钻头直径决定,所以只需选择切削速度和进给量(1分)。通常,切削速度和进给量可凭经验来确定(1分)。用小钻头钻孔时,切削速度可高些,进给量要小些(1分)。用大钻头钻孔时,切削速度要低些,进给量要适当大些(1分)。钻硬材料时,切削速度要低些,进给量也要小些(1分)。钻软材料时,切削速度要高些,进给量也要大些(1分)。具体的数据可查阅有关手册来确定(1分)。

13. 答:冷冲模装配的主要内容包括:(1)连接所有的零件(1分);(2)调整各零件的相对位置和凹凸模间隙(2分);(3)试冲(2分)。具体步骤如下:(1)熟悉模具装配图(0.5分);(2)组织工作场地(0.5分);(3)清理和检查零件(0.5分);(4)安装模具的固定部分(0.5分);(5)安装模具的活动部分(0.5分);(6)调整模具的相对位置(0.5分);(7)固定模具的固定部分(0.5分);(8)固定模具的活动部分(0.5分);(9)检查装配质量(0.5分);(10)试冲和调整(0.5分)。

14. 答:(1)铆接半圆头铆钉:1)把板料互相贴合(1分);2)划线钻孔孔口倒角(1分);3)铆钉插入孔内(1分);4)用压紧冲头压紧板料(1分);5)用手锤镦粗伸出部分,并初步铆钉成形,然后用罩模修整(1分)。(2)铆接空心铆钉:1)~4)均同于半圆头铆钉(4分);5)用特制冲头将翻开的铆钉孔口贴平(1分)。

15. 解: $v = \dfrac{\pi D n}{1\ 000}$ (3分)

$$v = \dfrac{3.14 \times 16 \times 500}{1\ 000} \text{ m/min} \approx 25 \text{ m/min} \quad (3 \text{分})$$

$$\alpha_p = D/2 = \dfrac{16}{2} \text{ mm} = 8 \text{ mm} \quad (3 \text{分})$$

答:切削速度为 25 m/min,背吃刀量为 8 mm (1分)。

16. 解: $n = \dfrac{40}{z} = \dfrac{40}{15} = 2\dfrac{2}{3}$ (9分)

答:应转过 $2\dfrac{2}{3}$ 转(1分)。

17. 解:(1) $360°/12 = 30°$(中心角)(2分)

(2)作 $30°$ 弦的垂直平分线(2分)

(3)计算 1/2 弦长(1分)

$$\sin 15° = x/50 \quad (1 \text{分})$$

$$x = \sin 15° \times 50 \text{ mm} = 12.94 \text{ mm} \quad (1 \text{分})$$

(4)求弦长

$$L = 2x = 2 \times 12.94 \text{ mm} = 25.88 \text{ mm} \quad (2 \text{分})$$

答:弦长为 25.88 mm (1分)。

18. 解法一:已知 $\angle AOB = 90°$,$OA = OB = 60$ mm

则 $x = \sqrt{OA^2 + OB^2} = \sqrt{60^2 + 60^2}$ mm $= 84.85$ mm (9分)

解法二:已知 $\angle COB = 45°$,$OB = 60$ mm,$CB = x/2$

则 $\dfrac{x}{2} = OB \times \sin 45° = 60 \text{ mm} \times \sin 45° = 42.426 \text{ mm}$ (5分)

$x = 2 \times 42.426$ mm $= 84.85$ mm (4分)

答:两孔间距为 84.85 mm (1分)。

19. 解法一:根据正弦定理:

$$\dfrac{AC}{\sin \angle ABC} = \dfrac{AB}{\sin \angle ACB} \quad (2 \text{分})$$

$\sin \angle ABC = \dfrac{AC}{AB} \sin \angle ACB = \dfrac{36}{50} \times \sin 60° = 0.623\ 5$

$\angle ABC = 38.574\ 982° = 38°34'30''$ (2分)

$\angle CAB = 180° - 60° - 38°34'30'' = 81°25'30''$ (2分)

又 $\dfrac{BC}{\sin \angle CAB} = \dfrac{50 \text{ mm}}{\sin 60°}$

所以　　BC＝57. 09 mm（1分）

B 孔中心的水平坐标为：

$$x_B＝20 \text{ mm}＋57.09 \text{ mm}＝77.09 \text{ mm}（1分）$$

解法二：由正弦定理，可得：

$$\sin\angle ABC＝\frac{AC}{AB}\sin\angle ACB＝\frac{36}{50}\times\sin 60°＝0.623\ 5$$

$\angle ABC＝38°34'30''$（2分）

$\angle CAB＝180°－60°－38°34'30''＝81°25'30''$（2分）

由余弦定理得：

$$BC^2＝AC^2＋AB^2－2AC\times AB\cos 81°25'30''$$

$$BC＝\sqrt{AC^2＋AB^2－2AC\times AB\cos 81°25'30''}$$

$$＝\sqrt{36^2＋50^2－2\times 36\times 50\cos 81°25'30''}\ \text{mm}（2分）$$

$$＝57.09 \text{ mm}$$

B 孔中心的水平坐标为

$$x_B＝20 \text{ mm}＋57.09 \text{ mm}＝77.09 \text{ mm}（2分）$$

答：B 孔的水平坐标为 77.09 mm（2分）。

20. 解：$\angle CAO＝90°－40°＝50°$（1分）

$$\sin\angle CAO＝\frac{CO}{AC}（2分）$$

$$AC＝\frac{CO}{\sin\angle CAO}＝\frac{15 \text{ mm}}{\sin 50°}＝19.581 \text{ mm}　（2分）$$

$$BC^2＝AC^2＋AB^2－2AC\times AB\cos\angle BAC$$

$$＝19.581^2＋30^2－2\times 19.581\times 30\times\cos 70°（2分）$$

$$＝881.589\ 8 \text{ mm}^2$$

$$BC＝29.692 \text{ mm}（2分）$$

答：B、C 两孔的中心距为 29.692 mm（1分）。

21. 解：由图可得 $\sin 45°＝\dfrac{5}{x}$（5分）

所以　　$L＝33－5－\dfrac{5}{\sin 45°}＝20.928 \text{ mm}$（4分）

答：划线高度 L 为 20.928 mm（1分）。

22. 解：根据余弦定理：

$$BC^2＝AC^2＋AB^2－2\times AB\times AC\cos 30°$$

$$＝(100^2＋90^2－2\times 100\times 90\times 0.866) \text{ mm}$$

$$＝2\ 512 \text{ mm}（6分）$$

$$BC＝\sqrt{2\ 512} \text{ mm}＝50.12 \text{ mm}（3分）$$

答:BC 之间距离为 50.12 mm（1分）。

23. 解:$Y = B + 2 \times \dfrac{d}{2} \cot \dfrac{\alpha}{2} + d = B + d \left(1 + \cot \dfrac{\alpha}{2}\right)$ （5分）

$\qquad A = B + 2C \times \cot\alpha$ （1分）

$\qquad A = Y + 2C \times \cot\alpha - d \left(1 + \cot \dfrac{\alpha}{2}\right)$ （1分）

$\qquad 100 = Y + 2 \times 25 \times 0.577\,35 - 25 \times (1 + 107\,321)$（1分）

$\qquad Y = 100\ \text{mm} - 28.867\,5\ \text{mm} + 68.302\,5\ \text{mm} = 139.435\ \text{mm}$ （1分）

答:Y 为 139.435 mm 时才符合 A 值（1分）。

24. 解:(1)圆弧部分中性层长度 A 为:

$\qquad A = \pi(r + x_0 t)\alpha/180^\circ = 3.14 \times (16 + 0.41 \times 4) \times 120^\circ/180^\circ = 36.93\ \text{mm}$ （5分）

(2)总长为:

$\qquad L = L_1 + L_2 + A = 50\ \text{mm} + 100\ \text{mm} + 36.93\ \text{mm} = 186.93\ \text{mm}$ （4分）

答:工件展开长度为 186.93 mm（1分）。

25. 解:将工件从左至右分为五段,如图 1 所示。

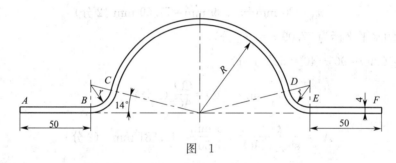

图　1

$AB = EF = 50\ \text{mm}$ （1分）

$\overset{\frown}{BC} = \overset{\frown}{DE} = \pi(r + x_0 t) \times \dfrac{\alpha}{180^\circ} = 3.14 \times (15\ \text{mm} + 0.5 \times 4\ \text{mm}) \dfrac{76^\circ}{180^\circ} \approx 22.54\ \text{mm}$ （3分）

$\overset{\frown}{CD} = \pi(r + x_0 t) \dfrac{\alpha}{180^\circ} = 3.14 \times (60\ \text{mm} + 0.5\ \text{mm} \times 4) \dfrac{152^\circ}{180^\circ} = 164.4\ \text{mm}$ （3分）

$L = 2\,\overline{AB} + 2\,\overset{\frown}{BC} + \overset{\frown}{CD} = 2 \times 50\ \text{mm} + 2 \times 22.54\ \text{mm} + 164.4\ \text{mm}$

$\quad = 309.48\ \text{mm} \approx 310\ \text{mm}$ （2分）

答:弯形前的毛坯长度约为 310 mm（1分）。

26. 解:圆锥孔的小端直径:$d = D - LK = (16 - 28 \times 0.1)\ \text{mm} = 13.2\ \text{mm}$ （1分）

距上端面 L 的预钻孔直径:$d_3 = d - \delta = 13.2\ \text{mm} - 0.2\ \text{mm} = 13\ \text{mm}$ （3分）

距上端面 $2L/3$ 的预钻孔直径:$d_2 = d + LK/3 - \delta = 13.2\ \text{mm} + \dfrac{28 \times 0.1}{3}\ \text{mm} - 0.2\ \text{mm} = $

13.9 mm（3分）

距上端面 $L/3$ 的预钻孔直径:$d_1 = d + 2LK/3 - \delta = 13.2\ \text{mm} + \dfrac{2 \times 28 \times 0.1}{3}\ \text{mm} - 0.2\ \text{mm} = $

14.9 mm（3分）

答:前三节阶梯预钻孔直径分别为 14.9 mm、13.9 mm、13 mm。

27. 解:(1)圆杆直径 $d_0=d-0.13P=8$ mm-0.13×1.25 mm$=7.84$ mm(5 分)

(2)圆杆直径 $d_0=d-0.13p=12$ mm-0.13×1.75 mm$=11.77$ mm(5 分)

答:M8-6H 端栓套螺纹前的圆杆直径为 7.84 mm,M12-7H 螺栓套螺纹前的圆杆直径为 11.77 mm。

28. 答:俯视图如图 2 所示(10 分)。

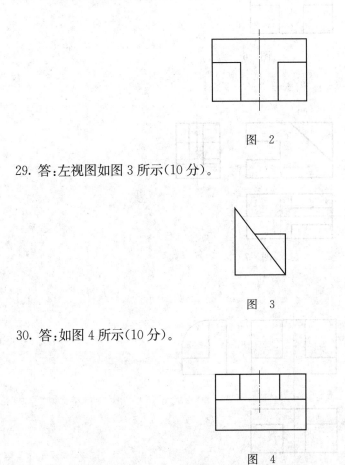

图 2

29. 答:左视图如图 3 所示(10 分)。

图 3

30. 答:如图 4 所示(10 分)。

图 4

31. 答:如图 5 所示(10 分)。

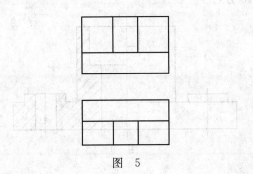

图 5

32. 答:如图 6 所示(10 分)。

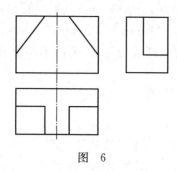

图　6

33. 答:如图 7 所示(10 分)。

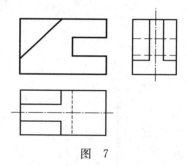

图　7

34. 答:如图 8 所示(10 分)。

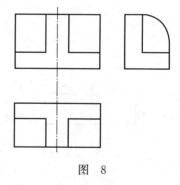

图　8

35. 答:如图 9 所示(10 分)。

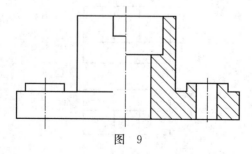

图　9

工具钳工(中级工)习题

一、填 空 题

1. 测量是将一个待定的物理量与一个作为（　　　）的量进行比较的过程。

2. 测量之前,必须明确测量对象、计量单位、（　　　）、测量精度等四个方面的内容。

3. 在一般机械制造中,长度计量常以 m、mm 和（　　　）为单位。

4. 按零件被测表面是否与量具测头接触,其测量方法可分为接触测量和（　　　）两种。

5. 量具或量仪的读数与被测尺寸的实际数值之差,称为（　　　）。

6. 微动螺旋量具是利用精密（　　　）原理制成的一种精密量具。

7. 水平仪的刻度值是以水准气泡移动 1 格时,表面所倾斜的角度或表面在 1 m 内倾斜的（　　　）来表示的。

8. 在成批大量生产中,零件的位置度误差常用综合量规测量;在单件小批生产中,则用（　　　）测量。

9. 量具用完后,应及时擦净、（　　　）,放置专用盒中,保存在干燥处,以免生锈。

10. 精密量具应实行定期鉴定和（　　　）。

11. 测量主要是检测零件的几何量,即长度、角度及（　　　）、形位误差等。

12. 计量方法是指测量时所采用的量具、量仪和（　　　）的综合。

13. 按获得测量结果的方法不同,测量方法可分为直接测量和（　　　）。

14. 按同时能测量被测物的参数的数目,测量方法可分为单项测量和（　　　）。

15. 量具和量仪所能测出的最大和最小尺寸范围,称为该量具或量仪的（　　　）。

16. 在外界条件不变的情况下,对同一尺寸多次反复测量时,在量具或量仪上指示数值的最大变化范围,称为（　　　）。

17. 内径千分尺可用于测量沟槽和（　　　）尺寸,其分度值为 0.01 mm。

18. 深度千分尺可用于测量（　　　）的深度及台阶的高度尺寸,其分度值为 0.01 mm。

19. 用百分表式卡规测量前,需用与被测零件尺寸相同的（　　　）校正零位。为了保证测量精度,测量值应取多次重复测量的平均值。

20. 机械指示式量具主要用来测量零件的尺寸、（　　　）等。

21. 工具钳工常用的水平仪是框式水平仪和（　　　）水平仪。

22. 螺纹量规分为通端量规和止端量规两种。测量时,与被测螺纹旋合,合格的零件能使螺纹量规的通端通过,而螺纹量规的（　　　）不能通过。

23. 齿轮测量分综合测量和（　　　）两种。

24. 齿轮的综合测量是指测量齿轮的（　　　）。常用的测量方法有双面啮合、单面啮合以及齿轮的着色检验等。

25. 齿轮的单项测量是指测量齿轮的齿厚、公法线、（　　　）和齿形误差等参数。

26. 零件加工后,被测实际要素对其( )的变动量,称为形状误差。

27. 常用测量直线度误差的方法有光隙法、测微法和( )三种。

28. 测量平面度误差常用的方法有研点法和( )。

29. 圆柱度是控制圆柱面的圆度、( )、轴线直线度等圆柱横截面和纵截面的综合误差。

30. 线轮廓度误差的测量方法有样板法和( )两种。

31. 面轮廓度是用于控制( )形状误差的,其测量方法通常是采用样板法。

32. 平行度是用来控制零件上被测表面直线或轴线相对于( )直线或轴线平行的程度。

33. 垂直度是用来控制零件上被测表面或轴线相对于( )或轴线的正交程度。

34. 测量精度是指测量结果与其( )之间的一致程度。

35. 量具、量仪按其特点和构造,可分为标准量具、( )、极限量规和检验夹具。

36. 量具、量仪的度量指标,是测量中选择和( )量具、量仪的依据。

37. 测量误差可分为( )、随机误差、粗大误差三类。

38. 造成粗大误差的主要原因是测量时( )。

39. 杠杆式卡规是利用( )原理制成的量具。

40. 杠杆式卡规是用来作相对测量的,也可以测量零件的( )误差。

41. 使用杠杆式卡规前,必须按被测零件的尺寸及精度要求选择适当等级的( )调整零位。

42. V形砧千分尺是测量( )零件外径尺寸的一种特殊测微量具。

43. 在使用 V 形砧千分尺前,需用( )校正零位。

44. 百分表式卡规是用( )测量零件相应精度的外径尺寸或几何形状误差的,其测量精度为 0.01 mm。

45. 杠杆齿轮式比较仪和钮簧比较仪在使用时都应安装在稳固的( )上,然后再进行测量。

46. 扭簧比较仪的灵敏度极高,一般常用来测量零件的( )和跳动量。

47. 三角形角度量块具有一个工作角度,四边形量块具有( )工作角度。

48. 螺纹量规按工作用途的不同,可分为工作量规、检验量规和( )量规。

49. 螺纹的单项测量是指对螺纹的大径、中径、小径、螺距、( )等五个基本参数单独进行测量。

50. 外螺纹千分尺的两只测头可以调换,使用前应先按被测螺纹的螺距和牙型半角选择相应规格的一对测头,测头调换后须( )。

51. 用量针法测量外螺纹中径有三针法、两针法和单针法三种方法,其中( )法应用最广泛。

52. 用公法线指示卡尺测量齿轮的公法线长度时,需先用尺寸等于理论公法线的( )调好两测头距离,并使测量表指零。

53. 公法线千分尺一般是用于测量模数大于 0.5 mm 的外啮合圆柱齿轮的公法线长度,也可用来测量某些零件的( )尺寸。

54. 表面粗糙度是零件表面微观的形状误差,常用的测量方法是样板比较法和( )。

55. 在形状误差中确定理想要素的位置,和位置误差中确定基准理想要素的方向或位置时,就应符合(　　)。

56. 消除材料或制件的弯曲、翘曲、(　　)等缺陷的加工方法,称为矫正。

57. 手工矫正的基准工具有矫正平板和(　　)。

58. V 形架和压力机是用于矫正棒料或(　　)零件的工具。

59. 手工矫正常用的方法有(　　)、弯曲法、延展法和斜悬沉打法等四种。

60. 将坯料在热状态下弯曲成形的方法,称为热弯。将(　　)弯曲成形的方法,称为弯管。

61. 弯形是利用材料的塑性变形进行的,因此只有(　　)的材料才能进行弯形。

62. 如果工件弯曲部位的长度大于台虎钳钳口长度,而且两端又较长,无法在台虎钳上夹持时,可用压板压紧在(　　)进行。

63. 手工盘制圆柱形弹簧确定芯棒直径时,应考虑钢丝的性质、粗细、(　　),盘绕时夹持钢丝的力,以及弹簧节距的调整方法等因素。

64. 金属材料的变形有弹性变形和(　　)两种。

65. 条状板料扭曲变形时,可用扭转的方法矫直。条状板料在宽度方向上弯曲时,可用(　　)来矫直。

66. 为保证弯形质量,必须控制弯曲半径不小于材料允许的(　　)。

67. 带有焊缝的管子,在弯形时必须注意把焊缝放在(　　)的位置,以免焊缝裂开。

68. 角钢的翘曲,一种是向里翘,一种是向外翘。如果是向里翘,应锤击角钢的一条边的凸起处,经过由(　　)的锤击,使角钢的外侧面逐渐趋于平直。

69. 矫正气割的板料,锤击时应该是边缘重而密,第二、三圈(　　)。

70. 矫正时常见的缺陷有(　　)和材料断裂。

71. 弯管时,如管径在 12 mm 以上一般采用热弯。管子冷弯弯曲的最小弯曲半径必须大于(　　)。

72. 弯形时常见的废品形式有断裂、形状或尺寸不准确和(　　)。

73. 三坐标划线机是一种先进的划线设备,由底座、立柱、滑架、(　　)和各种附件组成。

74. 三坐标划线机的主要附件包括专用划针、组合划线器、特殊划线器、(　　)划线器和过渡套筒、偏心块等。

75. 组合划线器由转动划线器和(　　)划线器两部分组成。

76. 转动划线器用来划工件顶面、底面和(　　)的线。

77. 特殊划线器可伸入复杂工件的内腔表面进行划线以及检查内腔表面和工件外表面间的(　　)。

78. 当操作者需要进入大型或特形工件内部划线时,应采用方箱支承工件,在确保工件安置(　　)后,才能进入工件划线。

79. 特形工件划线时,选择工件安置基面应与(　　)一致。

80. 大型工件划线,拼凑大型平面的方法有工件移位法、平台接长法和(　　)。

81. 拉线与吊线划线法是采用拉线、吊线、线坠、(　　)和钢直尺互相配合,通过投影引线的方法完成其划线的。

82. 大型镗排轴坯划线的目的是检查直径方向和长度方向的余量情况,并在此基础上决定(　　)位置,以供机床加工中心孔用。

83. 大型铣排第一次划线是检验各加工面的余量情况和非加工面的位置尺寸,划出铣排两端面的中心线。第二次划线在外圆半精加工的基础上,以( )为基准,划出各表面的加工线。

84. 在特形工件上划线时,要求工件的重心或工件与专用划线夹具的组合重心落在支承面内,否则必须加上相应的( )。

85. 三坐标划线机是在特殊平台上工作的,其工作面须经精刨加工,并铣出纵横垂直、( )很高的定位导向槽。

86. 利用圆形划线器可以在( )平面上划出各种不同直径、不同位置的圆线。

87. 大型工件划线时只能先用枕木或垫铁支承,然后用( )调整。

88. 大型工件划线常用的方法有( )和拉线与吊线法。

89. 大型工件划线时,当工件的长度超过平台长度1/3时,一般可先在工件的中间部位划线,然后将工件分别向左、右移位,按已划出的( )进行校正,即可分别划出工件两端所需划的线。

90. 大型工件划线时,若工件的尺寸比划线平台略大,则应以工件最大的划线平面为基面,在工件需要划线的部位,用其他平台或平尺接在划线平台的外端,校准各平台之间的平行度和( ),然后将工件安放在划线平台上。

91. 拉线与吊线划线法适用于特大工件的划线,一般只需要一次吊装、( )就能完成整个工件的划线。

92. 光学分度头按读数形式可分为目镜式、影屏式和( )三种。

93. 多齿分度台按上下齿盘离合结构形式可分为凸轮、偏心轮和( )三种。

94. 多齿分度台在工具制造中广泛应用于精密的分度定位、测量或加工精密( )。

95. 万能工具显微镜除了能测量螺纹的各要素外,也可检查轮廓形状复杂的样板、成形刀具、( )及其他各种零件的长度、角度、半径等。

96. 对齿形工件的齿距测量应包含( )和齿距偏差 Δf_{pt} 两项误差的测量。

97. 当光线倾斜入射到平面平行玻璃板的表面上时,按照折射定律,光线经过两次折射又回到原入射光线的介质中去,这时光线方向( ),但入射光线与出射光线偏移一个距离。

98. 当光线垂直入射到等腰直角棱镜的斜面上时,经过两次直角面的反射,改变其光线的方向为( )。

99. 当光线射入五角棱镜后,经过两次反射,光轴方向改变了( )。

100. 自光轴上无穷远物点发出的平行于光轴的光束通过凸透镜折射后,射出光线会聚于光轴上的( )。

101. 无限远光轴外一点所发出的光线,经凸透镜折射后,出射光线都会聚于( )上。

102. 在工具制造中,投影仪常用来测量或检验各种成形刀具、量规、凸轮、样板、( )等。

103. 投影仪由投影屏、中壳体、工作台、底座、透镜聚光镜和( )等组成。

104. 定位误差是由基准位移误差和( )误差两部分组成的。

105. 工件以平面为定位基准时,将由于基准不符而产生误差,以及由于定位基准的平面度、定位基准间的位置误差或定位元件的( )误差而引起基准位移误差。

106. 工件以外圆柱面在 V 形架上定位时,在垂直方向的基准位移误差与工件直径误差和 V 形槽夹角 α 有关。随着 α 角增大,基准位移误差( )。

107. 正确设计夹紧装置的必要条件是正确地确定夹紧力的方向、作用点和( )。

108. 要保证工件定位准确可靠,应使主要夹紧力尽量垂直于主要定位基准或双导向基准;作用点应靠近支承部分的( ),工件的定位基准面与夹具的定位元件紧密接触。

109. 夹紧力的作用点应尽量靠近加工部位,以提高其夹紧( ),防止或减少加工时的振动。

110. 定位元件的作用是使工件相对于机床和( )获得正确的加工位置。

111. 导向元件可以用来确定夹具对机床的相对位置或者确定刀具对( )的相对位置,也可以引导刀具进行加工。

112. V形架定位的一个突出优点是对中性好,所以工件以外圆柱面在V形架上定位时,定位基准在( )上的位置误差为零。

113. 夹具的原始作用力的大小与切削力、( )、工件安装位置等有密切关系。

114. 设计夹具的技术要求包括( )、尺寸精度、形位精度和外观等。

115. 夹具装配的程序一般是首先选择装配基准件,然后按先下后上、先内后外、先难后易、先重大后轻小、( )的原则进行。

116. 夹具装配中其定位元件、导向件、夹紧元件和( )的装配质量,将直接影响到夹具的定位精度与使用可靠性。

117. 对于按六点定则所设置的主要定位元件,如相互位置误差较大或接触不良,将使定位处于( )迫使定位元件变形或过早磨损。

118. 装配对定装置时,必须将对定销对每个( )进行试插,直至每个位置都插拨灵活后,才能用螺栓和销钉固定。

119. 在元件的加工精度已合格的条件下,夹具装配精度在相当程度上还取决于装配过程中( )的正确运用,即正确的测量和校正位置精度。

120. 在装配过程中,只有正确建立和应用装配尺寸链,才能正确测量和( )位置精度。

121. 用装配尺寸链原理来研究零件之间的装配尺寸关系,分析计算部装或总装的几何精度,称为( )。

122. 装配尺寸链的主要特性是:尺寸系列具有封闭性;一个尺寸链中至少有三个环;尺寸链中有一个为( )。

123. 装配中,求解装配尺寸链的目的就是要选择某种( ),以保证达到封闭环的精度要求,从而保证装配精度。

124. 精密夹具装配的调整过程中,如何正确选择( )是一个重要环节。

125. 很多场合,测量精度主要取决于所采用量具和量仪的精确度,所选择的量具和量仪必须与夹具的( )相适应。

126. 斜视图时,必须在视图的上方标出视图的名称"×向",在相应的视图附近用( )指明投影方向,并注上同样的字母。

127. 标注形位公差,当基准要素为圆锥体的轴线时,基准符号应与圆锥体的大端(或小端)( )对齐。

128. 在刀具材料中,( )用于切削速度很高、难加工材料的场合,制造形状较简单的刀具。

129. 刀具磨钝标准有粗加工磨钝标准和( )两种。

130. 零件加工后的实际几何参数与( )的符合程度称为加工精度,加工精度越高,则加工误差越小。

131. 在夹具中,用合理分布与工件接触的六个支承点来限制工件( )的规则,称为六点定则。

132. 液压油最重要的特性是压缩性和( )。

133. 常用的凸轮有圆盘凸轮、圆柱凸轮、圆锥凸轮和( )。

134. 样板标记的制作方法有钢印法、电刻法和( )三种。

135. 凸模和凹模的加工方法有机械加工和电加工两类,( )加工是目前应用最多的一种方法。

136. 设备管理应包括( )的全部管理工作。

137. 两边都与某一投影面倾斜的直角,在该投影面上的投影( )直角。

138. 机械制图时,花键长度应采用( )形式标注。

139. 在切削过程中,工件上形成三个表面,即待加工表面、加工表面、( )。

140. 若工件在夹具中定位,应使工件的定位表面与夹具的( )相接触,从而消除自由度。

141. 在零件加工或机器装配过程中,最后自然形成(间接获得)的尺寸,称为( )环。

142. 大型工件划线时,为了调整方便,一般都采用( )。

143. 畸形工件划线时,选择工件安置基面应与( )一致。

144. 折线形齿背是在齿沟加工结束后,用单角铣刀的锥面齿或双角铣刀的( )铣削而成。

145. 辅助样板的测量基准选择,应保证同一块辅助样板能用于样板淬火前的加工和( )的研磨。

146. 凸轮与从动件的接触形式一般有平面接触、滚子接触和( )三种。

147. 当旋转件转动时,旋转件的偏重将产生离心力,其大小与不平衡量、不平衡量与旋转中心之间的径向距离,以及( )的平方成正比。

148. 弯曲模凸模的圆角半径 $R_凸$ 直接影响制件的质量,通常 $R_凸$ 应等于制件的( )。

149. 生产纲领也称年产量,产品零件的生产纲领除了国家规定的生产计划外,还包括它的备品率和( )。

150. 据平面几何可知,直线与圆相切时,切点就是过圆心向直线所作( )。

151. 假想将机件的倾斜部分旋转到与某一选定的基本投影面平行后再向该投影面投影所得的视图称为( )。

152. 《机械制图 弹簧表示法》(GB/T 4459.4—2003)规定:在平行于螺旋弹簧轴线的投影面的视图中,其各圈的轮廓应画成( )。

153. 当形位公差要求遵守最大实体原则时,应按规定注出符号( )。

154. 刀具切削部分的材料应具备如下性能:高的硬度、足够的强度和韧性、高耐磨性、高的耐热性、( )。

155. 常用的刀具材料有碳素工具钢、合金工具钢、高速钢、( )四种。

156. 在切削塑性金属材料时,常有一些切屑和工件上带来的金属"冷焊"在前刀面上,靠近切削刃处形成一个硬度很高的楔块,该楔块即( )。

157. 影响刀具寿命的主要因素有:工件材料、刀具材料、刀具的几何参数、( )。

158. 砂轮与工件接触面积大时,应选用( )硬度的砂轮。

159. 零件加工精度包括尺寸精度、几何形状精度及(　　)精度等三项内容。

160. 斜楔、螺旋、凸轮等机械夹紧机构的夹紧原理是(　　)。

161. 一般机床夹具主要由定位元件、夹紧元件、对刀元件、(　　)等四个部分组成。

162. 工件在装夹过程中产生的误差称为装夹误差,包括夹紧误差、基准位移误差及(　　)误差。

163. 液压传动装置实质上是一种能量转换装置,它先将机械能转换为便于输送的液压能,后又将液压能转换为(　　),以驱动工作机构完成所要求的各种动作。

164. 活塞(或液压缸)运动速度与流量的关系式是(　　)。

165. 箱体工件的第一划线位置应该是(　　)的一面,这样有利于减少翻转次数,保证划线质量。

166. 畸形工件不但形状(　　),而且有些零件还带有一定的特殊曲面。

167. 对偏重的和形状复杂的大型工件,尽可能采用三点支撑,必要时可增设辅助支撑以分散重量,保证(　　)。

168. 对于大型工件的划线,当第一划线位置确定后,应选择大面平直的面作为安置基面,以保证划线时(　　)、安全。

169. 标准群钻切削部分的形状特点是:三尖、七刃、两种槽。三尖是由于磨出月牙槽,主切削刃形成三个刀尖。七刃是两条外刃、两条圆弧刃、两条内刃、一条横刃。两种槽是月牙槽和(　　)槽。

170. 钻薄板群钻两切削刃外缘磨成锋利的刀尖,而且与钻心在高度上仅相差(　　)mm。

171. 水平仪是以水准器作为测量和(　　)元件的量具。

172. 扭簧比较仪是应用扭簧作为尺寸转换和扩大的传动机构,将测杆的直线位移转变为指针的角位移的精密量具,使用时必须安装在稳固的(　　)上。

173. 凸轮虽有各种类型,但它们各部分名称是相同的,都有工作曲线、理论曲线、基圆、压力角、动作角和(　　)。

174. 凸轮机构从动件的常用运动规律有等速、等加速和(　　)运动。

175. 样板型面的精加工主要包括精加工型面和(　　)两道工序。

176. 对样板型面进行热处理的方法包括局部淬火、回火和(　　)。

177. 样板检验的方法按使用工具的不同,可分为利用校对样板检查,利用万能量具检查和利用(　　)检查三种。

178. 丝锥及各种形状复杂的成型铣刀和盘状模数齿轮铣刀常用(　　)齿背,铲齿时,工件由机床主轴传动作旋转运动,铲刀由凸轮驱动做直线运动。

179. 成型铣刀制造的关键工序是铲齿及热处理后的磨孔磨端面和(　　)。

180. 静平衡只能平衡旋转件重心的不平衡,无法消除(　　)。

181. 联轴节装配后的偏差过大,将使传动及轴承产生(　　),从而引起发热,加速磨损,甚至发生疲劳断裂事故。

182. 工具钳工在钻床上加工轴向分度盘的分度孔是用量棒和(　　)来确定孔的位置。

183. 冲裁模的导柱压入下模座,导套则压入上模座,导柱或导套之间采用(　　)的间隙配合。

184. 由于轴承的配合有一定过盈,所以配合游隙总是(　　)原始游隙。

185. 压印锉修的余量以首次和以后各次的压印深度而定,一般单面在(　　)mm 左右。

186. 当锻模的上下模分别修整结束,还应通过浇铅或( )进行上下模的校对试验。

187. 对称三相负载作星形连接时,采用三相三线制供电;三相不对称负载作星形连接时,必须采用( )制供电。

188. 电气控制线路由动力电路、控制电路和( )等组成。

189. 用两根以上的钢丝绳来起吊重物,当钢丝绳间的夹角增大时,钢丝绳上所受的负荷( )。

190. 全面质量管理的基本核心是强调提高人的工作质量,保证和提高( )质量。

191. 机械加工车间和装配车间的技术经济指标是车间生产和( )的总的反映。

192. 在工件两个以上平面的划线叫作( )。

193. 划线时用来确定零件各部位尺寸、几何形状及相对位置的依据称为( )。

194. 对于毛坯零件,用划针盘、角尺等工具使零件上有关毛坯表面均能处于合适位置的工作称为( )。

195. 划线时,通过试划和调整使毛坯各部位的加工表面都有足够的加工余量,这种划线工作称为( )。

196. 对于形状复杂、批量大而精度要求一般的零件,进行平面划线时,可采用( )以节省划线时间,提高划线效率。

197. 金属材料弯曲后,中间有一层材料既没有伸长,也没有缩短,这一层材料称为( )。

198. 软手锤用于矫正已加工表面的工件、薄钢件或( )。

199. 延展法用来矫正( )。

200. 弯曲的方法有冷弯、( )两种。

201. 压簧盘制的方法有推距法、( )两种。

202. 研磨加工的基本原理是磨料通过研具对工件进行( )。

203. 工件的外圆柱面是用研磨环进行研磨的,工件的圆柱孔是在( )上进行研磨的。

204. 陶瓷结合剂制成的油石,气孔率大,切削效率高,磨损小,使用寿命( ),故适用于珩磨各种几何形状复杂的工件。

205. 珩磨可分为立式珩磨、( )两种。

206. 珩磨用油石的磨料主要是白钢玉、黑色碳化硅、( )三种。

207. 研磨 M5 以下螺纹环规时,研具通常用( )制成。

208. 按不同的使用要求,铆接可分为( )、固定铆接两种。

209. 有机粘接剂常用材料有( )。

210. 增塑剂的作用是,与基体材料调合后可增加基体材料的柔性、耐磨性以及( )。

211. 有机粘接剂的增塑剂的常用材料有聚硫橡胶、( )以及 650 聚酰胺等。

212. 弯曲和成形加工终了,去除外载荷、制件离开模具后,工件产生的( )现象,称为回弹。

213. 锡焊是烧焊的一种,一般常用于( )或要求密封性好的连接,以及电气设备接线头的连接。

214. 粘接后,粘接面可能承受的应力形式有拉应力、剪切应力、扭剪应力、( )、剥离等五种。

215. 在外界条件不变化的情况下,对同一尺寸多次反复测量时,在量具或量仪上指示数值的最大变化范围称为(　　)。

216. 能直接从量具或仪器上读出被测量数值的方法称为(　　)。

217. 测量与被测量有一定函数关系,再根据测量的结果算出被测量的数值的方法称为(　　)。

218. 一次测量能同时测得零件几个参数(但不能测出参数实际数值),从而来判断零件是否合格的方法叫作(　　)。

219. 刀具材料的工艺性主要是指热处理性能、刃磨性能、焊接性能、(　　)四种。

220. 钎焊后的刀具为消除应力,应及时插入(　　)保温冷却。

221. 陶瓷材料的主要成分是氧化铝,它的最大缺点是:脆性大、抗压强度高、(　　)、切削时易产生崩刃。

222. 刀具常见的曲线形齿背有抛物线齿背和(　　)两种。

223. 铣刀的刀齿加工包括齿沟加工、(　　)。

224. 硬质合金的硬度可高达 HRC70～80,其红硬性为(　　),允许切削速度为高速钢的 4～5 倍。

225. 组合夹具是由一套预先制造好的、具有各种不同形状和规格,并具有较高的互换性、(　　)的标准元件组装而成。

226. 凡直接承受工件(　　)的夹具零件称为定位元件。

227. 定位就是把工件放在(　　)上使它在夹紧前获得一个正确的位置。

228. 常用夹具导向装置有套筒、对刀装置、(　　)三种。

229. 在夹具上不松开工件而能转动工件一定的角度或移动工件一定的(　　)的装置称为分度装置。

230. 选择夹具零件的材料,主要应根据夹具(　　)、夹具的工作性质和零件在夹具中的作用等来确定。

231. 量规在制造时通过冷处理能提高材料的(　　),稳定组织状态。

232. 校准后的平板在研磨量块前应进行(　　)。

233. 研磨螺纹环规的整体式螺纹研具,通常由三根不同螺纹中径尺寸的螺杆组成,其中最大一根螺杆的中径尺寸应为环规中径的(　　)尺寸。

234. 研磨量块的平板在使用前应经过技术测量和校准,校准平板可采用三块相仿的平板按(　　)刮削时的步骤进行互研。

235. 机械加工的样板,其精度一般可达±0.01 mm,若在磨削后再经过研磨加工,则精度最高可达(　　)mm。

236. 平板是检验零件的主要工具,除要求有很高的精度外,还应具有足够的刚性、耐磨性和较高的(　　)。

237. 材料在常温状态下进行压力变形的加工方法,称为(　　)。

238. 模具可分为冷冲模、(　　)两大类。

239. 弯形模中凸模的圆角半径 $R_凸$,一般应等于制件的弯形半径,若有特殊需要,也不能小于(　　)。

240. 常用凸凹成形面的特种加工方法有电火花加工、(　　)两种。

241. 模具零件可分为工艺零件与结构零件两大类。其中工艺零件可分为成形零件、(　　)、压卸料零件三类。

242. 最常见的冷冲模有冲裁模、弯曲模、(　　　)三类。

243. 压延属于一种比较复杂的成形工艺,压延的主要特征是材料在凸模的作用下产生了(　　　)。

244. 精度要求高的齿轮传动机构,齿轮压入轴后应检查径向跳动和(　　　)的误差。

245. 齿轮传动机构装配的主要要求是传动均匀、工作平稳、(　　　)。

246. 圆锥齿轮装配后在无载荷时,齿轮的接触部位应靠近(　　　)。

247. 蜗杆传动机构的优点是(　　　),传动平稳、噪声小,结构紧凑且有自锁性。

二、单项选择题

1. 机械制图中,能在图上直接标注的倒角形式为(　　　)。
(A)1×45°　　　　(B)2×30°　　　　(C)1×60°　　　　(D)1×90°

2. 在刀具材料中,常用于制造各种结构复杂的刀具应选用(　　　)。
(A)碳素工具钢　　(B)合金工具钢　　(C)高速钢　　　　(D)硬质合金钢

3. 增大刀具的前角,切屑(　　　)。
(A)变形大　　　　(B)变形小　　　　(C)不改变　　　　(D)略有变形

4. 不能改善材料的加工性能的措施是(　　　)。
(A)增大刀具前角　　　　　　　　　(B)适当的热处理
(C)减小切削用量　　　　　　　　　(D)减小切削深度

5. 高速磨削时,砂轮的线速度应大于(　　　)m/s。
(A)30　　　　　　(B)35　　　　　　(C)45　　　　　　(D)50

6. 任何一个未被约束的物体,在空间具有进行(　　　)种运动的可能性。
(A)六　　　　　　(B)五　　　　　　(C)四　　　　　　(D)三

7. 轴类零件用双中心孔定位,能消除(　　　)个自由度。
(A)2　　　　　　 (B)3　　　　　　 (C)4　　　　　　 (D)5

8. 使工件相对于刀具占有一个正确位置的夹具装置称为(　　　)装置。
(A)夹紧　　　　　(B)定位　　　　　(C)对刀　　　　　(D)支撑

9. 在液压系统中,将机械能转变为液压能的液压元件是(　　　)。
(A)液压缸　　　　(B)滤油器　　　　(C)溢流阀　　　　(D)液压泵

10. (　　　)变化是影响液压油黏度变化的主要因素。
(A)温度　　　　　(B)压力　　　　　(C)容积　　　　　(D)体积

11. 液压系统的功率大小与系统的(　　　)大小有关。
(A)压力和流量　　　　　　　　　　(B)压强和面积
(C)压力与体积负载　　　　　　　　(D)压力和面积

12. 在大型工件上划线时,为了减少尺寸误差和换算手续,应尽可能使划线的尺寸基准与(　　　)一致。
(A)工序基准　　　(B)定位基准　　　(C)设计基准　　　(D)校对基准

13. 三沟 V 形测砧千分尺的测量面夹角是(　　　)。
(A)60°　　　　　　(B)90°　　　　　 (C)120°　　　　　(D)45°

14. 表面粗糙度的测量方法,除目测感觉法和粗糙度样板比较法外,还有光切法、干涉法和(　　　)等三种。

(A)投影法　　　　(B)针描法　　　　(C)测绘法　　　　(D)照相法

15. 螺纹止端工作塞规用于检验牙数大于 4 牙的内螺纹时,其旋合量不能多于(　　)。

(A)3 牙　　　　(B)4 牙　　　　(C)1 牙　　　　(D)2 牙

16. 用螺纹量规检验螺纹属于(　　)测量。

(A)单项　　　　(B)相对　　　　(C)综合　　　　(D)绝对

17. 作为检查工作样板的校对样板,在制造时,其精度和表面粗糙度与工作样板相比必须(　　)。

(A)高些　　　　(B)相等　　　　(C)低些　　　　(D)一致

18. 钻头、丝锥、铰刀等柄式刀具,在磨削加工过程中,应特别注意刀具工作部分与安装基准部分的(　　)。

(A)圆柱度　　　　(B)尺寸一致　　　　(C)同轴度　　　　(D)圆度

19. 成型铣刀为获得铲齿后较细的表面粗糙度,在铲齿前应对刀坯进行(　　)。

(A)热处理调质　　　　(B)热处理淬火　　　　(C)热处理正火　　　　(D)热处理回火

20. 为便利制造和重磨时控制齿形精度,一般精加工用的齿轮滚刀的前角(　　)。

(A)$\gamma_0 = 0°$　　　　(B)$\gamma_0 > 0°$　　　　(C)$\gamma_0 < 0°$　　　　(D)$\gamma_0 \approx 0°$

21. 前角 $\gamma_0 = 0°$ 的刀具,用单角铣刀铣削齿沟时,铣刀的刀刃夹角应(　　)被加工刀具的齿沟角。

(A)大于　　　　(B)小于　　　　(C)等于　　　　(D)约等于

22. 被加工刀具的螺旋槽齿沟若是左旋,则应用(　　)铣削。

(A)左切双角铣刀　　　　　　　　(B)右切双角铣刀

(C)单角铣刀　　　　　　　　　　(D)双角铣刀

23. 刃磨螺旋槽前刀面时,为减少刃磨时产生的干涉现象,应用(　　)的锥面。

(A)碗形砂轮　　　　(B)碟形砂轮　　　　(C)平形砂轮　　　　(D)角形砂轮

24. 模数铣刀在磨端面时,必须用(　　)严格控制齿形的对称性。

(A)样板　　　　(B)机床　　　　(C)熟练操作　　　　(D)专用量具

25. 装配时,使用可换垫片、衬套和镶条等以消除零件间的积累误差或配合间隙的方法是(　　)。

(A)修配法　　　　(B)选配法　　　　(C)调整法　　　　(D)互换法

26. 圆锥齿轮装配后在无载荷时,轮齿的接触部位应靠近轮齿的(　　)。

(A)小端　　　　(B)大端　　　　(C)中间　　　　(D)3/4 处

27. 带传动机构装配后,要求两带轮的中间平面(　　)。

(A)重合　　　　(B)平行　　　　(C)相交　　　　(D)错开

28. 用检验棒校正丝杆螺母副的同轴度时,为消除检验棒在各支承孔中的安装误差,可将其转过 180° 再测量一次,取其(　　)。

(A)最大值　　　　(B)平均值　　　　(C)最小值　　　　(D)绝对值

29. 滚动轴承在装配过程中,要控制和调整其间隙,方法是使轴承的内外圈做适当的(　　)。

(A)轴向移动　　　　(B)径向移动　　　　(C)变形　　　　(D)错位

30. 较深的模槽,为便于锻压时排出空气,常在上模的模槽中钻出通气孔,其方向最好是(　　)。

(A)水平的　　　　　　　　　　　　　(B)垂直向上的

(C)倾斜一定角度的　　　　　　　　　(D)垂直向下的

31. 材料不同,其弯曲模的间隙也不同,当弯曲钢材时,弯曲模的间隙为(　　　)。

(A)1.1t　　　　　(B)1.2t　　　　　(C)1.3t　　　　　(D)1.4t

(t 为板材厚度)

32. 当缺乏专用加工设备、只能借助钳工精加工样冲或样板时,凸凹模的配合加工顺序是(　　　)。

(A)先加工凹模,再加工凸模　　　　　(B)先加工凸模,再加工凹模

(C)任意选择　　　　　　　　　　　　(D)凸模、凹模同时加工

33. 若电动机制动时要求制动迅速、平稳,则应采用(　　　)。

(A)反接制动　　　(B)机械制动　　　(C)能耗制动　　　(D)摩擦制动

34. 用来表明电气系统的组成、工作原理及各元件间连接方式的是(　　　)。

(A)原理图　　　　(B)安装图　　　　(C)系统图　　　　(D)工艺图

35. 量具和量仪所能测出的最大和最小的尺寸范围,称为(　　　)。

(A)示值范围　　　(B)测量范围　　　(C)示值稳定性　　　(D)测量稳定性

36. 用样板比较法测量表面粗糙度时,一般情况下能较可靠地测量出(　　　)的表面粗糙度。

(A)R_a=0.1~0.8 μm　　　　　　(B)R_a=1.6~12.5 μm

(C)R_a=25~100 μm　　　　　　(D)R_a=0.8~3.2 μm

37. 只有在材料受外力作用所产生的应力超过材料的(　　　)时,才能实施矫正。

(A)弹性极限　　　(B)屈服点　　　　(C)强度极限　　　(D)抗拉强度

38. 棒类零件的变形主要是弯曲,一般是用(　　　)的方法矫直。

(A)锤击　　　　　(B)抽打　　　　　(C)反向扭转　　　(D)反向加压

39. 卷曲的细长线材可用(　　　)进行矫直。

(A)扭转法　　　　(B)伸长法　　　　(C)延展法　　　　(D)锤击法

40. 薄板表面如果有相邻的几处凸起,矫正时应先在凸起的交界处轻轻锤击,使(　　　),然后再锤击四周。

(A)几处凸起初步锤平　　　　　　　　(B)几处凸起大小相同

(C)几处凸起合并成一处　　　　　　　(D)几处凸起基本消失

41. 工件在弯形时,如果弯曲半径与材料厚度的比值 r/t 太小,就会造成工件(　　　)。

(A)形状或尺寸不准确　　　　　　　　(B)工件表面留有麻点

(C)断裂　　　　　　　　　　　　　　(D)工件表面留有折痕

42. 三坐标划线机是在(　　　)上工作的。

(A)特殊平台　　　(B)一般平台　　　(C)精密平台　　　(D)精研平台

43. 几何作图时,经常需要用圆弧来光滑连接已知直线。为保证相切,必须准确地作出连接圆弧的(　　　)。

(A)圆心和切点　　(B)圆心　　　　　(C)切点　　　　　(D)切线

44. 金属切削刀具刃部材料的硬度要高于被加工材料的硬度,常温下,其硬度应为(　　　)。

(A)HRC40~50　　(B)HRC50~60　　(C)HRC60 以上　　(D)HRC70 以上

45. 通常夹具的制造误差应是工件在该工序中允许误差的(　　　)。

(A)1~3 倍　　　　(B)1/10~1/100　　(C)3/5~1/5　　　(D)2~3 倍

46. 与机械传动相比较,液压传动具有的优点之一是能(　　)。
(A)实现无级变速　　　　　　　　　(B)实现有级变速
(C)实现无级变速与有级变速　　　　(D)变速更为快捷

47. 起重作业中,吊装绳与垂线间的夹角一般不大于(　　)。
(A)30° 　　　　(B)45° 　　　　(C)60° 　　　　(D)75°

48. 衡量企业设备维修工作好坏的主要指标是(　　)。
(A)设备完好率　　　　　　　　　　(B)设备维修人次多少
(C)设备新旧　　　　　　　　　　　(D)设备利用率

49. 用于制造低速手动工具如锉刀、手用锯条等,选用的刀具材料为(　　)。
(A)合金工具钢　　(B)碳素工具钢　　(C)高速工具钢　　(D)硬质合金钢

50. 采用相对于直径有较长长度的孔进行定位,称为长圆内孔定位,可以消除工件的(　　)自由度。
(A)两个平动　　　　　　　　　　　(B)两个平动两个转动
(C)三个平动一个转动　　　　　　　(D)两个平动一个转动

51. 弯形模的凹模的圆角半径可根据板料的厚度来选取,当厚度 $t>4$ mm 时,$R_{凹}=$(　　)。
(A)2t 　　　　(B)2$t\sim$3t 　　　　(C)3$t\sim$6t 　　　　(D)4$t\sim$7t

52. 均衡生产要求(　　)。
(A)绝对的按要求的季节性安排生产　　(B)按设备的设计能力安排生产
(C)避免时紧时松　　　　　　　　　　(D)绝对平均地安排生产任务

53. 车间内各种起重机、平板车、电瓶车、辊道和输送带等属于(　　)。
(A)生产设备　　(B)辅助设备　　(C)起重运输设备　　(D)运送设备

54. 当一质点沿着等速旋转的圆半径做等速直线运动时,该点所描绘的轨迹称为(　　)。
(A)阿基米德螺旋线　　　　　　　　(B)渐开线
(C)抛物线　　　　　　　　　　　　(D)摆线

55. 按划线基准进行划线时,若发现某些部位的加工余量不够时,应采用(　　)的方法,使各个部位的加工表面都有足够的加工余量。
(A)找正　　　　(B)多次划线　　　　(C)借料　　　　(D)重新选择划线基准

56. 用划针盘、角尺等工具使零件上有关的毛坯表面均处于合适位置的工作,称为(　　)。
(A)划线　　　　(B)找正　　　　(C)借料　　　　(D)定位

57. 弯曲时产生断裂的原因有:弯曲过程中多次折弯,工件材料塑性差,以及(　　)。
(A)弯曲半径超过规定的最大值　　　(B)弯曲前没有加热
(C)弯曲半径与材料厚度的比值太小　(D)材料的硬度过高

58. 材料弯曲后,中间有一层材料既没有伸长也没有缩短,称为中性层,它的位置(　　)。
(A)取决于材料弯曲半径　　　　　　(B)取决于材料弯曲半径和材料厚度的比值
(C)取决于材料的厚度　　　　　　　(D)取决于材料的塑性

59. 直径小于(　　)的管子一般可以冷弯,冷弯管子一般在弯管工具上进行。
(A)12 mm 　　　　(B)30 mm 　　　　(C)50 mm 　　　　(D)70 mm

60. 研具是研磨时决定工件表面几何形状的(　　)。
(A)专用工具　　(B)标准工具　　(C)常用工具　　(D)一般工具

61. 油石的硬度是指( )。

(A)油石磨料的粗细 (B)油石磨料的硬度

(C)油石结合剂的强弱 (D)油石磨料的粒度

62. 珩磨时,油石的硬度应根据工件材料的硬度来选择,工件材料愈硬,选用油石( )。

(A)硬度先软后硬 (B)硬度愈软 (C)硬度愈硬 (D)硬度先硬后软

63. 珩磨时,工件产生腰鼓的原因是( )。

(A)油石在孔两端超越过大 (B)油石在孔中两端超越过小

(C)油石在孔中只有一端超越 (D)油石本身质量不高

64. 研磨各种铜制件时,常用( )作研具。

(A)巴氏合金 (B)灰铸铁 (C)软钢 (D)铝

65. 铆钉铆接后,工件之间有间隙的原因是( )。

(A)铆钉太长,直径太细 (B)工件不平整,板料未夹紧

(C)工件之间有异物 (D)工件结合部不平

66. 焊锡中锡和铅的不同比例决定焊锡的熔化温度,锡的比例越高( )。

(A)焊接的熔点越高 (B)焊接时流动性越差

(C)焊接的熔点越低 (D)焊接时流动性越好

67. 有机粘接剂填料的作用是( ),改善粘接剂的性能。

(A)缩短固化周期,增加固化强度 (B)增加基体材料的韧性和抗冲击强度

(C)降低粘接剂的热膨胀系数和收缩率 (D)缩短固化周期和收缩率

68. 锡焊时,焊缝不牢是由于( )。

(A)烙铁温度太高,表面形成氧化铜 (B)焊锡质量太差,熔化后流动性太差

(C)焊剂选用不当,影响焊缝清洁工作质量 (D)烙铁温度过低,焊缝不干净

69. 焊剂的作用是( ),提高焊锡的流动性,增加焊接强度。

(A)降低焊锡熔化温度 (B)清除焊缝处的金属氧化膜,保护金属不受氧化

(C)保持焊缝清洁 (D)提高焊锡熔化温度

70. 轴颈或壳体孔台阶处的圆弧半径应( )轴承的圆弧半径。

(A)大于 (B)小于 (C)等于 (D)约等于

71. 对高速、高精度的转轴,应进行( )试验。

(A)静不平衡 (B)动平衡 (C)静平衡 (D)动不平衡

72. 阿基米德螺旋线齿背可在( )上加工。

(A)铣床 (B)铲齿车床 (C)刨齿机 (D)铣齿机

73. 衡量刀具材料切削性的主要标志是( )。

(A)硬度 (B)韧性 (C)塑性 (D)红硬性

74. 牌号 YW1 和 YW2 的刀具材料是( )。

(A)高速钢 (B)钨钴钛类硬质合金

(C)合金工具钢 (D)添加稀有金属碳化物合金

75. 夹紧力的作用点要靠近工件的加工表面,夹紧力的作用点尽可能对着( ),以免产生倾翻力矩和夹紧变形。

(A)定位件及作用在定位体组成的平面内 (B)导向件

(C)夹具体　　　　　　　　　　(D)定位体

76. 分度装置中,分度销的轴心线与分度盘的旋转轴平行时,称为(　　)。

(A)径向分度　　(B)轴向分度　　(C)平行分度　　(D)垂直分度

77. 高精度的铲齿刀具热处理后,为保证齿形正确,应用砂轮铲磨(　　)。

(A)前刀面　　　(B)齿背　　　　(C)齿沟　　　　(D)齿槽

78. 对心式直动尖底从动件盘形凸轮机构,欲实现等速运动规律,则对应的凸轮廓线是(　　)。

(A)渐开线　　　(B)摆线　　　　(C)阿基米德螺旋线　(D)双曲线

79. 通常选定精度要求较高的面或主要加工面作为第一划线位置,其目的是(　　)。

(A)工件校正时,比较准确

(B)保证它们有足够的加工余量,加工后便于达到设计要求

(C)便于全面了解和校正,并难免划出大部分的加工线

(D)节省划线时间,提高生产效率

80. 大型工件划线时,为保证工件安置平稳、安全可靠,应选择的安置基面必须是(　　)。

(A)大而平直的面　　　　　　　(B)加工余量大的面

(C)精度要求较高的面　　　　　(D)加工余量小的面

81. 在某些特殊场合,需要操作者进入工件内部划线时,支承工件应采用(　　)。

(A)斜铁　　　　(B)千斤顶　　　(C)方箱　　　　(D)V形架

82. 特大工件要求经过一次吊装、找正就能完成整个工件的划线,则一般采用的划线方法是(　　)。

(A)直接翻转零件法　　　　　　(B)拉线与吊线法

(C)工件移位法　　　　　　　　(D)几何划线法

83. 一次安装在方箱上的工件,通过方箱翻转,可划出(　　)方向的尺寸线。

(A)两个　　　　(B)三个　　　　(C)四个　　　　(D)五个

84. 在毛坯工件上,通过找正后划线可使加工表面与不加工表面之间保持(　　)。

(A)尺寸均匀　　(B)形状均匀　　(C)大小均匀　　(D)形状对称

85. 基本型群钻主要用来钻削(　　)。

(A)铸铁　　　　(B)碳钢　　　　(C)合金工具钢　(D)高速钢

86. 基本群钻磨短横刃后产生内刃,其前角(　　)。

(A)增大　　　　(B)减小　　　　(C)不变　　　　(D)略有减小

87. 基本型群钻上的分屑槽,应磨在一条主切削刃的(　　)段。

(A)外刃　　　　(B)内刃　　　　(C)圆弧刃　　　(D)侧刃

88. 基本型群钻磨有月牙形圆弧刃,刃上各点的前角增大,则切削时阻力(　　)。

(A)增大　　　　(B)减小　　　　(C)不变　　　　(D)略有增大

89. 钻削铸铁的群钻,刃磨时把横刃(　　)。

(A)磨短　　　　(B)磨长　　　　(C)不变　　　　(D)磨尖

90. 钻削纯铜的群钻,为避免钻孔时"梗"入工件,因此刃磨各刃前角(　　)。

(A)要小　　　　(B)要大　　　　(C)不变　　　　(D)要低

91. 钻削铝、铝合金的群钻,除了降低前、后面表面粗糙度和螺旋槽经过抛光处理外,钻削

时采用的切削速度( )。

(A)较低 　　　(B)不变 　　　(C)较高 　　　(D)要低

92. 小孔的钻削,是指小孔的孔径不大于( )。

(A)3 mm 　　　(B)5 mm 　　　(C)7 mm 　　　(D)10 mm

93. 钻削小孔时,由于钻头细小,因此转速应( )。

(A)低 　　　(B)高 　　　(C)不变 　　　(D)稍高一点

94. 孔的深度为孔径( )倍以上的孔称为深孔。

(A)5 　　　(B)7 　　　(C)10 　　　(D)15

95. 钻削相交孔时,一定要注意钻孔顺序:小孔后钻、大孔先钻;短孔后钻、长孔( )。

(A)先钻 　　　(B)后钻 　　　(C)先、后钻均可

96. 钻精密孔时,其表面粗糙度值为( )。

(A)3.2～6.4 μm 　　　　　　(B)0.4～3.2 μm

(C)0.2～0.4 μm 　　　　　　(D)0.4～1.6 μm

97. 当孔的精度要求较高和表面粗糙度值要求较小时,加工中应取( )。

(A)较大的进给量和较小的切削速度 　　　(B)较小的进给量和较大的切削速度

(C)较大的背吃刀量 　　　　　　　　　　(D)较大的进给量

98. 零件被测表面与量具或量仪测头不接触,表面间不存在测量力的测量方法,称为( )。

(A)相对测量 　　　(B)间接测量 　　　(C)非接触测量 　　　(D)绝对测量

99. 内、外螺纹千分尺可用来检查内、外螺纹的( )。

(A)大径 　　　(B)中径 　　　(C)小径 　　　(D)单一中径

100. 测量齿轮的公法线长度,常用的量具是( )。

(A)公法线千分尺 　　(B)光学测齿卡尺 　　(C)齿厚游标卡尺 　　(D)杠杆千分尺

101. 量块和角度量块都属于( )。

(A)通用量具 　　　(B)标准量具 　　　(C)非标准量具 　　　(D)一般量具

102. 为保证量块的表面粗糙度要求和光亮度要求,手工研磨量块应采用直线式往复运动,其运动方向应( )于量块的长边。

(A)垂直 　　　(B)交叉 　　　(C)平行 　　　(D)倾斜

103. 用百分表或卡规测量零件外径时,为保证测量精度,可反复多次测量,其测量值应取多次反复测量的( )。

(A)最大值 　　　(B)平均值 　　　(C)最小值 　　　(D)相对值

104. 扭簧比较仪和杠杆齿轮比较仪都属于( )。

(A)标准量具 　　　　　　　　(B)微动螺旋量具

(C)机械指示式量具 　　　　　　(D)游标量具

105. V形钻千分尺是用来测量( )零件外径的特殊测微量具。

(A)奇数等分槽 　　(B)偶数等分槽 　　(C)所有等分槽 　　(D)任意

106. 螺纹量规中的通端工作塞规是检验工件内螺纹的( )。

(A)单一中径 　　　　　　　　(B)作用中径和大径

(C)大径 　　　　　　　　　　(D)小径

107. 螺纹量规中的止端工作塞规具有( )。

(A)完整的外螺纹牙型号　　　　　　　　(B)截短的外螺纹牙型

(C)不完整的外螺纹牙型　　　　　　　　(D)基本完整的外螺纹牙型

108. 螺纹量规中的止端工作环规是检验工件外螺纹的( )。

(A)单一中径　　(B)作用中径和小径　(C)小径　　　　　(D)大径

109. 用量针法测量螺纹中径,以( )法应用最广泛。

(A)三针　　　　(B)两针　　　　　　(C)单针　　　　　(D)四针

110. 用腐蚀法加工样板标记后,要用清水冲去酸液,再放入 35 ℃~40 ℃的质量分数为 5%的( )溶液中浸几分钟,然后再用清水冲洗,并用汽油揩去剩余的沥青漆。

(A)氢氧化钠　　(B)酒精　　　　　　(C)醋酸　　　　　(D)煤油

111. 用手工研磨量块时,将量块( )进行研磨。

(A)直接用手捏住　　　　　　　　　　(B)装夹在滑板上

(C)放入胶木夹具内　　　　　　　　　(D)装在专用夹具上

112. 量块超精研磨前,要用( )对平板进行打磨。

(A)天然油石　　(B)绿色碳化硅　　　(C)人造金刚砂　　(D)氧化铬

113. 螺纹量规的止端只控制螺纹的( )。

(A)螺距误差　　(B)中径误差　　　　(C)牙侧角误差　　(D)小径误差

114. 制造孔径大于 80 mm 的螺纹环规时,其螺纹表面需进行( )加工。

(A)磨削　　　　(B)研磨　　　　　　(C)抛光　　　　　(D)精车

115. 量规经过机械加工和热处理淬火以后,为了在以后使用和存放过程中不引起量规变形,还应安排( )。

(A)回火　　　　　　　　　　　　　　(B)调质

(C)冷处理和时效处理　　　　　　　　(D)退火

116. 用校对样板来检查工作样板常用( )。

(A)覆盖法　　　(B)光隙法　　　　　(C)间接测量　　　(D)综合测量

117. 研磨螺纹环规的研具常用( )制成,其螺纹应经过磨削加工。

(A)低碳钢　　　(B)球墨铸铁　　　　(C)铝　　　　　　(D)铜

118. 普通车刀、键槽拉刀及刨齿刀等刀具都是以( )作为安装基准面的。

(A)外圆柱面　　(B)外圆锥面　　　　(C)平面　　　　　(D)内圆柱面

119. 麻花钻、铰刀等柄式刀具在制造时,必须注意其工作部分与安装基准部分的( )公差要求。

(A)圆柱度　　　(B)同轴度　　　　　(C)垂直度　　　　(D)平行度

120. 在铲齿车床上铲得的齿背曲线为( )。

(A)阿基米德螺旋线　　　　　　　　　(B)抛物线

(C)折线形齿背　　　　　　　　　　　(D)渐开线

121. 丝锥热处理淬火后进行抛槽是为了( )。

(A)刃磨前刀面　(B)清除污垢　　　　(C)修整螺纹牙型　(D)刃磨后刀面

122. 盘形齿轮铣刀是一种( )。

(A)铲齿成形铣刀　(B)光齿成形铣刀　(C)展成刀具　　　(D)专用成形刀具

123. 装配中的修配法适用于( )。

(A)单件或小批生产　　　　　　　　　　(B)中批生产

(C)成批生产　　　　　　　　　　　　　(D)大批大量生产

124. 对于径长比很小的旋转零件($D/b<5$，D 为外径、b 为宽度)，须进行(　　)。

(A)静平衡　　　　(B)动平衡　　　　(C)不用平衡　　　　(D)动、静平衡

125. 在螺纹连接中，拧紧成组螺母时，应(　　)。

(A)任选一个先拧紧　　　　　　　　　(B)中间一个先拧紧

(C)分次逐步拧紧　　　　　　　　　　(D)第一个先拧紧

126. 有键连接中，传递转矩大的是(　　)连接。

(A)平键　　　　(B)花键　　　　(C)楔键　　　　(D)半圆键

127. 圆锥销连接大都是(　　)的连接。

(A)定位　　　　(B)传递动力　　　　(C)增加刚性　　　　(D)增加强度

128. 过盈量较大的过盈连接装配应采用(　　)。

(A)压入法　　　　(B)热胀法　　　　(C)冷缩法　　　　(D)液压套装法

129. 由于整体式向心滑动轴承的轴套与轴承座是采用过盈配合的，因此，即使是大负荷的轴套，装配后(　　)紧定螺钉或定位销固定。

(A)不用　　　　(B)需要　　　　(C)稍微　　　　(D)用力

130. 为了保证装配后滚动轴承与轴颈和壳体孔台肩处紧贴，轴承的圆弧半径应(　　)轴颈或壳体孔台肩处的圆弧半径。

(A)小于　　　　(B)等于　　　　(C)大于　　　　(D)略小于

131. 若滚动轴承内圈与轴是过盈配合、轴承外圈与轴承座孔是间隙配合时，应(　　)。

(A)先将轴承安装在轴上，再一起装入轴承座孔内

(B)先将轴承装入轴承座孔内，再将轴装入轴承内

(C)将轴承与轴同时安装

(D)轴承与轴可以任意安装

132. 若轴承内、外圈装配的松紧程度相同，安装时作用力应加在轴承的(　　)。

(A)内圈　　　　(B)外圈　　　　(C)内、外圈　　　　(D)均可

133. 推力球轴承中有紧圈和松圈，装配时紧圈应紧靠在转动零件的端面上，(　　)应靠在静止零件的平面上。

(A)紧圈　　　　(B)松圈　　　　(C)滚珠　　　　(D)滚针

134. 滚动轴承在运转过程中出现低频连续音响，这是由于(　　)引起的。

(A)游隙太小　　　　　　　　　　　　(B)滚道伤痕、缺陷

(C)安装误差　　　　　　　　　　　　(D)游隙太大

135. 当旋转轴在起动和停机时出现共振现象，这是由于(　　)引起的。

(A)游隙过大　　　　　　　　　　　　(B)机械变形

(C)轴的临界转速太低　　　　　　　　(D)游隙过小

136. V 带在带轮中安装后，V 带外表面应(　　)。

(A)凸出槽面　　　　(B)落入槽底　　　　(C)与轮槽齐平　　　　(D)低于槽面

137. 为了减小机械的振动，用多条传动带传动时，要尽量使传动带长度(　　)。

(A)有伸缩性　　　　(B)不等　　　　(C)相等　　　　(D)有韧性

138. 为了提高螺旋传动机构中丝杠的传动精度和定位精度,必须认真调整丝杠副的( )。

(A)配合精度　　(B)公差范围　　(C)表面粗糙度　　(D)装配精度

139. 渐开线圆柱齿轮副接触斑点出现不规则接触时,时好时差,这是由于( )引起的。

(A)中心距偏大　　　　　　　　(B)齿圈径向跳动时较大

(C)两面齿向误差不一致　　　　(D)中心距偏小

140. 渐开线圆柱齿轮副接触斑点出现鳞状接触,这是由于( )引起的。

(A)齿面波纹　　　　　　　　　(B)中心距偏小

(C)齿轮副轴线平行度误差　　　(D)中心距偏大

141. 直齿锥齿轮副接触斑点出现同向偏接触,这是由于( )引起的。

(A)小齿轮轴向位置误差　　　　(B)齿轮副轴线交角太大(或太小)

(C)齿轮副轴线偏移　　　　　　(D)齿轮副轴线位置误差

142. 在蜗杆传动机构中,通常是以蜗杆作为( )。

(A)主动件　　(B)从动件　　(C)中介机构　　(D)辅助件

143. 蜗杆传动机构中,蜗杆的轴心线与蜗轮的轴心线在空间( )。

(A)平行　　(B)相交成 45°　　(C)交错成 90°　　(D)不相交不平行

144. 蜗杆传动机构中,如果蜗轮齿面上的接触斑点位于中部稍偏于蜗杆的( )方向,则其接触斑点位置是正确的。

(A)左面　　(B)旋出　　(C)旋进　　(D)右面

145. 冲压后使材料以封闭的轮廓分离得到平整的零件的模具为( )。

(A)落料模　　(B)切断模　　(C)切口模　　(D)拉伸模

146. 将毛坯得到任意形状的空心零件,或将其形状及尺寸作进一步的改变而不引起料厚改变的模具称为( )。

(A)拉深模　　(B)压弯模　　(C)剖截模　　(D)切断模

147. 将加热到一定温度的金属坯料,在锻锤或压力机的作用下锻成一定形状和尺寸的模具,称为( )。

(A)压铸模　　(B)锻模　　(C)塑料模　　(D)成形模

148. 压边圈能预防板料在拉深过程中产生( )现象。

(A)起皱　　(B)变形　　(C)振动　　(D)上翻

149. 冲裁模的凸模、凹模配合间隙不合理,将导致制件( )。

(A)有毛刺　　(B)制作不平　　(C)卸料不正常　　(D)不规则

150. 锻模的导向基准是( )。

(A)钳口　　(B)锁扣　　(C)模槽　　(D)导套

151. 将材料以敞开的轮廓分离开得到平整的零件,称为( )。

(A)落料模　　(B)切断模　　(C)成形模　　(D)切口模

152. 将材料以敞开的轮廓部分地分离开,而不将两部分完全分离,称为( )。

(A)切断模　　(B)剖截模　　(C)切口模　　(D)落料模

153. 将平的、弯的或空心的毛坯分成两部分或几部分,称为( )。

(A)切断模　　(B)落料模　　(C)剖截模　　(D)成形模

154. 将平件边缘预留的加工留量去掉,求得准确的尺寸、尖的边缘和光滑垂直的剪裂面,称为(　　)。

(A)整修模 　　(B)修边模 　　(C)切口模 　　(D)切断模

155. 将平毛坯的一部分与另一部分相对转个角度变成曲线形的零件,称为(　　)。

(A)压弯模 　　(B)扭弯模 　　(C)拉延模 　　(D)剖截模

156. 采用材料局部拉深的办法形成局部凸起和凹进,称为(　　)。

(A)拉深模 　　(B)拉延模 　　(C)成形模 　　(D)压弯模

157. 将空心件或管状毛坯从里面用径向拉深的方法加以扩张,称为(　　)。

(A)拉延模 　　(B)胀形模 　　(C)拉深模 　　(D)扭弯模

158. 将原先压弯或拉深的零件压成正确的形状,称为(　　)。

(A)整形模 　　(B)整修模 　　(C)修边模 　　(D)切口模

159. 采用将金属塑性冲挤到凸模及凹模之间的间隙内的方法,使厚的毛坯转变为薄壁空心的零件,称为(　　)。

(A)冷挤模 　　(B)冷镦模 　　(C)成形模 　　(D)切断模

160. 材料进入模具后能在同一位置上经一次冲压即可完成两个以上工序的模具,称为(　　)。

(A)连续模 　　(B)复合模 　　(C)拉深模 　　(D)成形模

161. 有间隙落料模的凹、凸模,其尺寸的特点是(　　)。

(A)制件尺寸等于凹模尺寸

(B)制件尺寸等于凸模尺寸

(C)制件尺寸等于凹模尺寸,也等于凸模尺寸

(D)制件尺寸既不等于凸模尺寸,也不等于凹模尺寸

162. 无间隙冲裁模的凹、凸模,其尺寸的特点是(　　)。

(A)制件尺寸等于凹模尺寸

(B)制件尺寸等于凸模尺寸

(C)制件尺寸等于凸模尺寸,也等于凹模尺寸

(D)制件尺寸既不等于凸模尺寸,也不等于凹模尺寸

163. 有间隙的冲孔模选择凹、凸模的配合加工顺序为(　　)。

(A)加工好凹模,按凹模来精加凸模,保证规定的间隙

(B)加工好凸模,按凸模来精加工凹模

(C)任意先加工凸模或凹模,再精加工凸模或凹模

(D)先精加工凹模,再精加工凸模

164. 无间隙的冲裁模选择凹、凸模的配合加工顺序为(　　)。

(A)加工好凹模,按凹模来精加工凸模

(B)加工好凸模,按凸模来精加工凹模

(C)任意先加工凸模或凹模,再精加工凸模或凹模

(D)先精加工凹模,再精加工凸模

165. 冲裁模试冲时出现送料不畅通或料被卡死的原因是(　　)。

(A)两导料板之间的尺寸过小或有斜度 　　(B)凸模、导柱配合安装不垂直

(C)凹模有倒锥度　　　　　　　　　(D)凸模有倒锥度

166. 冲裁模试冲时出现卸料不正常的原因是(　　　)。

(A)凸模、导柱配合安装不垂直

(B)卸料板与凸模配合过紧,或因卸料板倾斜而卡紧

(C)落料凸模上导正钉尺寸过小

(D)凹模有倒锥度

167. 冲裁模试冲时出现制件不平,其原因是(　　　)。

(A)配合间隙过大或过小　　　　　　(B)凹模有倒锥度

(C)侧刃定距不准　　　　　　　　　(D)配合间隙不均匀

168. 轴向分度盘的特点是所有分度孔均分布在端面的(　　　)上。

(A)不同圆周　　　(B)同一圆周　　　(C)同一直线　　　(D)同一侧

169. 径向分度盘的特点是分度槽分布在分度盘的(　　　)。

(A)端面　　　　　(B)外圆柱面　　　(C)端面与外圆柱面　(D)同一侧面

170. 轴向分度盘上用的分度销是(　　　)。

(A)圆柱形　　　　(B)圆锥形　　　　(C)斜楔形　　　　(D)菱形

171. 夹具上与零件加工尺寸有关的尺寸公差可取零件图相应尺寸公差的(　　　)。

(A)1/2　　　　　(B)1/5～1/3　　　(C)1/10　　　　　(D)1/4～1/3

172. 在分度盘直径相同的情况下,径向分度比轴向分度的精度(　　　)。

(A)要低　　　　　(B)相等　　　　　(C)要高　　　　　(D)略高

173. 加工孔距精度要求高的钻模板,常采用(　　　)。

(A)精密划线加工法　　　　　　　　(B)量套找正加工法

(C)精密划线加工法和量套找正加工法　　(D)精加工法

174. 夹具装配完毕后再进行一次复检,复检就是(　　　)。

(A)对工件进行检验　　　　　　　　(B)对夹具再进行一次检测

(C)对工件和夹具同时检验　　　　　(D)对夹具进行精密测量

175. 在对径向分度槽进行修配时,应先修(　　　)。

(A)平侧面　　　　　　　　　　　　(B)斜侧面

(C)平侧面或斜侧面　　　　　　　　(D)斜侧面再修平侧面

176. 组合夹具各类元件之间的配合均采用(　　　)。

(A)过盈配合　　　(B)过渡配合　　　(C)无过盈配合　　(D)无间隙配合

177. 组合夹具各类元件之间都采用(　　　)连接。

(A)粘接　　　　　(B)螺栓和键　　　(C)粘接、螺栓与键　(D)粘接和螺栓

178. 组合夹具各类元件之间的相互位置(　　　)调整。

(A)可以　　　　　(B)不可以　　　　(C)部分可以　　　(D)部分不可以

179. 刀具材料的硬度必须(　　　)工件材料的硬度,才能从工件上切下切屑。

(A)低于　　　　　(B)等于　　　　　(C)高于　　　　　(D)略高于

三、多项选择题

1. 工具钳工遇有焊接作业,应(　　　)。

(A)远离焊接作业场地　　　　　　　　(B)积极参与焊工操作

(C)尽量避免与焊工接触　　　　　　　(D)防止电弧直接辐射眼睛

(E)配合焊工作业　　　　　　　　　　(F)协助焊工做力所能及的工作

2. 工具钳工若需协助焊工工作时,须穿戴好( )等焊工防护用品。

(A)安全带　　　　　　　(B)安全帽　　　　　　　(C)绝缘手套

(D)绝缘鞋　　　　　　　(E)面罩　　　　　　　　(F)防护服

3. 常见的剪板机有( )。

(A)手掀式　　　　　　　(B)双盘式　　　　　　　(C)龙门式

(D)三盘式　　　　　　　(E)自动式

4. 使用剪板机剪切时,不许过载或剪切有( )等缺陷的板料。

(A)硬疤　　　　　　　　(B)夹渣　　　　　　　　(C)软带

(D)气孔　　　　　　　　(E)焊缝　　　　　　　　(F)裂缝

5. 精密平口钳是高精度机用平口钳,适于在( )上使用。

(A)立式铣床　　　　　　(B)立式钻床　　　　　　(C)平面磨床

(D)坐标镗床　　　　　　(E)弓锯床　　　　　　　(F)摇臂钻床

6. 精密平口钳的几何精度高,能完成具有( )等要求的零件加工。

(A)表面粗糙度　　　　　(B)尺寸精度　　　　　　(C)平行度

(D)平面度　　　　　　　(E)垂直度　　　　　　　(F)直线度

7. 正弦平口钳由( )组合而成,是一种高精度的可倾式平口钳。

(A)正弦规　　　　　　　(B) 正弦尺　　　　　　　(C)刀口形直尺

(D)平口钳　　　　　　　(E)机床用平口虎钳　　　(F)压板

8. 使用精密平口钳前,应先校正定位基准面对地面的( )。

(A)平行度　　　　　　　(B)垂直度　　　　　　　(C)相交度

(D)正交度　　　　　　　(E)位移度　　　　　　　(F)对称度

9. 正弦规是利用三角函数的正弦关系,测量工件( )的精密量具。

(A)圆度　　　　　　　　(B)圆柱度　　　　　　　(C)角度

(D)锥度　　　　　　　　(E)同轴度　　　　　　　(F)对称度

10. 正弦规是由( )等零件组成的。

(A)工作台　　　　　　　(B)精密圆柱　　　　　　(C)量块组

(D)侧挡板　　　　　　　(E)挡板　　　　　　　　(F)测微仪

11. 正弦规进行测量时,应与( )组合在一起使用。

(A)刀口形直尺　　　　　(B)直尺　　　　　　　　(C)角度尺

(D)平板　　　　　　　　(E)量块　　　　　　　　(F)测微仪

12. 在使用正弦规前,要检查各测量面的外观是否有( )等缺陷。

(A)变形　　　　　　　　(B)碰伤　　　　　　　　(C)锈蚀

(D)失效　　　　　　　　(E)破损　　　　　　　　(F)缺件

13. 水平仪是设备( )的重要精密量具。

(A)安装　　　　　　　　(B)就位　　　　　　　　(C)调试

(D)负荷试验　　　　　　(E)精度检验　　　　　　(F)空运转检验

14. 水平仪是一种测量小角度的量具,主要用于检验(　　　)。

(A)两平面间的角度误差　　　　　　　(B)平面对水平面的位置偏差

(C)两相交轴线的角度误差　　　　　　(D)平面对铅垂面的位置偏差

(E)圆锥面的锥角误差　　　　　　　　(F)斜面的斜度误差

15. 水平仪的水准器是一个密封的玻璃管,管内装有(　　　)等液体。

(A)乙醚　　　　　　　(B)丙酮　　　　　　　(C)酒精

(D)汽油　　　　　　　(E)煤油　　　　　　　(F)纯净水

16. 在测量过程中,应将水平仪放置在(　　　)的地方。

(A)恒温　　　　　　　(B)恒湿　　　　　　　(C)平坦

(D)稳定　　　　　　　(E)可靠　　　　　　　(F)安全

17. 在机械行业中,(　　　)都会用到装配图。

(A)组装机器　　　　　　(B)检验机器　　　　　　(C)使用机器

(D)维修机器　　　　　　(E)技术交流　　　　　　(F)技术革新

18. 技术工人从装配图中可以了解装配体的(　　　)。

(A)名称　　　　　　　(B)用途　　　　　　　(C)性能

(D)质量　　　　　　　(E)结构　　　　　　　(F)工作原理

19. 装配图表明了零件之间的(　　　)。

(A)尺寸要求　　　　　　(B)装配关系　　　　　　(C)相对位置

(D)连接方式　　　　　　(E)性能要求　　　　　　(F)装、拆先后顺序

20. 从装配图的明细栏和序号栏中可知零件的(　　　)。

(A)性能　　　　　　　(B)用途　　　　　　　(C)数量

(D)种类　　　　　　　(E)组成情况　　　　　　(F)复杂程度

21. 从装配图的(　　　)中可知该部件的结构特点和大小。

(A)视图位置　　　　　　(B)视图配置　　　　　　(C)标注的尺寸

(D)标准的公差　　　　　(E)技术要求　　　　　　(F)视图的选择

22. 利用装配图特有的表达方法和投影关系,将零件的投影从重叠的视图中分离出来,从而读懂零件的(　　　)。

(A)连接方式　　　　　　(B)复杂程度　　　　　　(C)基本结构形状

(D)基本结构特点　　　　(E)作用　　　　　　　　(F)尺寸大小

23. 装配图中标有必要的尺寸,包括(　　　)。

(A)特征尺寸　　　　　　(B)安装尺寸　　　　　　(C)装配尺寸

(D)外形尺寸　　　　　　(E)极限尺寸　　　　　　(F)最大尺寸

24. 冷冲模的俯视图一般表达了(　　　),同时也表达了模架的形状。

(A)凹模的周边轮廓　　　　　　　　　(B)制件的形状

(C)条料的送料方向　　　　　　　　　(D)条料的定距方式

(E)卸料装置的结构　　　　　　　　　(F)上、下模的配合关系

25. 注射模的俯视图一般用以表达(　　　)。

(A)整个定模板上制件的形状位置　　　(B)斜导柱的分配情况

(C)合模时,斜楔压迫返位连杆机构状态　(D)导柱、螺钉、销钉的位置

(E)顶板连同顶杆位置　　　　　　　　　(F)整个模板的外形尺寸

26.(　　)是工艺装备常用的表面镀铬工艺。

(A)镀铜-镍-铬　　　　　　　(B)镀镍-铬　　　　　　　(C)镀铜-铬

(D)装饰性镀铬　　　　　　　(E)耐磨性镀铬　　　　　　(F)修复性镀铬

27. 在对零件进行镀铬或镀锌时,要进行(　　)等一系列的镀前零件处理工艺。

(A)去毛刺

(B)用有机或无机溶剂除去工件表面的油污、锈迹

(C)水洗　　　　　　　　　　(D)腐蚀除锈

(E)电化学脱脂　　　　　　　(F)活化金属表面

28. 电火花线切割加工常用于(　　)的加工,能准确地加工出各种形状复杂的平面图形。

(A)难加工件　　　　　　　　(B)试制的新产品　　　　　(C)复杂工件

(D)精密零件　　　　　　　　(E)冲压模具零件　　　　　(F)锻模型腔

29. 钻夹头由(　　)等零件组成,可以装夹 ϕ13 mm 以内的直柄钻头。

(A)夹具体　　　　　　　　　(B)夹头套　　　　　　　　(C)钥匙

(D)夹爪　　　　　　　　　　(E)内螺纹圈　　　　　　　(F)锥柄

30. 分度头一般可分为(　　)。

(A)直接分度头　　　　　　　(B)专用分度头　　　　　　(C)万能分度头

(D)机械分度头　　　　　　　(E)数控分度头　　　　　　(F)光学分度头

31. 零件清洗的内容包括(　　)。

(A)去毛刺　　　　　　　　　(B)打磨　　　　　　　　　(C)除锈

(D)去垢　　　　　　　　　　(E)除油　　　　　　　　　(F)脱脂

32. 电磨头属于高速磨削工具,用于在大型工具、夹具、模具的装配、调整中对各种形状复杂的工件进行(　　)。

(A)加工　　　　　　　　　　(B)修配　　　　　　　　　(C)修磨

(D)修整　　　　　　　　　　(E)珩磨　　　　　　　　　(F)抛光

33. 用电磨头可修磨各种(　　)的成型面。

(A)上模　　　　　　　　　　(B)下模　　　　　　　　　(C)凸模

(D)凹模　　　　　　　　　　(E)外模　　　　　　　　　(F)内模

34. 用电剪刀剪切后的板材,具有的优点有(　　)。

(A)板面平整　　　　　　　　(B)变形小　　　　　　　　(C)质量好

(D)尺寸精度高　　　　　　　(E)剪缝整齐　　　　　　　(F)生产效率高

35. 电剪刀的刃口须保持锋利,发现有损坏滞钝现象应及时(　　)。

(A)重磨　　　　　　　　　　(B)修磨　　　　　　　　　(C)修理

(D)调换　　　　　　　　　　(E)更换　　　　　　　　　(F)调整

36. 光学分度头按读数方式可分为(　　)。

(A)物镜式　　　　　　　　　(B)目镜式　　　　　　　　(C)影屏式

(D)视屏式　　　　　　　　　(E)数字式　　　　　　　　(F)模拟式

37. 光学分度头一般由(　　)等部分组成。

(A)头部　　　　　　　　　　(B)尾架　　　　　　　　　(C)底部

(D)读数装置　　　　　　　　(E)传动装置　　　　　　　　(F)锁紧装置

38. 光学平直仪由(　　)组成。

(A)平行光管　　　　　　　　(B)分化板　　　　　　　　(C)物镜

(D)读数目镜　　　　　　　　(E)平面反射镜　　　　　　(F)测微手轮

39. 万能测长仪主要用于测量(　　)。

(A)垂直平面的长度　　　　　(B)平行平面的长度　　　　(C)外球面直径

(D)内球面直径　　　　　　　(E)圆柱面直径　　　　　　(F)圆锥体夹角

40. 万能测长仪可进行(　　)。

(A)直接测量　　　　　　　　(B)间接测量　　　　　　　(C)绝对测量

(D)相对测量　　　　　　　　(E)宏观测量　　　　　　　(F)微观测量

41. 精密计量器具、光学仪器应在(　　)条件下进行测量、储藏。

(A)等温　　　　　　　　　　(B)恒温　　　　　　　　　(C)恒湿

(D)无尘　　　　　　　　　　(E)真空　　　　　　　　　(F)干燥

42. 使用精密计量器具、光学量仪时要防止仪器受(　　)。

(A)冲击　　　　　　　　　　(B)碰撞　　　　　　　　　(C)撞击

(D)压迫　　　　　　　　　　(E)振动　　　　　　　　　(F)推动

43. 光学仪器镜头宜用(　　)掸去灰尘,再用柔软清洁的镜头纸轻轻擦拭干净。

(A)脱脂纱布　　　　　　　　(B)脱脂棉　　　　　　　　(C)绸布

(D)软细毛笔　　　　　　　　(E)麂皮　　　　　　　　　(F)海绵

44. 刃磨标准群钻的(　　)时,各点的前角要接近最大值。

(A)月牙形圆弧刃　　　　　　(B)外直刃　　　　　　　　(C)横刃

(D)钻尖　　　　　　　　　　(E)前刀面　　　　　　　　(F)棱边

45. 修磨标准群钻的横刃宽度要窄些,目的是(　　)。

(A)提高生产效率　　　　　　(B)改善切削性能　　　　　(C)降低温度

(D)改善切削条件　　　　　　(E)提高使用寿命　　　　　(F)减小切削抗力

46. 铸铁材料硬而脆,钻削时产生(　　)切屑。

(A)碎块　　　　　　　　　　(B)条状　　　　　　　　　(C)断裂

(D)带状　　　　　　　　　　(E)粉末　　　　　　　　　(F)粒状

47. 铸铁材料硬而脆,钻削时钻头与工件之间如同研磨剂一样,使钻头的(　　)产生严重磨损。

(A)前刀面　　　　　　　　　(B)后刀面　　　　　　　　(C)切削刃

(D)横刃　　　　　　　　　　(E)棱边转角处　　　　　　(F)钻尖

48. 铸铁群钻的钻芯高度应磨得很小,这样可以保护芯尖不易(　　)。

(A)损坏　　　　　　　　　　(B)磨损　　　　　　　　　(C)断裂

(D)崩坏　　　　　　　　　　(E)磨钝　　　　　　　　　(F)过烧

49. 铸造青铜、黄铜的(　　),工件对切削刃的切削抗力小。

(A)强度低　　　　　　　　　(B)强度高　　　　　　　　(C)硬度低

(D)硬度高　　　　　　　　　(E)组织疏松　　　　　　　(F)组织紧密

50. 钻削黄铜、青铜的群钻刃磨后角要小,刀刃钝一些,钻削时使群钻(　　),避免出现不圆的孔或多角孔。

(A)不崩刃   (B)不扎刀   (C)不振动

(D)不抖动   (E)不啃刀   (F)不偏摆

51. 零件拆卸后,常用( )等有机溶剂清洗。

(A)酒精   (B)丙酮   (C)乙醚

(D)煤油   (E)汽油   (F)轻柴油

52. 用煤油、汽油、轻柴油等脱脂,具有的优点有( )。

(A)不需要特殊设备   (B)操作简单   (C)脱脂效果好

(D)脱脂迅速   (E)成本低   (F)不污染环境

53. 零件既可用合成洗涤剂进行( ),还可用超声波进行清洗。

(A)清洗   (B)浸洗   (C)冲洗

(D)冲刷   (E)洗涤   (F)喷洗

54. 零件脱脂时,常用的方法有( )。

(A)有机溶剂脱脂   (B)金属清洗剂脱脂   (C)碱溶液脱脂

(D)酸溶液脱脂   (E)高温水脱脂   (F)化学脱脂

55. 常用的除锈方法有( )。

(A)力学除锈   (B)机械除锈   (C)物理除锈

(D)化学除锈   (E)电化学除锈   (F)超声波除锈

56. 机械零件在长期使用后,机体内部会存在( )等。

(A)切屑   (B)磨屑   (C)灰尘

(D)杂物   (E)油垢   (F)水垢

57. 清洗零件的清洗液分为( )。

(A)有机溶液   (B)无机溶液   (C)金属清洗液

(D)合成清洗液   (E)化学清洗液   (F)碱性溶液

58. 有机溶剂中的( )等去污、去油能力强,适用于精密零件的清洗。

(A)煤油   (B)柴油   (C)汽油

(D)酒精   (E)丙酮   (F)苯

59. 正弦平口钳安装在金属切削机床上,能完成( )的加工。

(A)圆弧   (B)键槽   (C)角度平面

(D)相交孔   (E)沟槽   (F)平面斜孔

60. 化学清洗液中的合成清洗液对( )具有良好的洗涤能力。

(A)油脂   (B)锈斑   (C)水溶性污垢

(D)油垢   (E)水垢   (F)油污

61. 有一些旋转零部件,如( ),由于材料内部组织密度不均匀、形状不对称或加工误差等原因,旋转时会产生振动。

(A)带轮   (B)凸轮   (C)曲轴

(D)连杆   (E)砂轮   (F)磨头主轴

62. 拼块凹模的强度和精度直接影响整套模具的( )。

(A)使用寿命   (B)使用状况   (C)使用要求

(D)加工精度   (E)生产效率   (F)质量

63. 旋转体的不平衡大致可分为(　　　)。
(A)高速不平衡　　　　　(B)低速不平衡　　　　　(C)径向不平衡
(D)轴向不平衡　　　　　(E)静不平衡　　　　　　(F)动不平衡

64. 消除旋转件上不平衡的工作称为平衡,平衡可分为(　　　)。
(A)高速平衡　　　　　　(B)低速平衡　　　　　　(C)轴向平衡
(D)径向平衡　　　　　　(E)静平衡　　　　　　　(F)动平衡

65. 静平衡所用平衡架的轨道必须(　　　),以减少轨道磨损和平衡的摩擦阻力,提高平衡精度。
(A)光滑　　　　　　　　(B)光洁　　　　　　　　(C)平直
(D)坚硬　　　　　　　　(E)坚实可靠　　　　　　(F)稳固

66. 静平衡试验的方法有(　　　)。
(A)圆柱形轨道试验法　　(B)棱形轨道试验法　　　(C)装平衡杆试验法
(D)装平衡块试验法　　　(E)加重平衡法　　　　　(F)去重平衡法

67. 表示动平衡的平衡精度的方法有很多,常用的有(　　　)表示法。
(A)质心偏心量　　　　　(B)重心偏心距　　　　　(C)剩余不平衡力矩
(D)重心振动速度　　　　(E)剩余不平衡量　　　　(F)重心振动位移

68. 用重心振动速度表示平衡精度是比较严格的,它能把转子的(　　　)影响都反映出来。
(A)质量　　　　　　　　(B)重心位置　　　　　　(C)偏心距
(D)偏心力矩　　　　　　(E)转速　　　　　　　　(F)加速度

69. 为了提高钻模的加工精度,钻模使用前要进行(　　　)。
(A)清洗　　　　　　　　(B)润滑　　　　　　　　(C)调整
(D)修整　　　　　　　　(E)检测　　　　　　　　(F)调试

70. 机器的旋转零部件,由于(　　　)造成旋转过程中重心与旋转中心产生偏移。
(A)材料内部组织密度不均匀　　　　(B)零件形状不对称
(C)零件旋转速度不稳定　　　　　　(D)零件旋转速度太快
(E)转速做周期性变化　　　　　　　(F)加工误差

71. 检验标准锥棒外圆锥的方法很多,主要有(　　　)。
(A)正弦规检验法　　　　(B)万能角度尺检验法　　(C)角度规检验法
(D)精密圆柱检验法　　　(E)光隙检验法　　　　　(F)钢球检验法

72. 拉刀切削刃应锋利,不得有(　　　)。
(A)毛刺　　　　　　　　(B)崩刃　　　　　　　　(C)磨损烧伤
(D)裂纹　　　　　　　　(E)碰伤　　　　　　　　(F)锈蚀

73. 攻螺纹或套螺纹时,丝锥、圆板牙损坏的主要原因为(　　　)。
(A)未及时排屑,容屑槽被堵
(B)底孔过小,套螺纹直径过大或材料过硬
(C)刀具歪斜、崩刃、折断
(D)攻削盲孔时,丝锥到底仍继续进刀,丝锥折断
(E)只进不退,负荷增大,用力过猛,折断刀具
(F)工具磨钝、崩刃或有积屑瘤

74. 方箱上的 V 形槽与侧面的( )可用正弦规和杠杆百分表进行检验。

(A)垂直度 　　　　　　(B)平行度 　　　　　　(C)位置度

(D)对称度 　　　　　　(E)正交度 　　　　　　(F)同轴度

75. 模具装配后,要在正常的生产条件下进行试验,即( )等技术条件要符合生产要求。

(A)试模的设备 　　　　(B)试模的工艺规范 　　(C)试模的形状

(D)试模的材料 　　　　(E)试模的生产效率 　　(F)试模的操作者

76. 试模时要验证该模具所生产的冲件在( )等方面的质量是否符合设计要求。

(A)形状 　　　　　　　(B)厚度 　　　　　　　(C)尺寸精度

(D)毛刺 　　　　　　　(E)飞翅 　　　　　　　(F)生产率

77. 试模时( ),一般要求冲模连续试冲 20～1 000 件。

(A)试模的次数不宜太少 　　　　　(B)试模的次数不宜太多

(C)试模时间不宜太短 　　　　　　(D)试模时间不宜太长

(E)试模的人员不能太少 　　　　　(F)试模的人员不宜太多

78. 压铸模具试模前,试模人员应了解( )。

(A)合金材料的特点 　　(B)压铸特点 　　　　　(C)模具结构

(D)压铸机性能 　　　　(E)压铸条件 　　　　　(F)操作方法

79. 试模人员必须熟悉( )才能正确选择和合理调整各项压铸成型条件。

(A)各项压铸成型条件的作用 　　　(B)各项压铸成型条件的相互关系

(C)模具精度要求 　　　　　　　　(D)模具动作原理

(E)压铸件技术要求 　　　　　　　(F)压铸件形状

80. 工艺装备在( )完成后,检验部门需对产品进行检验。

(A)组装 　　　　　　　(B)部装 　　　　　　　(C)总装

(D)调整 　　　　　　　(E)试验 　　　　　　　(F)调试

81. 检验记录内容一般包括( )。

(A)产品名称 　　　　　(B)型号 　　　　　　　(C)规格

(D)数量 　　　　　　　(E)检验人员 　　　　　(F)检验日期

82. 攻螺纹或套螺纹时,螺纹表面粗糙产生的原因是( )。

(A)刀具表面粗糙,增大摩擦力,切屑不易形成与排除

(B)刀刃前、后角过小

(C)底孔过小,套螺纹直径过大

(D)崩刃或有积屑瘤,未加切削液

(E)没有及时倒转除屑

(F)头锥歪斜,二锥强行校正

83. 如果光学仪器的镜头表面有油污,可以用镜头纸蘸一点( )擦拭。

(A)汽油 　　　　　　　(B)煤油 　　　　　　　(C)酒精

(D)四氯化碳 　　　　　(E)三氯甲烷 　　　　　(F)二甲苯

84. 攻螺纹、套螺纹时,当发现螺纹牙型切坏或歪斜时,可采用( )等方法加以排除及修理。

(A)开始切削时掌握好用力大小,避免歪斜或摇摆

(B)及时倒屑

(C)加工底孔不宜过小

(D)及时冷却

(E)及时修磨刀具,铲除积屑瘤

(F)切削力不可过大、过猛

85. 攻螺纹、套螺纹时,当发现丝锥、圆板牙损坏时,可采取(　　)等方法加以排除及修理。

(A)经常倒屑,避免切屑堵塞　　　　(B)底孔适中,材料不可太硬

(C)切削时要均匀　　　　(D)盲孔切削要量好尺寸,及时退刀

(E)切削力不可过大、过猛　　　　(F)不可使用崩刃刀具

86. 常见的取出折断丝锥的方法有(　　)。

(A)振动法　　　　(B)接杆法　　　　(C)酸蚀法

(D)电火花穿孔法　　　　(E)使用专用工具法　　　　(F)敲击法

87. 钻模经常出现的质量问题主要有(　　)。

(A)工件轴线不垂直或歪斜　　　　(B)孔不在同一轴线上

(C)钻模套随刀具旋转　　　　(D)钻削孔表面粗糙

(E)钻削孔的位置度超差　　　　(F)经常断钻头

88. 若发现用钻模钻孔时工件轴线不垂直或歪斜,主要应从(　　)等方面进行排除及修理。

(A)修正定位基准或定位方式　　　　(B)调整钻模套筒垂直度

(C)调整装配间隙或修正定位基准　　　　(D)调整夹紧力的方向

(E)保证定位销与夹具体平行或垂直　　　　(F)修整毛刺,及时清扫铁屑

89. 若发现钻模钻孔时孔不在同一轴线上,主要应从(　　)等方面进行排除及修理。

(A)调整装配间隙　　　　(B)修正定位基准

(C)调整夹紧力　　　　(D)调整偏心夹紧机构位置

(E)调整偏心轮与夹具体平行

(F)修整 $\phi14$ mm 圆柱销与定位销的垂直度误差

90. 对于已经用过的旧模具,如再次使用,要检查(　　)。

(A)用了多长时间　　　　(B)模具整体性能

(C)各构件是否完好无损　　　　(D)模具新旧程度

(E)能否继续直接用于生产　　　　(F)是否要进行修理和维护

91. 冲模装配后,要通过试冲对(　　)进行综合考察与检验。

(A)模具　　　　(B)设备　　　　(C)工具

(D)样件　　　　(E)制件　　　　(F)工作性能

92. 模具试冲时发现内孔与外形位置偏移,其产生的原因主要是(　　)。

(A)挡料销位置不正确　　　　(B)导正销过小

(C)侧刃定距不准　　　　(D)导正销大于孔径

(E)导正销定位不准确　　　　(F)导柱与导套间隙过大

93. 模具试冲时发现孔口破裂或制件变形,其产生的原因主要有( )。

(A)挡料销位置不正确　　　　　　　(B)导正销过小

(C)侧刃定距不准　　　　　　　　　(D)导正销大于孔径

(E)导正销定位不准确　　　　　　　(F)导柱与导套间隙过大

94. 模具试冲时发现工件扭曲,其产生的原因主要是( )。

(A)挡料销位置不正确　　　　　　　(B)导正销过小

(C)侧刃定位不准　　　　　　　　　(D)导正销大于孔径

(E)材料内部张力　　　　　　　　　(F)顶出制件时作用力不均匀

95. 模具试冲时,若发现孔口破裂或制件变形,其解决的方法主要有( )。

(A)修正挡料销　　　　　　　　　　(B)修正导正销

(C)修正侧刃　　　　　　　　　　　(D)纠正定位误差

(E)改变排样或对材料进行正火处理　(F)修整凹模

96. 模具试冲时,若发现啃口,其产生的原因主要是( )。

(A)导正销大于孔径　　　　　　　　(B)导正销定位不正确

(C)导柱与导套间隙过大　　　　　　(D)推杆块上的孔不垂直,迫使凸模位移

(E)凸模或导柱安装不垂直　　　　　(F)平行度误差积累

97. 模具试冲时发现卸料不正常,其产生的原因主要有( )。

(A)卸料板与凸模配合过紧,卸料板倾斜或其他卸料件装配不当

(B)弹簧或橡皮弹力不足　　　(C)凹模落料孔与下模座漏料孔没有对正

(D)凹模没有倒锥,造成制件堵塞　　(E)导正销定位不正确

(F)顶出制件时作用力不均匀

98. 模具试冲时发现送料不畅通或料被卡死,其产生的主要原因为( )。

(A)挡料销位置不正确　　　　　　　(B)导正销过小

(C)侧刃定距不准　　　　　　　　　(D)两导料板之间尺寸过小或有斜度

(E)凸模与卸料板之间的间隙过大,使搭边翻转

(F)导料板的工作面与侧刃不平行,或侧刃与侧刃挡块不密合,使条料形成毛刺

99. 当模具试冲发现啃口时,其解决的方法主要有( )。

(A)修正导正销　　　　　　　　　　(B)纠正定位误差

(C)返修或更换导柱、导套　　　　　(D)返修或更换推件块

(E)重新装配,保证垂直度要求　　　(F)重新修磨、装配

100. 模具试冲时,若发现卸料不正常,其解决的方法主要有( )。

(A)修整卸料件,重新调整得当　　　(B)更换弹簧或橡皮

(C)修整漏料孔　　　　　　　　　　(D)修整凹模

(E)改变排料或对材料进行正火处理　(F)调整模具,使顶板工作正常

101. 模具试冲时发现送料不畅通或料板卡死,其解决的方法主要有( )。

(A)修正挡料销　　　　　　　　　　(B)更换导正销

(C)修正侧刃　　　　　　　　　　　(D)重新或重修导料板

(E)调整凸模与卸料板之间的距离　　(F)修整侧刃与侧刃挡块

102. 注塑模具使用时的正常损坏大致有( )等情况。

(A)型芯或导向柱碰弯

(B)型腔局部损坏,但大部分仍是好的

(C)分型面不严密,以致溢边太厚,影响制作质量

(D)嵌件没放稳就合模,致使模具打缺

(E)当制件脱不下时用锤子重力敲击而使型芯弯曲

(F)注塑模具长期使用到了整套模具报废期

103. 注塑模具非正常损坏大多数是由于操作不当所致,例如( )。

(A)型芯或导向柱碰弯

(B)型腔局部损坏,但大部分仍是好的

(C)分型面不严密,以致溢边太厚,影响制作质量

(D)嵌件没放稳就合模,致使模具打缺

(E)当制件脱不下时,用锤子重力敲击而使型芯弯曲

(F)注塑模具长期使用而报废

104. 在修模之前,应研究模具图样,以了解模具的( )。

(A)结构   (B)材料   (C)热处理状态

(D)制造精度   (E)尺寸规格   (F)使用要求

105. 电加工型腔表面留有的淬硬层和加工表面应力应及时清除,否则模具在使用过程中易产生( )。

(A)断裂   (B)折断   (C)龟裂

(D)点蚀   (E)开裂   (F)锈蚀

106. 工具钳工可能会遇到一些不适宜的工作条件,如在( )等条件下作业,此时应采取必要的措施加以防护。

(A)高温   (B)低温   (C)潮湿

(D)振动   (E)噪声   (F)高处

107. 精密平口钳几何精度较高,它的定位基准和两个垂直夹紧面均有( )。

(A)较高的形状精度   (B)较高的位置精度

(C)较高的尺寸精度   (D)较高的表面硬度

(E)较低的表面粗糙度值   (F)较高的材料强度

108. 正弦平口钳( ),可用于加工精度高的具有角度的工件。

(A)结构简单   (B)性能稳定   (C)动作灵活

(D)夹持可靠   (E)操作简单   (F)价格便宜

109. 正弦规是一种精密量具,正确的维护保养对( )是十分重要的。

(A)保持量具精度   (B)提高测量精度   (C)提高工作效率

(D)延长使用寿命   (E)减小测量误差   (F)提高检测精度

110. 水平仪按其结构可分为( )。

(A)建工水平仪   (B)条式水平仪   (C)水准仪

(D)框式水平仪   (E)水平尺   (F)光学合像水平仪

111. 从装配图标题栏中可了解到装配体的( )。

(A)名称   (B)性能   (C)用途

(D)结构　　　　　　　　　　(E)数量　　　　　　　　　　(F)种类

112. 利用装配图特有的(　　　),就可分析零件,读懂零件的结构形状。

(A)作图方式　　　　　　　(B)表达方法　　　　　　　(C)视图关系

(D)投影关系　　　　　　　(E)尺寸关系　　　　　　　(F)绘图特点

113. 简单压铸模装配图的主视图主要表达(　　　)。

(A)各零件的装配关系　　　　　　　(B)分型面的形状

(C)浇注系统的设置　　　　　　　　(D)推出结构的推出形式

(E)构成型腔的动、定模结构　　　　(F)动模镶块的形状

114. 用电剪刀剪切的板料表面的(　　　)等杂物必须清除后才能剪切。

(A)硬疤　　　　　　　　　(B)气孔　　　　　　　　　(C)焊渣

(D)飞翅　　　　　　　　　(E)毛刺　　　　　　　　　(F)裂缝

115. 万能测长仪若配有附件,则可测量(　　　)。

(A)平行平面间的尺寸　　　(B)内孔直径　　　　　　　(C)螺纹中径

(D)螺距　　　　　　　　　(E)螺纹半角　　　　　　　(F)齿距

116. 钻削铸铁时,切屑在钻头的(　　　)和工件之间如同研磨剂一样产生剧烈的磨损。

(A)钻尖　　　　　　　　　(B)横刃　　　　　　　　　(C)前刀面

(D)后刀面　　　　　　　　(E)棱边　　　　　　　　　(F)月牙形圆弧刃

117. 对于一些贵重仪表、光学零件,用(　　　)等有机溶剂进行清洗效果更好。

(A)酒精　　　　　　　　　(B)丙酮　　　　　　　　　(C)乙醚

(D)煤油　　　　　　　　　(E)汽油　　　　　　　　　(F)轻柴油

118. 机械除锈是用(　　　)等方法清除零件表面的锈蚀。

(A)钢丝刷　　　　　　　　(B)刮刀　　　　　　　　　(C)砂布

(D)电动砂轮　　　　　　　(E)电动钢丝轮　　　　　　(F)喷砂

119. 有机溶剂中的煤油和柴油与汽油相比(　　　),但使用安全。

(A)洗涤效果好　　　　　　(B)洗涤能力较弱　　　　　(C)零件表面干燥快

(D)零件表面干燥较慢　　　(E)价格较贵　　　　　　　(F)去油能力弱

120. 在零件清洗后,对于一些碱性溶液,使用完应注意(　　　),以免造成环境污染。

(A)储存　　　　　　　　　(B)过滤　　　　　　　　　(C)中和

(D)回收　　　　　　　　　(E)稀释　　　　　　　　　(F)净化处理

121. 静平衡可在装有(　　　)轨道的平衡架上测定偏重的大小和方向。

(A)圆柱形　　　　　　　　(B)窄平面形　　　　　　　(C)宽平面形

(D)三角形　　　　　　　　(E)棱形　　　　　　　　　(F)矩形

122. 动平衡是在动平衡机上进行的,动平衡机有(　　　)等。

(A)框架式动平衡机　　　　(B)龙门式动平衡机　　　　(C)落地式动平衡机

(D)弹性支架平衡机　　　　(E)电子平衡机　　　　　　(F)动平衡仪

123. 拼块冲裁模的装配是冷冲模加工制造的关键工序,其装配质量的好坏直接影响到
(　　　)。

(A)制件质量的优劣　　　　(B)冲模技术状态　　　　　(C)冲裁生产效率

(D)模具故障频率　　　　　(E)冲模的使用效果　　　　(F)冲模的使用寿命

124. 用专用压力机将导柱、导套压入拼块冲裁模上下模板,要求达到( )。

(A)松紧合适   (B)导向良好   (C)滑动自如

(D)紧固牢靠   (E)上下模板平行   (F)组件外形一致

125. 试模时要验证模具在( )方面是否正常可靠,能否进行生产性使用。

(A)卸料   (B)定位   (C)顶出件

(D)排废料   (E)送出料   (F)安全生产

四、判 断 题

1. 先测量与被测量有一定函数关系的其他量,再根据测量结果算出被测量的数值,称为相对测量。( )

2. 形位公差的作用是控制零件上各要素的形状及其相互间的方向或位置的加工程度,以保证零件的装配互换性和使用性能。( )

3. 中心要素在实际零件上是具体存在的形体,它能反映出零件的实际功能作用。( )

4. 用研点法测量平面度误差时,不能测出具体的误差值。( )

5. 测量具有偶数棱的内、外旋转表面的圆度误差,宜用三点法。( )

6. 测量圆柱度误差时,一般是取最大读数与最小读数的差值之半的最大的截面值为该圆柱面的圆柱度误差。( )

7. 齿轮的综合测量与齿轮的使用条件相似,测量方法合理,常用于批量生产,以判断齿轮各项精度是否符合设计要求。( )

8. 用公法线千分尺测量齿轮的公法线长度时,应尽可能使测头的中部与被测件的齿面接触,以避免因测头边缘有塌边或磨损而影响测量精度。( )

9. 用样板比较法测量零件表面粗糙度时,为了得到比较正确的测量结果,所用的样板在形状、加工方法和使用的材料上,都应尽可能与被测件相同。( )

10. 用测微法测量平面度时,在调整被测表面与平板平行的方法中,三点法比对角线法方便且反映数值较精确。( )

11. 测量全跳动误差,是零件被测实际要素在绕基准轴线做无轴向移动回转的同时,百分表沿理想母线连续移动,在给定方向上测得的最大与最小读数之差。( )

12. 圆度不能控制零件的圆锥面的形状误差。( )

13. 测量不同齿槽的 V 形砧千分尺,由于被测量零件的齿槽在圆周上是均匀分布的,因此其测量面间的夹角是不同的。( )

14. 杠杆齿轮式比较仪的灵敏度较高,因此适用于绝对测量法进行精密测量。( )

15. 三角形角度量块具有三个工作角度,其大小为 $10°\sim79°$;四边形角度量块具有四个工作角度,其大小为 $80°\sim100°$。( )

16. 在组合角度量块时,其选配的原则是块数越多越好,并且每选一块至少要加上一位分秒数。( )

17. 针描法是利用电动轮廓仪的触针直接在零件被测表面上轻轻划过,从而直接测出表面上粗糙度值。( )

18. 对材质很软、厚度很薄的有色金属材料,可用抽条按顺序打板面或用平整的木块在平板上压推板料的平面,使其达到平整。( )

19. 弯形时,如材料厚度不变,则弯曲半径愈大,变形愈小。( )

20. 对各种弯形的棒料和宽度方向上弯曲的条料,用压力机矫正时有意压过头一些,是为了消除因弹性变形所产生的回翘。( )

21. 材料弯形时,弯曲部分由于受到拉伸或压缩而产生变形,其断面面积也发生变化。( )

22. 矫正过程中,由于锤击时锤子歪斜,使锤的边缘和材料接触,就会产生材料断裂的缺陷。( )

23. 圆柱形弹簧盘好以后,盘绕力消除,在钢丝本身的弹性应力作用下,弹簧的直径会随之增大,而圈距和长度则随之缩短。( )

24. 弯管时,如果弯曲半径超过了规定的最小值,就可能使管子产生瘪痕或焊缝裂开。( )

25. 特形工件和一些多坐标尺寸的工件,采用三坐标划线机划线,提高了划线效率,但并没有提高划线精度。( )

26. 直角棱镜、五角棱镜和半五角棱镜都是用于改变光线方向的。( )

27. 如物在凹透镜的主点到无穷远之间,像在主点到焦点之间,成缩小的正立实像。( )

28. 齿距测量中较广泛地应用相对测量法。( )

29. 投影仪的光学系统中,半透膜反射镜只有在作反射照明或透射、反射同时照明时才装上;当作透射照明时应将其拆下,以免带来不必要的光能损失。( )

30. 多齿分度台由于对每一个齿盘来说,齿与齿之间的分度精度不高,但是当两齿盘啮合后,都可获得远高于单个齿盘的分度精度,所以多齿分度具有高的分度精度。( )

31. 单盘式渐开线检查仪由于每测量一种齿轮都要相应地更换一种基圆盘,因此对大批量生产不适用。( )

32. 在万能工具显微镜上用螺纹轮廓目镜测量时,最清晰的螺纹断面只有在显微镜轴线不垂直于被测零件轴线而与之成一螺旋升角时才能得到。( )

33. 用影像法测量螺纹中径时,先将被测螺纹的工件装夹好,按螺纹中径选择合适的照明光阑直径。在调整显微镜焦距后,必须把主柱倾斜一个螺旋升角。( )

34. 万能渐开线检查仪的固定基圆盘通过杠杆机构的放大或缩小,可以产生在其范围内的任意基圆。( )

35. 基准位移误差的数值是,一批工件的定位基准在加工要求方向上,相对于定位元件的起始基准的最大位移范围。( )

36. 基准不符误差的数值是,一批工件的工序基准在加工要求方向上,相对于定位基准的最大位移范围。( )

37. 夹紧力的方向应有利于减少夹紧作用力,所以夹紧力最好和重力、切削力同向,且垂直于工件和定位基准面。( )

38. 为防止或减少加工时的振动,夹紧力的作用点应适当靠近加工部位,以提高加工部位的刚性。( )

39. 夹具装配前,对精密的元件应彻底清洗,并用压缩空气吹净,要注意元件的干燥和防锈工作。( )

40. 精密夹具在装配前,凡过盈配合、单配、选配的元件,应严格进行复检并打好配套标记。( )

41. 夹具的对定销装配后,只要对定销能插入和拔出分度板的分度孔,就能保证定位精度。( )

42. 在特定的情况下,当用精基准定位、支承钉装配又同时磨平后,基准位置误差可以略去不计。( )

43. 工件的定位基面必须与夹具的夹紧元件紧密接触,才能保证工件定位准确可靠。( )

44. 装配时,尽管有些主要元件存在微小的偏斜或松紧不一、接触不良现象,只要还能保持暂时的精度,就不会影响使用。( )

45. 精密夹具中的定位元件,只要经过严格检验合格后进行装配,就能保证各定位元件间有正确的相对位置精度。( )

46. 切削热来源于切削过程中变形与摩擦所消耗的功。( )

47. 液压传动比机械传动效率来得高。( )

48. 内测千分尺的测量方向及读数方向与外径千分尺相同。( )

49. 丝锥经热处理淬火后,都要在螺纹磨床上磨螺纹,方能使用。( )

50. 滚动轴承装配时,应把标有型号的端面装在可见部位,以便于将来更换。( )

51. 桥式起重机空中运行时,吊具位置不能高于一人的高度。( )

52. 铸件毛坯的形状与零件尺寸较接近,可减少金属的消耗,减少切削加工工作量。( )

53. 生产技术准备周期是从生产技术工作开始到结束为止所经历的总时间。( )

54. 液压系统中各种液压元件存在不同程度的泄漏。( )

55. 当活塞面积一定时,要改变活塞运动速度可采用改变油液压力的方法。( )

56. 设计凸轮时,应使凸轮的最大压力角不超过某一允许值。( )

57. 接触器的主触头用于控制主电路,辅助触头用于控制控制电路。( )

58. 工序在稳定状态下生产出合格品的能力称为工序质量。( )

59. 在工业企业中,设备管理是指对设备的物质运动形态的技术管理。( )

60. 零件的每一尺寸一般只标注一次,并应标注在反映该结构最清晰的图形上。( )

61. 在加工过程中形成的相互有关的封闭尺寸图形,称为工艺尺寸链图。( )

62. 一般在没有加工尺寸要求及位置精度要求的方向上,允许工件存在自由度,所以在此方向上可以不进行定位。( )

63. 松键连接所获得的各种不同配合的性质是靠改变键的极限尺寸来得到的。( )

64. 两齿轮啮合的侧隙与中心距无关。( )

65. 毛坯零件划线找正基准应与设计基准一致。( )

66. 划线可分为找正、借料两大类。( )

67. 锡焊用的焊料叫焊锡,是一种锡铅合金。( )

68. 划线是零件加工过程中的一个重要工序,因此通常能根据划线直接确定零件加工后的尺寸。( )

69. 在进行锯削、锉削、刮削、研磨、钻孔、铰孔等操作前都应划线。( )

70. 大型工件划线时,应选定划线面积较大的位置为第一划线位置,这是因为在校正工件时,较大面比较小面准确度高。(　　　)

71. 大型工件划线时,如选定工件上的主要中心线、平行于平台工作面的加工线作为第一划线位置,可提高划线质量和简化划线过程。(　　　)

72. 畸形工件划线时,当工件重心位置落在支承面的边缘部位时,必须相应加上辅助支承。(　　　)

73. 当第一划线位置确定后,若有两个安置基面可供选择时,应选择工件重心低的一面作为安置基面。(　　　)

74. 用平板接长法对大型工件进行划线时,可采用工件在接长平板(或平尺)上移动进行划线。(　　　)

75. 用条形垫铁与平尺调整法对大型工件划线时,如果靠近工件两侧的两根平尺不在同一水平面上,这将是造成划线错误的主要原因。(　　　)

76. 划高度方向的所有线条,划线基准是水平线或水平中心线。(　　　)

77. 借料就是通过试划和调整,将各部位的加工余量重新分配,以使各部位的加工表面都有足够的加工余量。(　　　)

78. 箱体工件的第一划线位置,应选择加工的孔和面最多的一个位置,这样有利于减少划线时的翻转次数。(　　　)

79. 箱体工件划线时,如以中心十字线作为基准校正线,只要第一次划线正确,以后每次划线都可以用它,不必再重划。(　　　)

80. 箱体划线时,若箱体内壁不需加工,只要找正箱体外表面的部位即可划线,内壁可不用考虑。(　　　)

81. 对于特大型工件,可用拉线与吊线法来划线,只需经过一次吊装、找正,就能完成工件三个位置的划线工作,避免了多次翻转工件的困难。(　　　)

82. 畸形工件由于形状奇特,可以不必按基准进行划线。(　　　)

83. 特殊工件划线时,合理选择划线基准、安放位置和找正面,是做好划线工作的关键。(　　　)

84. 经过划线确定了工件的尺寸界限,在加工过程中应通过加工来保证尺寸的准确性。(　　　)

85. 若钻削相同的孔,群钻的进给量、切削转矩均比麻花钻小,且切削时间短。(　　　)

86. 在相同的钻床设备条件下,群钻的进给量比麻花钻大得多,因而钻孔的效率会大大提高。(　　　)

87. 群钻虽然比麻花钻钻孔的生产效率大大提高,但不能改变所加工孔的尺寸精度、形位精度和表面粗糙度。(　　　)

88. 在相同条件下,群钻的使用寿命和麻花钻是一样的。(　　　)

89. 群钻的适应性强,能对不同材料、大小不一的孔进行加工,且能满足工艺结构不同孔的加工要求(如薄板、斜面等的钻孔)。(　　　)

90. 有月牙形圆弧刃的基本型群钻,在钻削出的孔底上有一圈凸起的圆环肋嵌在圆弧刃内,与钻头棱边共同加强定心作用,并可限制钻头的摆动。(　　　)

91. 有月牙形圆弧刃的基本型群钻,其外直刃上各点的前角比磨出圆弧刃之前减少,楔角

增大,强度提高。（　　）

92. 基本型群钻各段切削刃的后角大小不一,但均比麻花钻的大,可减少钻头与工件间的摩擦,因此可增大进给量,提高生产效率。（　　）

93. 基本型群钻在后面上磨有两边对称的分屑槽。（　　）

94. 群钻七条刃的相交点能分屑,切削刃各点切屑的流向不同,到螺旋槽中易断,所以断屑好,排屑顺利。（　　）

95. 基本型群钻的切削性能比麻花钻优越,因此在钻削碳钢、合金钢、铸铁和有色金属时,不用改变群钻的几何参数。（　　）

96. 由于纯铜的强度、硬度低,若切削刃锋利,会"梗"入工件即切入孔壁中,造成孔壁极其粗糙。（　　）

97. 钻削黄铜、青铜的群钻,刃磨时,在外缘切削刃上的前角磨得要小,就不会发生"梗刀"现象。（　　）

98. 钻削铝、铝合金的群钻,为防止和避免积屑瘤的产生,可在钻削时采用较低的切削速度。（　　）

99. 在铝合金材料上钻深孔的群钻,主要是解决排屑顺利的问题。（　　）

100. 钻小孔时,因钻头纤细,强度低,容易折断,因此钻孔时,钻头转速要比钻一般孔低。（　　）

101. 钻削小孔时,钻头是在半封闭状态下工作,切削液难以进入切削区,因而切削温度高,磨损加快,钻头的使用寿命较短。（　　）

102. 钻削斜孔时,因钻头受到斜面的作用力,使钻头向一侧偏移而弯曲,造成不能钻进工件,甚至折断。（　　）

103. 钻深孔时,除了钻头是一个细长杆外,其他与钻削一般孔没有什么区别,因此,不用改变钻削一般孔时的切削用量。（　　）

104. 用深孔钻钻削深孔时,可用压力将切削液注入切削区,冷却和排屑的效果好。（　　）

105. 用接长麻花钻钻深孔时,同深孔钻一样,可以一钻到底,不必在钻削过程中退钻排屑。（　　）

106. 钻削相交孔时,一定要注意钻孔顺序:小孔先钻、大孔后钻;短孔先钻、长孔后钻。（　　）

107. 钻削精密孔时,应选用润滑性较好的切削液,因为钻削时除了冷却外,更重要的是需要良好的润滑。（　　）

108. 按测量结果的示值,测量可分为直接测量法与相对测量法。（　　）

109. 按得到测量结果的方法,测量可分为绝对测量法与相对测量法。（　　）

110. 按同时测量参数的数量,测量可分为单项测量法与综合测量法。（　　）

111. 按量具的结构形式,量具可分为专用量具和通用量具。（　　）

112. 量具、量仪的示值与被测量的真值之间的差值,称为示值误差。（　　）

113. 系统误差是在相同的测量条件下,对同一个被测量进行多次重复测量时,误差的大小和方向(即正负)无规律地变化,是无法预知的。（　　）

114. 明显歪曲测量结果且数值大的误差,称为粗大误差。（　　）

115. 测量等分奇数槽零件(三槽丝锥、奇数槽铣刀及铰刀)的外径时,要用 V 形砧千分尺。(　)

116. 杠杆千分尺只能用来做绝对测量,不能进行相对测量。(　)

117. 杠杆式卡规是用来做相对测量的,也可以测量零件的几何形状偏差。(　)

118. 角度量块组合时,块数越多越好,每选一块至少要加上一位分秒数。(　)

119. 水平仪是测量小角度的量具。(　)

120. 通端螺纹塞规是采用完整牙型,并且其长度应与工件的内螺纹旋合通过。(　)

121. 为了减少螺距误差及牙型半角误差对检验结果的影响,止端螺纹塞规采用截短的外螺纹牙型,且螺纹圈数也较少。(　)

122. 若螺纹量规的通端能与被测螺纹旋合、通过,止端与被测螺纹不能旋合、通不过,则被测螺纹是合格的。(　)

123. 螺纹千分尺的两只测头是固定的,适用于不同螺距和牙型角的所有外螺纹的测量。(　)

124. 用三针法测量外螺纹中径时,不同牙型角和螺距的螺纹选用,其量针直径是不同的。(　)

125. 齿厚游标卡尺可测量齿轮的齿距和公法线长度。(　)

126. 公法线指示卡尺用于测量齿轮分度圆的公法线长度。(　)

127. 量具、量仪各部分的间隙、变形会引起系统误差。(　)

128. 量规在制造过程中,通过冷处理提高材料的硬度和耐磨性。(　)

129. 用不可动型研具研磨样板型面,研具的形状应与样板型面的形状相近。(　)

130. 通常将不可动型研具与样板放在平板上对研。(　)

131. 用光隙法检验样板的误差较大,所以在样板检验时很少使用。(　)

132. 用光隙法检验样板型面时,观察者一方的光线亮度应强一些。(　)

133. 一般用对称两倍误差法研磨平形角尺的垂直面。(　)

134. 研磨量块的平板应进行压砂。(　)

135. 量块的超精研磨必须采用湿研的方式进行。(　)

136. 量块干研的研磨剂过厚时,量块表面容易形成中间高的现象。(　)

137. 量块研磨是量块制造过程中最重要的工序,由于研磨精度要求高,所以要留有较多的研磨余量。(　)

138. 钎焊是将刀片和刀体分别连接在电焊机的电极上,通电后使接触面呈熔化状态,再施压锻接而达到焊接目的的。(　)

139. 钎焊后的刀具应置于炉内,或插入石灰槽、木炭粉槽,使其缓慢冷却,以减少热应力。(　)

140. 可转位面铣刀各刀齿的切削刃分布,必须在同一圆周和同一端平面上。(　)

141. 可转位面铣刀每次更换新刀片后都要重新调整轴向支承块,以保证安装质量。(　)

142. 中心孔是各种柄式刀具加工、检验和刃磨时的基础,因此必须用复合中心钻直接钻出。(　)

143. 刀具在精加工之前,必须对中心孔进行研磨。(　)

144. 麻花钻是以外圆柱面或外圆锥面作安装基准面的。(   )

145. 刀具的定位安装平面在进行磨削加工后要进行退磁处理。(   )

146. 铣刀的刀齿加工就是齿沟加工。(   )

147. 截形为曲线的齿沟,如麻花钻齿沟、丝锥齿沟等,要用成形铣刀铣削。(   )

148. 用单角铣刀铣削 $r_0 > 0°$ 的刀具齿沟时,单角铣刀的端面切削刃应对准被加工刀具的中心。(   )

149. 铣削螺旋槽齿沟时,为避免铣削产生干涉,应采用单角铣刀进行铣削。(   )

150. 具有阿基米德螺旋线齿背的刀具沿前刀面重新刃磨后,其轴向剖面形状保持不变。(   )

151. 刃磨刀具的螺旋槽前刀面,应使用碟形砂轮的锥面,以减少刃磨时产生干涉现象。(   )

152. 铲齿刀具的前刀面可以按尖齿刀具前刀面的刃磨方法进行刃磨。(   )

153. 高精度的铲齿刀具在热处理淬硬后,必须在工具磨床上进行磨削加工。(   )

154. 用单角铣刀或双角铣刀铣削前角 $r_0 = 0°$ 的刀具齿沟,其前刀面应通过刀具中心。(   )

155. 装配修配法常用于精度要求较高的单件或小批生产。(   )

156. 做旋转运动时零部件由于材料内部组织和密度不均匀,或外形不对称、装配误差等原因,会引起重心与旋转中心的偏离。(   )

157. 无论旋转件的轴向宽度很小还是很大,只要进行静平衡就可满足要求。(   )

158. 装配时,绝大多数螺纹连接需要预紧,预紧的目的是为了增大连接的紧密性和可靠性,但不能提高螺栓的疲劳强度。(   )

159. 静平衡既能平衡不平衡量产生的离心力,又能平衡由其组成的力矩。(   )

160. 校验静、动平衡时,要根据旋转件上不平衡的方向和大小来决定。(   )

161. 经过平衡后的旋转件,不允许还有剩余不平衡量的存在。(   )

162. 某些零、部件质量不高,在装配时虽然经过仔细修配和测量,也绝不能装配出性能良好的产品。(   )

163. 推力球轴承的松环应装在转动零件的平面上,紧环应装在静止零件的平面上。(   )

164. 滚动轴承内圈与轴装配时,力应加在内外圈上。(   )

165. 当轴承内圈与轴、外圈与壳体都是过盈配合时,装配时力应同时加在内外圈上。(   )

166. 推力轴承的装配,紧圈装配时应靠在转动零件的平面上。(   )

167. 刚性联轴器装配的主要要求是保证两轴的同轴度公差,使其运转平稳、减少振动。(   )

168. 由于离合器两轴可以接合和分开,因此装配时对两轴的同轴度公差不作要求。(   )

169. 螺旋机构是用来将直线运动转变为旋转运动的机构。(   )

170. 齿轮传动是一种啮合传动,可用来传递运动和转矩,改变转速的大小和方向,还可以把转动变为移动。(   )

171. 蜗杆传动具有传动比大、传动平稳、噪声小、结构紧凑且有自锁性等特点,但其效率低、发热量大。(　　)

172. 齿轮的接触精度常用涂色来检查,正确的啮合斑点应在分度圆的两侧。(　　)

173. 材料进入模具后能在同一位置上经过一次冲压即可完成两个或两个以上工序的模具,称为连续模。(　　)

174. 没有导向装置的模具称为敞开模。(　　)

175. 用导柱、导套作为导向元件的模具称为导板模。(　　)

176. 压印锉修法适用于钳工加工无间隙或较小间隙的冲裁模。(　　)

177. 冲裁模试冲时出现凸、凹模刃口相咬的原因之一是,凸模与导柱等零件安装不垂直。(　　)

178. 冲裁模交付使用前应进行最终试冲,最终试冲时至少要冲出一个合格的冲制件才能交付生产使用。(　　)

179. 弯形模凹模的圆角半径 $R_凹$ 越小,弯形时的弯曲力越大。(　　)

180. 简单冲裁模可由多个凸、凹模组成,在冲床的每次行程中可完成不同种冲裁工序。(　　)

181. 组合夹具上各元件之间的配合均采用过盈配合。(　　)

182. 夹具的导向元件主要是用来确定夹具与机床相对位置的。(　　)

183. 组装组合夹具时,要充分利用各元件之间的配合间隙,边调整、边连接、边测量、边固定。(　　)

184. 组合夹具的试装,必须将各元件完全紧固。(　　)

185. 组装组合夹具时,在全部元件固定后进行检查是保证夹具的质量、工件加工精度和技术要求的重要环节。(　　)

186. 单斜面的定位销,当分度盘始终朝定位销平面一边靠近时,即使定位销稍有后退,也不会影响定位精度。(　　)

187. 径向分度盘修锉经铣削加工后的分度槽的精度主要取决于辅助样板的精度。(　　)

188. 所有夹具的装配都必须先进行预装配后,再进行最后装配。(　　)

189. 基础件是组合夹具中最大的元件,只能作夹具体用。(　　)

五、简 答 题

1. 工具零件修复的方法有哪些?

2. 简述企业生产计划编制步骤及生产计划的编制内容。

3. 什么是表面淬火? 适用于哪些零件?

4. 什么是化学处理? 常用的化学处理方法有哪几种?

5. 使用量具前应做哪些准备工作?

6. 为保证水平仪的测量精度,使用时应注意哪些要点?

7. 简述三针测量法测量螺杆的步骤。

8. 试述螺纹塞规的制造工艺过程。

9. 硬质合金刀片采用机械夹固式有哪几种形式?

10. 常用的硬质合金按照化学成分和使用特性分成哪几类?

11. 试述齿轮滚刀的制造工艺过程。

12. 角度量块的作用是什么?

13. 组合角度量块使用时应注意什么选配原则?

14. 试述成型铣刀的制造工艺过程。

15. 毛边槽的作用是什么?

16. 什么是拉线与吊线法?应用于何种场合?有何优越性?

17. 止端螺纹量规的结构特征和使用规则有哪些?

18. 试述圆板牙制造的一般工艺过程。

19. 什么叫动不平衡?

20. 畸形工件划线时如何确定安放位置?

21. 为什么不能用一般方法钻斜孔?

22. 简述机械指示式量具的工作原理。

23. 扭簧比较仪的特点和主要用途是什么?

24. 用样板比较法测量表面粗糙度能达到什么精度?测量时应注意哪些问题?

25. 试述手工加工样板的一般工艺过程。

26. 工具钳工加工钻模板孔时常用的方法有哪些?

27. 刀具的齿背形式有哪几类?各用什么方法加工?

28. 铲齿加工的基本方式有哪几种?试述各种加工方式的特点。

29. 齿轮刀具分哪两大类?各包括哪些常用的刀具?

30. 齿轮滚刀的容屑槽有几种形式?使用时各有什么特点?

31. 试述指形齿轮刀制造的一般工艺过程。

32. 模具的调试包括哪些内容?

33. 试述蜗杆传动机构的装配要点。

34. 什么是机床夹具?

35. 锻模的模槽有哪些类型?各有什么作用?

36. 压延模的凹模圆角半径对制件的质量和模具的使用寿命有什么影响?

37. 压延模的凸、凹模间隙对制件的质量和模具的使用寿命有何影响?

38. 什么叫滚动轴承的定向装配法?其目的是什么?

39. 冲裁模工作时,造成冲裁件的剪切断面的光亮带太宽或出现双亮带及毛刺的主要原因是什么?应怎样进行调整?

40. 试述借料的一般步骤。

41. 常用手工矫正方法有几种?

42. 怎样用延展法矫正中部凸起的板料?

43. 怎样用延展法矫正四周呈波浪而中间平整的板料?

44. 试述弯曲前毛坯展开长度的计算步骤。

45. 管子弯曲应注意哪些要点?

46. 弯曲管子时形状或尺寸不准确的原因是什么?

47. 珩磨钢、铸铁、铬钢、高速钢、铜、铝时,应选用什么切削液?

48. 研磨液应具备什么条件?

49. 锡焊时,焊锡呈渣状的原因是什么?

50. 锡焊用的焊剂有哪四种? 各用于什么场合?

51. 装配螺旋传动机机构应满足哪些要求?

52. 圆锥齿轮装配后为什么要进行跑合试车?

53. 量规的材料应满足哪些基本要求?

54. 量规进行时效处理和冷处理的目的是什么?

55. 采用两块平板精刨后进行互研互刮,若精刮后两块平板在任何方向互研都能得到均匀和密集的研点,则平板是否一定具有很好的平面度而可以作为标准平板使用? 为什么? 正确的精刮方法应采用几块平板互研互刮?

56. 刀具切削部分的材料应具备哪些基本要求?

57. 影响刀具耐用度的因素主要有哪些?

58. 为什么分度圆螺旋升角大于5°的齿轮滚刀常采用螺旋形的容屑槽?

59. 夹具的装配分哪两个阶段? 各包括什么内容?

60. 夹紧机构一般应满足哪些基本要求?

61. 机床夹具中常用的夹紧装置有哪些机构?

62. 组合夹具的元件按其用途不同可分为哪几类?

63. 调整法、修配法在夹具、模具装配中的作用是什么?

64. 冲裁模装配的基本要求是什么?

65. 大型工件划线时,选择工件的安置基面的原则是什么?

66. 采用拼凑大型平面的划线原理来划大型工件时,常用的有哪几种方法?

67. 畸形工件划线的工艺要点有哪些?

68. 什么叫随机误差? 引起随机误差的因素有哪些?

69. 什么是级进模?

70. 工具钳工怎样来修整凸凹模型面?

六、综 合 题

1. 大型工件划线时,选择支承点应注意哪些方面?

2. 钻削直径 $\phi=3$ mm 以下的小孔时必须掌握哪些要点?

3. 试述用腐蚀法制作样板标记的工艺过程。

4. 箱体工件的划线操作要点是什么?

5. 试述钻深孔时须掌握的要点。

6. 样板型面精加工,辅助样板的设计原则有哪些?

7. 什么是润滑油的老化? 怎么确定?

8. 试述立体划线的一般步骤。

9. 什么是系统误差? 引起系统误差的因素有哪些?

10. 群钻与麻花钻相比较,有些什么优点?

11. 工具钳工在夹具零件制造中的主要工作有哪些?

12. 何谓组合夹具的组装? 组合夹具组装的特点是什么?

13. 怎样来调整滚动轴承的间隙?

14. 刀具的中心孔应达到哪些基本要求?

15. 若要钻削直径为 $D=3$ mm 的小孔,采用高速钢麻花钻头来钻削,其最佳切削速度的范围为 $20\sim25$ m/min,试求钻头的转速范围。

16. 如用直径 $D=3$ mm 的钻头钻削小孔,钻床的转速 $n=2\,500$ r/min,试求钻头的切削速度。

17. 若对一个长度进行测量,其测量结果为 30 mm$+$0.015 mm,测量误差为 0.01 mm,则被测对象的真值应为多少?

18. 用角度量块来检验角度 $14°6'30''$,应如何选配角度量块?

19. 若被测件在 1 m 内的高度差为 0.02 mm,用刻度值为 0.02 mm/1 000 mm 的框式水平仪时,其水准气泡移动几格?

20. 用三针量法测量螺纹中径时,若被测螺纹的螺距 $P=10$ mm,螺纹为米制外螺纹,其牙型角 $\alpha=60°$,试求最佳量针的直径。

21. 用三针量法测量螺纹中径时,其牙型角 $\alpha=30°$,螺距 $P=10$ mm,试求最佳量针的直径。

22. 若用轴承盖处的垫片厚度来调整轴承的轴向间隙,用压铅丝法测到轴承盖与轴承外圈之间压扁铅丝的厚度 $a=3.88$ mm,轴承盖与轴承座之间压扁铅丝的厚度 $b=1.65$ mm,要求调整后轴承间隙 $s=0.02$ mm,试计算出应加垫片的厚度。

23. 试用螺距 $P=1$ mm 的螺钉,调整轴承间隙改变量 $s=0.02$ mm,试求调整螺钉应反向拧动的角度 α。

24. 若对蜗杆传动装配后,对侧隙进行检验,蜗杆为单头 $Z_1=1$,模数为 $m=4$ mm,测得百分表指针的空程角 $\alpha=10'$,试确定其侧隙应为多少。

25. 试用两根直径不同的量柱测量 V 形槽零件的夹角 α。已知:量柱直径分别为 $D=13.75$ mm,$d=7.00$ mm,测得尺寸 $A=34.40$ mm,$B=25.96$ mm,如图 1 所示。

26. 如图 2 所示,已知主视图、俯视图,补画左视图。

27. 如图 3 所示,已知主视图、左视图,补画俯视图。

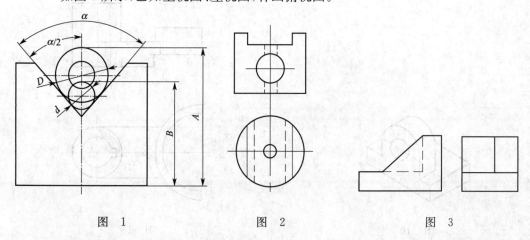

图 1　　　　　　　　图 2　　　　　　　　图 3

28. 如图 4 所示,补画视图中的缺线。

29. 如图 5 所示,补画视图中的缺线。

30. 如图 6 所示,补画视图中的缺线。

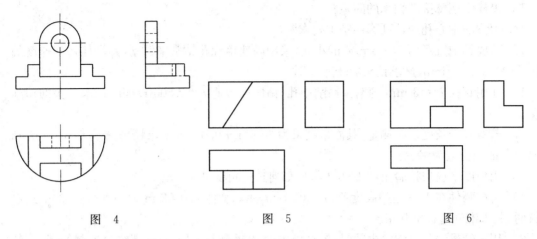

图 4　　　　　　　　图 5　　　　　　　　图 6

31. 如图 7 所示,补画视图中的缺线。

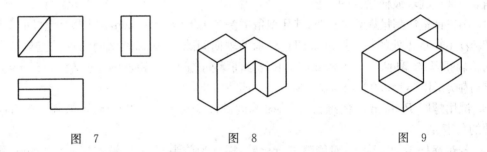

图 7　　　　　　　　图 8　　　　　　　　图 9

32. 如图 8 所示,根据立体图,补画主视图、俯视图、左视图。

33. 如图 9 所示,根据立体图,补画主视图、俯视图、左视图。

34. 如图 10 所示,根据立体图,补画主视图、俯视图、左视图。

35. 如图 11 所示,根据给定的主俯视图,将主视图改画成剖视图。

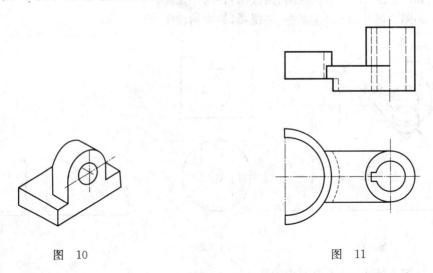

图 10　　　　　　　　　　图 11

工具钳工(中级工)答案

一、填 空 题

1. 计量单位	2. 测量方法	3. μm	4. 非接触测量
5. 示值误差	6. 螺旋副	7. 高度	8. 通用量具或量仪
9. 涂油	10. 保养	11. 表面粗糙度	12. 测量条件
13. 间接测量	14. 综合测量	15. 测量范围	16. 示值稳定性
17. 浅孔直径	18. 孔或键槽	19. 3 级量块	20. 几何形状误差
21. 钳工	22. 止端	23. 单项测量	24. 综合误差
25. 齿距	29. 理想要素	27. 节距法	28. 测微法
29. 母线直线度	30. 投影法	31. 空间曲面	32. 基准表面
33. 基准表面	34. 理论数值	35. 通用量具和量仪	36. 使用
37. 系统误差	38. 疏忽大意	39. 杠杆齿轮放大	40. 几何形状
41. 量块	42. 等分奇数槽	43. 校正量具	44. 相对测量法
45. 支架或专用夹具	46. 几何形状误差	47. 四个	48. 校对
49. 牙型半角	50. 调整零位	51. 三针	52. 量块组成专用量块
53. 特殊部位	54. 针描法	55. 最小条件	56. 凸凹不平
57. 铁砧	58. 轴类	59. 扭转法	60. 管材
61. 塑性好	62. 大的平板上	63. 弹簧的直径	64. 塑性变形
65. 弯曲法	66. 最小弯曲半径	67. 中性层	68. 重到轻
69. 轻而稀	70. 表面留有锤痕或麻点		71. 管子直径的 4 倍
72. 管子有瘪痕或焊缝裂开		73. 主轴	74. 圆形
75. 回转端	76. 侧面	77. 尺寸	78. 平稳可靠
79. 设计基准面	80. 条形垫铁与平尺调整法		81. 角尺
82. 轴心	83. 外圆	84. 辅助支承	85. 精度
86. 垂直	87. 千斤顶	88. 拼凑大型平面法	89. 基准线
90. 高低尺寸	91. 校准	92. 数显式	93. 螺纹槽升降机构
94. 分度零件	95. 冲模	96. 齿距累积误差 ΔF_p	
97. 不变	98. 180°	99. 90°	100. 焦点
101. 焦平面	102. 模具	103. 投影读数装置	104. 基准不符
105. 制造	106. 减少	107. 大小	108. 几何中心
109. 刚性	110. 刀具	111. 工件	112. 水平方向
113. 工件重力	114. 夹具性能	115. 先精密后一般	116. 分度机构
117. 强制状态	118. 分度孔	119. 技术测量	120. 调整

121. 解装配尺寸链　122. 封闭环　123. 装配方法　124. 补偿件
125. 测量方法　126. 箭头　127. 直径尺寸线　128. 硬质合金
129. 精加工磨钝标准 130. 理想几何参数　131. 六个自由度　132. 黏性
133. 活板凸轮　134. 腐蚀法　135. 机械　136. 设备在整个运行中
137. 不是　138. 工作长度及全长 139. 已加工表面　140. 定位元件
141. 封闭　142. 三点支承　143. 设计基准　144. 大角度锥面齿
145. 淬火后　146. 尖端接触　147. 转速　148. 弯曲半径
149. 废品率　150. 垂线的垂足　151. 旋转视图　152. 直线
153. Ⓜ　154. 良好的工艺性　155. 硬质合金　156. 积屑瘤
157. 切削用量　158. 较软　159. 相对位置
160. 利用机械摩擦的自锁来夹紧工件　161. 夹具体　162. 基准不符
163. 机械能　164. $V=Q/A$　165. 待加工的孔和面最多
166. 奇特无规则　167. 安全　168. 平稳　169. 单面分屑
170. 0.5～1.5　171. 读数　172. 支架　173. 动程
174. 等减速　175. 研磨型面　176. 时效处理　177. 光学量仪
178. 阿基米德螺旋线 179. 刃磨前刀面　180. 不平衡力矩　181. 附加载荷
182. 校正销　183. H7/h6　184. 小于　185. 0.2
186. 浇石膏　187. 三相四线　188. 保护电路　189. 也增大
190. 产品　191. 车间设计的先进合理性　192. 立体划线
193. 划线基准　194. 找正　195. 借料　196. 平面样板划线法
197. 中性层　198. 有色金属工件　199. 各种翘曲板材和角钢
200. 热弯　201. 隔距法　202. 微量切削　203. 研磨棒
204. 长　205. 卧式珩磨　206. 绿色碳化硅　207. 球墨铸铁
208. 活动铆接　209. 酚醛树脂和环氧树脂　210. 抗冲击强度
211. 酚醛树脂　212. 弹性回复　213. 焊接强度要求不高
214. 不均匀撕离　215. 示值稳定性　216. 直接测量　217. 间接测量
218. 综合测量　219. 切削性能　220. 碳槽或木炭粉槽 221. 冲击韧性低
222. 阿基米德螺旋线齿背　223. 齿背加工　224. 900 ℃～1 000 ℃
225. 耐磨性　226. 定位基准面　227. 夹具　228. 靠模装置
229. 距离　230. 利用率的高低　231. 硬度和耐磨性　232. 压砂
233. 最小极限　234. 原始平板　235. 0.002～0.003　236. 稳定性
237. 冷冲压加工　238. 型模腔　239. 材料允许的最小弯形半径
240. 电火花线切割加工　241. 定位零件
242. 拉伸模　243. 流动　244. 端面跳动
245. 无冲击振动和噪声　246. 齿轮小端　247. 转速比大而正确

二、单项选择题

1. A　2. C　3. B　4. C　5. B　6. A　7. D　8. B　9. D
10. A　11. A　12. C　13. C　14. B　15. D　16. C　17. A　18. C

19. A　　20. A　　21. C　　22. B　　23. B　　24. A　　25. C　　26. A　　27. A
28. B　　29. A　　30. B　　31. A　　32. A　　33. C　　34. A　　35. B　　36. B
36. B　　38. A　　39. B　　40. C　　41. C　　42. A　　43. A　　44. C　　45. C
46. A　　47. B　　48. A　　49. B　　50. B　　51. A　　52. C　　53. C　　54. A
55. C　　56. B　　57. C　　58. B　　59. A　　60. B　　61. C　　62. B　　63. B
64. A　　65. B　　66. C　　67. C　　68. C　　69. B　　70. B　　71. B　　72. B
73. D　　74. D　　75. A　　76. B　　77. B　　78. C　　79. B　　80. A　　81. C
82. B　　83. B　　84. A　　85. B　　86. A　　87. A　　88. B　　89. A　　90. A
91. C　　92. A　　93. B　　94. A　　95. A　　96. B　　97. C　　98. C　　99. B
100. A　　101. B　　102. C　　103. B　　104. C　　105. A　　106. B　　107. B　　108. A
109. A　　110. A　　111. C　　112. A　　113. B　　114. A　　115. C　　116. B　　117. B
118. C　　119. B　　120. A　　121. B　　122. A　　123. A　　124. B　　125. C　　126. B
127. A　　128. B　　129. B　　130. C　　131. A　　132. C　　133. B　　134. B　　135. C
136. C　　137. C　　138. A　　139. B　　140. A　　141. B　　142. A　　143. C　　144. B
145. A　　146. A　　147. B　　148. A　　149. A　　150. B　　151. B　　152. C　　153. C
154. A　　155. B　　156. C　　157. B　　158. A　　159. A　　160. B　　161. A　　162. C
163. B　　164. C　　165. A　　166. B　　167. B　　168. B　　169. B　　170. A　　171. B
172. C　　173. B　　174. A　　175. A　　176. C　　177. B　　178. A　　179. C

三、多项选择题

1. AD　　　　2. EF　　　　3. ABC　　　4. ABE　　　5. CD　　　　6. CE
7. AD　　　　8. AB　　　　9. CD　　　10. ABDE　　11. DEF　　　12. BC
13. ACE　　　14. BD　　　15. AC　　　16. CDE　　　17. ABCDEF　18. ABCEF
19. BDF　　　20. CDEF　　21. ACE　　　22. CE　　　23. ABCD　　24. ABCD
25. ABDF　　26. DE　　　27. BCDEF　　28. BDE　　　29. ABCDE　　30. ACF
31. CDF　　　32. CF　　　33. CD　　　34. ABC　　　35. BD　　　36. BCE
37. ABC　　　38. AD　　　39. BCE　　　40. CD　　　41. BF　　　42. AE
43. BD　　　44. AB　　　45. BCE　　　46. AF　　　47. BCE　　　48. BD
49. ACE　　　50. CD　　　51. DEF　　　52. ABE　　　53. BF　　　54. ABC
55. BDE　　　56. ABEF　　57. AE　　　58. CD　　　59. CEF　　　60. AC
61. ACEF　　62. AF　　　63. EF　　　64. EF　　　65. AD　　　66. CD
67. CD　　　68. ACE　　　69. CE　　　70. ABF　　　71. ADF　　　72. ABC
73. ABCDE　74. AB　　　75. AD　　　76. ACD　　　77. BD　　　78. ABCDEF
79. ABD　　80. AF　　　81. ABCEF　　82. ABCD　　83. CF　　　84. ABCD
85. ABCDEF 86. ABCDE　87. ABC　　　88. ABCDEF　89. CDEF　　90. ABCDEF
91. AE　　　92. ABC　　　93. DE　　　94. EF　　　95. BD　　　96. CDEF
97. ABCD　　98. DEF　　　99. CDEF　　100. ABCD　　101. DEF　　102. ABC
103. DE　　　104. ABC　　105. CDE　　106. ACDE　　107. ABE　　108. BE
109. AD　　　110. BDF　　111. AC　　　112. BD　　　113. ABCDE　114. AC

115. ABCD　　116. DE　　　117. ABC　　　118. ABCDEF　119. BD　　　　120. DF
121. AE　　　122. ADEF　　123. ABF　　　124. BCE　　　125. ABCDEF

四、判 断 题

1. ×	2. √	3. ×	4. √	5. ×	6. ×	7. √	8. √	9. √
10. ×	11. √	12. √	13. √	14. ×	15. ×	16. ×	17. √	18. √
19. √	20. √	21. ×	22. ×	23. √	24. √	25. ×	26. √	27. ×
28. √	29. √	30. √	31. ×	32. √	33. √	34. √	35. √	36. √
37. √	38. √	39. √	40. √	41. √	42. √	43. √	44. √	45. ×
46. √	47. √	48. √	49. √	50. √	51. ×	52. √	53. √	54. √
55. ×	56. √	57. √	58. √	59. √	60. √	61. √	62. √	63. √
64. ×	65. √	66. √	67. √	68. ×	69. ×	70. √	71. √	72. √
73. √	74. √	75. √	76. √	77. √	78. √	79. √	80. √	81. √
82. ×	83. √	84. √	85. √	86. √	87. ×	88. √	89. √	90. √
91. ×	92. √	93. √	94. √	95. √	96. √	97. √	98. √	99. √
100. ×	101. √	102. √	103. √	104. √	105. ×	106. ×	107. √	108. ×
109. ×	110. √	111. √	112. √	113. √	114. √	115. √	116. √	117. √
118. ×	119. √	120. √	121. √	122. √	123. √	124. √	125. √	126. ×
127. ×	128. √	129. √	130. √	131. √	132. √	133. √	134. √	135. ×
136. √	137. √	138. √	139. √	140. √	141. √	142. √	143. √	144. √
145. √	146. ×	147. √	148. √	149. √	150. √	151. √	152. √	153. ×
154. √	155. √	156. √	157. √	158. √	159. √	160. √	161. √	162. √
163. ×	164. ×	165. √	166. √	167. √	168. ×	169. √	170. √	171. √
172. √	173. ×	174. √	175. √	176. √	177. √	178. ×	179. √	180. ×
181. ×	182. ×	183. √	184. ×	185. √	186. √	187. √	188. ×	189. ×

五、简 答 题

1. 答:目前采用的修理技术主要有:机械修复法(1分)、焊接法(1分)、金属扣合法(1分)、环氧树脂粘接法(1分)、镀铬法、金属喷镀法(1分)等。这些方法根据工具种类不同和工具零件损坏情况而采用不同的新技术和先进的修理方法。

2. 答:生产计划的编制步骤是:分析内外环境;拟订和优化方案;综合平衡;编制计划草案;讨论计划草案并做出必要的修改;最后加以批准并实施(2分)。生产计划的内容主要包括:(1)生产计划指标:产品品种指标、产品质量指标、产品产量指标、产值指标(1分);(2)安排生产进度(1分);(3)分配车间生产任务(1分)。

3. 答:表面淬火是通过快速加热,使工件表面迅速达到淬火温度,不等热量传到心部就立即冷却的热处理方法(3分)。表面淬火主要适用于某些在冲击载荷和摩擦条件下工作的机件,如齿轮、曲轴等(2分)。

4. 答:化学处理是将钢件放在含有一种或几种化学元素及其他化合物的介质中,加热到适当温度,保温较长时间,使已经变成活性的化学元素逐步为工件表面所吸收,并向内部扩散,从而改变化学成分和组织结构,达到增高硬度、耐磨性或抗蚀性等目的(3分)。生产中常用的化学处理方法有渗碳、渗氮和氰化等(2分)。

5. 答:使用量具前,应看量具是否经过周期检定(2分),并对量具做外观和相互作用检查,不应有影响使用准确度的外观缺陷(1分),活动件应移动平稳(1分),紧固装置应灵活可靠(1分)。

6. 答:使用水平仪时应注意以下要点:(1)使用前应检查水平仪的零位是否正确(1分);(2)测量表面和被测表面必须清洁无尘(1分);(3)减少温度变化的影响(1分);(4)测量过程中,保持横向水准器的气泡居中,水平仪的工作面紧贴被测量面(2分)。

7. 答:三针测量法是把三根直径相同的高精度的量针放入被测螺纹相应的牙槽中,用接触式测量器具(如外径千分尺)测得尺寸 M,然后按公式计算出被测螺纹的中径 d_2(2分)。公式为:$d_2 = M - d_0[1 + 1/\sin(\alpha/2)] + (p/2)\cot(\alpha/2)$(2分)。式中,$d_0$ 为量针直径(mm);α 为外螺纹牙型角(°);p 为外螺纹螺距(mm)(1分)。

8. 答:螺纹塞规一般按以下工艺过程制造:(1)落料(0.5分);(2)粗车(0.5分);(3)热处理调质(0.5分);(4)精车两端面,钻中心孔,车削外圆及螺纹、螺纹大径及牙侧部分留磨削余量(1分);(5)去毛刺,打标记(0.5分);(6)热处理淬火,时效处理(0.5分);(7)氧化(0.5分);(8)研中心孔,磨削螺纹大径(0.5分);(9)磨削螺纹(0.5分)。

9. 答:硬质合金刀片采用机械夹固式的形式有:偏心式(1分)、杠销式(1分)、杠杆式(1分)、斜楔式(0.5分)、上压式(0.5分)、拉垫式(0.5分)、压孔式(0.5分)。

10. 答:常用的硬质合金按其化学成分和使用特性可分为钨钴类(YG)(1分)、钨钛钴类(YT)(1分)、钨钛钽(铌)类(YW)(1分)三大类。YG类适合加工产生断续切屑的脆性材料,如有色金属、不锈钢、铸铁等(1分)。YT类适合加工韧性材料,如各种钢材(0.5分)。YW类适合加工不锈钢、耐热钢、高锰钢等难加工的钢材(0.5分)。

11. 答:齿轮滚刀一般按以下工艺过程制造:(1)落料(0.2分);(2)锻造、退火(0.4分);(3)车削端面、外圆及钻镗内孔,留磨削余量(0.5分);(4)插(或拉)键槽(0.2分);(5)车(或铣)基本蜗杆,齿厚留磨削余量(0.5分);(6)铣削容屑槽(齿沟)(0.2分);(7)铲齿顶、两侧齿形(0.5分);(8)修去两端不完整余齿(0.2分);(9)修毛刺、打标记(0.4分);(10)热处理淬火、喷砂(0.5分);(11)磨研内孔(0.2分);(12)磨削外圆及端面(0.5分);(13)刃磨前面(0.2分);(14)铲磨齿顶、两侧齿形及齿顶圆角(0.5分)。

12. 答:角度量块是一种精密的标准量具,主要用来检验和调整角度尺(2分)、角度样板(2分)以及测量各种精度要求较高的零件角度(1分)。

13. 答:在组合角量块时,其块数越少越好(一般不超过三块)(1分),并每一块至少要去掉一位分秒数(2分)。计算过程中取同号的角度量块,在组合时方向相同(1分),而取异号的角度量块,在组合时方向则相反(1分)。

14. 答:(1)切断(0.3分);(2)车内孔、外圆及两端面留精加工工序余量(0.3分);(3)磨两平面,留工序余量,退磁(0.3分);(4)划内孔键槽线(0.3分);(5)插(或拉)内孔键槽(0.3分);(6)车齿形(0.3分);(7)铣齿沟(0.3分);(8)去毛刺(0.3分);(9)打标记(0.3分);(10)热处理调质HBS280~320,并喷砂(0.4分);(11)磨前刀面,保持齿距相等(0.3分);(12)铲齿(0.3分);(13)热处理淬火(0.3分);(14)顺次磨两端,保证齿形对端面的对称性(0.4分);(15)磨内孔(0.3分);(16)刃磨前刀面(0.3分)。

15. 答:(1)在模锻终了时形成毛边,以增大锻件周围的阻力,防止金属从分模面中流出,保证金属充满整个模槽(2分);(2)容纳必须的多余金属(1分);(3)使上模与下模之间的接触得到缓冲,提高锻模的使用寿命(2分)。

16. 答:拉线与吊线法是采用拉线(φ0.5铜丝或尼龙线,通过拉线架和线坠拉成的直线)、吊线(尼龙线,用30°锥体坠吊直)、线坠、直角尺和钢尺互相配合,通过投影来引线的方法(3分)。一般用于大型和特大型工件的划线(1分)。其优点是只经过一次吊装、校正,再配合一般的划线操作即可完成全部划线任务(1分)。

17. 答:止端螺纹量规的结构特征是具有截短的外螺纹牙型(2分)。使用规则:允许与工件内螺纹两端的螺纹部分旋合,旋合量应不超过两个螺矩(2分);对于三个或少于三个螺距的工件内螺纹,不应完全旋合通过(1分)。

18. 答:(1)切料(0.25分);(2)车端面、外圆,钻锥孔,钻孔,均留工序余量(0.25分);(3)加工螺纹(0.5分);(4)划V形槽线、锥坑线及出屑孔线(0.25分);(5)铣V形槽(0.25分);(6)钻出屑孔及锥孔(0.5分);(7)做标记,去刃口毛刺(0.5分);(8)热处理淬火(0.5分);(9)磨外圆(0.5分);(10)磨两端面(0.5分);(11)刃磨前面(0.5分);(12)铲磨切削锥部(0.5分)。

19. 答:旋转件在径向各截面上有不平衡量,且由此产生的离心力将形成不平衡力矩(2分)。所以旋转时不仅会产生垂直旋转轴的振动,而且还会产生使旋转轴倾斜的振动。这种不平衡称为动不平衡(3分)。

20. 答:由于畸形工件表面不规则也不平整,故直接支持或安放在平台上一般都不太方便(1分),此时可利用一些辅助工具来解决(1分)。例如将带孔的工件穿在芯轴上(1分),带圆弧面的工件支持在V形铁上(1分),以及把工件支持在角铁、方箱或三爪卡盘等工具上(1分)。

21. 答:用一般方法钻斜孔时,钻头刚接触工件,先是单面受力(1分),作用在钻头切削刃上的径向分力会使钻头偏斜、滑移(1分),使钻孔中心容易偏位(1分),钻出的孔很难保证正直(1分)。如果钻头刚性不足,会造成钻头因偏斜而钻不进工件,使钻头崩刃或折断(1分)。

22. 答:主要是通过杠杆、齿轮齿条或拉簧的传动(2分),将测量杆的微小直线位移转变成指针的角位移(2分),从而在刻度盘上指出相应的数值(1分)。

23. 答:扭簧比较仪的特点是结构简单,放大比大,传动机构中没有相互摩擦和间隙,灵敏度极高(2分)。一般常用来测量零件的几何形状偏差和跳动量(2分)。如果预先用量块调整距离,也可用来测量零件的尺寸(1分)。

24. 答:样板比较法在一般情况下能较可靠地测量出$R_a1.6\ \mu m \sim R_a5\ \mu m$的表面粗糙度(2分)。但在测$R_a0.1\ \mu m \sim R_a0.8\ \mu m$的表面粗糙度时,往往要借助于专用显微镜来提高检验质量。用样板比较法测量时,把被测零件与样板靠近在一起,用眼观察比较来判断零件的表面粗糙度值,要求所用的样板不论在形状、加工方法和使用的材料都尽可能与被测零件相同(3分)。

25. 答:(1)剪切板料(0.3分);(2)矫正板料(0.3分);(3)粗磨样板的两平面(0.4分);(4)锉削样板相邻两侧面成90°作为划线和测量的基准(0.3分);(5)划出样板的全部轮廓(0.3分);(6)粗加工型面(0.4分);(7)精加工型面(0.4分);(8)热处理(0.3分);(9)矫正样板(0.3分);(10)精磨样板两平面(0.3分);(11)表面发黑处理(0.3分);(12)研磨型面(0.4分);(13)倒毛刺(0.25分);(14)倒角(0.25分);(15)做标记(0.25分);(16)检验(0.25分)。

26. 答:工具钳工加工钻模板孔时常用的方法有:按精密划线加工(2分)、按特制的量套加工(2分)、按量块和量棒加工(1分)三种。

27. 答:刀具的齿背形式可分为直线形齿背、折线形齿背和曲线形齿背(1分)。曲线形齿背常见抛物线齿背和阿基米德螺旋线齿背(1分)。齿背的加工方法可分为铣齿背和铲齿背(1分)。直线形、折线形齿背是在齿沟加工结束后,用单角铣刀的锥面齿或双角铣刀的大角度锥面齿铣削而成(1分)。阿基米德螺旋线齿背是用铲齿车床加工,工件由机床主轴传动做旋转运动,铲刀由凸轮驱动做直线运动(1分)。

28. 答:铲齿加工的基本方式有径向、斜向和轴向三种(2分)。径向铲齿:在铣刀绕其轴心线等速转动的同时,铲刀向铣刀轴心线的方向做往复铲齿加工(1分)。轴向铲齿:在铣刀绕其轴心线旋转的同时,铲刀在平行于铣刀轴心线的方向上进行铲齿(1分)。斜向铲齿:在铣刀绕其轴心线旋转的同时,铲刀在与铣刀轴心线成一定角度的方向进行铲齿(1分)。

29. 答:齿轮刀具按齿轮加工原理不同可分为成型法齿轮刀具和包络法齿轮刀具两大类(2分)。成型法齿轮刀具最常用的是盘形齿轮铣刀和指形齿轮铣刀(2分),包络法齿轮刀具最常用的是齿轮滚刀(1分)。

30. 答:齿轮滚刀的容屑槽形式有直槽和螺旋槽两种(2分)。直槽滚刀制造方便,但在使用时刀齿的左、右切削刃条件不同,一个切削刃为正前角,而另一个切削刃为负前角,负前角对切削不利(2分)。螺旋形的容屑槽,刀齿的左、右切削刃具有相同的切削条件,效果较好(1分)。

31. 答:(1)锻造,退火(0.5分);(2)车柄部外圆及端面,钻攻螺孔,镗定位内孔留工序余量,调头装上专用放磨芯轴,车工作部分齿形(1分);(3)铣齿槽及柄部扁身(0.5分);(4)修毛刺,打标记(0.5分);(5)热处理淬火、喷砂(0.5分);(6)磨定位内孔及柄部端面(0.5分);(7)磨刀齿前面(0.5分);(8)铲磨齿形(0.5分);(9)磨工作部分及前后角(0.5分)。

32. 答:(1)将冲裁模安装在适当的压力机上,用指定的坯料进行试冲(2分);(2)根据试冲出现的质量缺陷,分析产生的原因,设法解决,最后冲出合格的制件(2分);(3)排除各种影响安全生产、质量稳定和操作方便的因素(1分)。

33. 答:(1)蜗杆轴心线与蜗轮轴心线必须互相垂直,蜗杆的轴心线应在蜗轮轮齿的对称平面内(2分);(2)蜗轮与蜗杆间的中心距要正确,以保证有适当的啮合侧隙和正确的接触斑点(2分);(3)转动灵活,蜗轮在任何位置时,旋转蜗杆所需的转矩都应相同而无卡住现象(1分)。

34. 答:在机床上加工工件时,用来安装工件(2分)以确定工件与刀具的相对位置(2分),并将工件夹紧(1分)的装置称为机床夹具。

35. 答:模槽可分为制坯模槽和模锻模槽两大类(1分)。而模锻模槽又可分为预锻模槽和终锻模槽两类(1分)。制坯模槽的作用是初步改变坯料的横截面积和形状,以适应模锻模槽工作(1分)。预锻模槽的作用是使坯料变形到接近于锻件最终的形状和尺寸,以便于终锻时,金属填满终锻模槽(1分)。终锻模槽的作用是使坯料最终变形到锻件所要求的尺寸(1分)。

36. 答:$R_{凹}$越大,所需压延力就越小,同时能改善压延时金属的流动条件,适当地加大材料的变形程度,减少压延次数(1分)。但$R_{凹}$也不能过大,否则会有较多的材料不能被压边圈压住,从而产生起皱现象(2分)。如果$R_{凹}$过小,则将使材料在经过凹模圆角部位时的阻力增大,从而使总的压延力增大,模具寿命降低(2分)。

37. 答:间隙对压延力、制件的质量及模具的寿命有直接影响。间隙过大,易使制件起皱

（2分）；间隙过小，又会引起壁厚变薄，甚至产生断裂现象（2分）。另外易挤伤模具，使其寿命降低（1分）。

38. 答：滚动轴承的定向装配，就是使轴承内圈的偏心（径向圆跳动）与轴颈的偏心、轴承外圈的偏心与壳体孔的偏心都分别配置于同一轴向截面内，并按一定的方向装配（3分）。定向装配的目的是为了抵消一部分相配尺寸的加工误差，从而可以提高主轴的旋转精度（2分）。

39. 答：造成冲裁件的剪切断面的光亮带太宽或出现双亮带及毛刺的主要原因是冲裁间隙太小（3分）。可用油石修磨凹模和凸模刃口来适当放大冲裁间隙（2分）。

40. 答：(1)测量毛坯件的各部尺寸，找出偏移部位和确定偏移量（1分）；(2)确定借料的方向和大小，划出基准线（1分）；(3)按图纸要求，以基准线为依据，划出其余所有的线（1分）；(4)检查各表面的加工余量是否合理，如不合理则应继续借料，重新划线直至各表面都有合理的加工余量为止（2分）。

41. 答：常用手工矫正的方法有扭转法（1分）、弯曲法（1分）、延展法（2分）、斜悬沉打法（1分）等四种。

42. 答：用延展法矫正中部凸起的板料，锤击时应锤击板料的边缘（2分），逐渐从外向里（1分）、由重到轻（1分）、由密到稀（1分），最后使板料达到平整的要求。

43. 答：用延展法矫正四周呈波浪而中间平整的板料时，锤击方法应由四周向中间（1分），中间应重而密（2分），近边角处应轻而疏（2分），经反复多次锤打，使板料达到平整的要求。

44. 答：(1)将工件复杂的弯曲形状分解成几段简单的几何曲线和直线（2分）；(2)计算弯曲半径和材料厚度的比值 r/t，查出中性层的位置系数 x（1分）；(3)按中性层分别计算各段几何曲线的展开长度（1分）；(4)各简单曲线的展开长度和直线长度相加之和即为毛坯的总长度（1分）。

45. 答：(1)直径小于 12 mm 的管子一般可以冷弯，而直径大于 12 mm 的管子则应热弯（1分）；(2)为避免在弯曲部分发生凹瘪现象，必须在弯曲前管内灌上砂子，并用木塞堵口（1分）；(3)若采用热弯，则木塞中间应钻一小孔，以免在加热后管内气体膨胀，造成事故（1分）；(4)对于有焊缝的管子，在弯曲时必须注意把焊缝放在中性层的位置，以免弯曲时焊缝裂开（1分）；(5)冷弯管子通常是在弯管工具上进行（1分）。

46. 答：原因是：(1)夹持不稳，弯曲时出现松动现象（2分）；(2)模具形状、尺寸不准确（3分）。

47. 答：珩磨钢：选用 20 号机油、煤油和淀油的混合液（1分）；珩磨铸铁：选用煤油（1分）；珩磨铬钢、高速钢：选用乳化液（2分）；珩磨铜、铝：选用水或不用切削液（1分）。

48. 答：(1)有一定的黏度和稀释能力（2分）；(2)良好的润滑冷却作用（1分）；(3)对工件无腐蚀性且不影响人体健康（2分）。

49. 答：(1)烙铁温度太低（2分）；(2)焊锡中锡的含量太低，熔化后流动性差（2分）；(3)焊缝清洁工作未做好（1分）。

50. 答：锡焊常用焊剂有稀盐酸、氯化锌溶液、焊膏和松香四种（1分），分别用于以下场合：稀盐酸只适用于锌皮或镀锌铁皮（1分）；氯化锌溶液一般锡焊都可以用（1分）；焊膏适用于镀锌铁皮和小工件锡焊，如电工接线等（1分）；松香只适用黄铜、紫铜（1分）。

51. 答：安装时应满足以下要求：(1)保证规定的配合间隙（1分）；(2)丝杆与螺母的同轴度及丝杆支承轴线与基面的平行度必须符合规定的要求（2分）；(3)丝杆与螺母相互转动灵活

(1分);(4)丝杆的运动精度应在规定的范围内(1分)。

52. 答:为提高齿轮接触精度(2分),减少噪声(1分),达到加工经济的目的(1分),因此对圆锥齿轮装配后有必要进行跑合试车(1分)。

53. 答:量规材料应满足以下基本条件:(1)材料的线膨胀系数较小(1分);(2)材料的稳定性较好(1分);(3)材料应具有良好的耐磨性和抗腐蚀性(1分);(4)材料有较好的切削加工性能(1分);(5)材料有较好的热处理性能(1分)。

54. 答:量规经粗加工和淬火后,由于内部存有残余应力,组织处于不稳定状态,使用时易发生尺寸变形(1分),量规进行时效处理使量规在磨削前充分变形,从而使材料达到较稳定的组织状态(2分);量规进行冷处理的目的在于减少淬火后的残存奥氏体,以提高硬度,增加耐磨性,稳定组织状态(2分)。

55. 答:采用两块平板互研互刮后虽能得到均匀和密集的研点,但不一定具有很高的平面度,不能作为标准平板使用(1分)。这是因为当两块平板精刮成圆弧形时(即一块凸圆弧,一块凹圆弧时),不论直向研、对角研和横向研都能达到均匀和密集的研点(2分)。正确的精刮方法应采用三块平板互研互刮(2分)。

56. 答:刀具切削部分的材料必须满足以下基本要求:(1)具有高的硬度和耐磨性(2分);(2)具有足够的强度和韧性(1分);(3)具有高的红硬性(1分);(4)要有良好的工艺性和经济性(1分)。

57. 答:影响刀具耐用度的因素主要有:工件材料(1分)、刀具材料(1分)、刀具几何参数(1分)、切削方式(0.5分)、切削用量(0.5分)、机床刚度(1分)等。

58. 答:直槽滚刀在使用时,刀齿的左、右切削刃切削条件不同:一个切削刃为正前角,另一个切削刃为负前角,其数值均取决于滚刀的分度圆螺旋升角(2分)。由于负前角对切削效果不良影响较大(2分),因此当滚刀的分度圆螺旋角大于5°时,常采用螺旋形的容屑槽形式(1分)。为便于制造和重磨时控制齿形精度,一般标准的齿轮滚刀的前角$\gamma_0 = 0°$。

59. 答:夹具的装配分为预装配和最后装配两个阶段(1分)。预装配阶段只是初步把各种零件连接起来,而大部分主要零件的位置和夹具的基准尺寸都还没有最后固定,因此并不符合夹具的精度和技术要求(2分)。最后装配的内容主要包括:调整并固定各部零件,修研和检验各个基准尺寸和精度,平衡各种旋转夹具,打标记和喷涂油漆(2分)。

60. 答:夹紧机构一般应满足以下基本要求:(1)夹紧时,在夹具定位元件上,工件所获得的正确位置不得破坏(2分);(2)有足够的夹紧力,在加工过程中工件不能松动,也不能产生不允许的夹紧变形(1分);(3)夹紧力能在一定范围内进行调整(1分);(4)操作方便,安全省力,夹紧迅速(1分)。

61. 答:主要有楔块夹紧机构(1分)、简单螺旋夹紧机构(1分)、螺旋压板夹紧机构(1分)、偏心夹紧机构(1分)、铰链夹紧机构(1分)。

62. 答:组合夹具的元件按其用途不同,可分为基础件(0.5分)、支撑件(0.5分)、定位件(1分)、导向件(0.5分)、夹紧件(1分)、紧固件(0.5分)、辅助件(0.5分)和组合件(0.5分)八大类。

63. 答:用调整法装配夹具模具时,通过调整一个或几个零件的位置(补偿环)来消除其他零件间的积累误差,从而达到装配要求,通过调试排除各种缺陷和影响安全生产等的因素,有利于稳定质量和方便操作(2分)。用修配法装配夹具模具时,通过修配某一零件的尺寸(补偿环)来抵消其他零件间的累积误差,以达到规定的装配技术要求,可以降低制造零件时的加工精度,降低产品成本,常用于公差要求较高的单件小批量生产(3分)。

64. 答:冲裁模装配的基本要求为:(1)装配好的冲裁模,其闭合高度及各种零件间的相对位置应符合图样规定的要求(1分);(2)凸模与凹模的配合间隙应合理均匀,符合图样要求(1分);(3)导柱、导套之间导向良好,移动平稳无歪斜阻滞现象(1分);(4)模柄的圆柱形部分应与上模座上下平面垂直(1分);(5)模具应在生产条件下试冲,冲出的零件符合图样要求(1分)。

65. 答:大型工件划线时,选择安置基面的原则是:当第一划线位置确定后,应选择大而平直的面作为安置基面,以保证划线时安置平稳、安全可靠(5分)。

66. 答:采用拼凑大型平面的划线原理划大型工件时,常用的有:工件移位法(1分)、平板接长法(2分)和条形垫铁与平尺调整法(2分)三种。

67. 答:畸形工件划线的工艺要点有:(1)划线的尺寸基准应与设计基准一致,否则会影响划线质量和效率(2分);(2)工件安置基面应与设计基准面一致,这样可提高划线质量和效率(1分);(3)正确借料可减少和避免工件报废,同时可提高外观质量(1分);(4)合理选择支承点,确保工件安置平稳,安全可靠,调整方便(1分)。

68. 答:在相同的测量条件下,对同一个被测量进行多次重复测量时,误差的大小和方向无规律地变化且无法预知的,这种测量误差称为随机误差(2分)。产生随机误差的原因:(1)量具、量仪零、部件的配合不稳定(1分);(2)测量力的变化(1分);(3)读数误差(1分)。

69. 答:级进模也称连续模或步距,是一种当材料按顺序连续送进模具时,每移动一个步距,材料即能在模具不同位置上完成两个或几个冲压工序的模具(5分)。

70. 答:常采用压印修锉法,即按划线和样板精加工并留有一个模子(例如凹模),作为压印基准件,然后将已半精加工并留有一定余量的凸模放在凹模上(3分)。用压床或锤子锤击施加压力,使凸模上多余的金属被凹模挤出,在凸模上出现凹模的印痕,再根据印痕将多余的金属锉去(2分)。

六、综合题

1. 答:大型工件划线时,为调整方便,一般采用三点支承(2分),并注意以下情况:(1)三个支承点应尽可能分散,以保证工件的重心落在三个支承点所构成的三角形的中心部位,使各个支承点承受的载荷基本接近(2分);(2)为确保安全,便于调整,应先用枕木或楔铁支承,然后用千斤顶支顶并调整(2分);(3)对偏重的或形状特殊的大型工件,除尽可能采用三点支承外,在必要的地方增加几处辅助支承,以分散重量,保证安全(2分);(4)对某些大型工件,若需要划线操作者进入工件内部划线时,应采用方箱支承工件,在确保工件安置平稳可靠后,方可进入工件内划线(2分)。

2. 答:钻小孔必须掌握以下几点:(1)选用精度较高的钻床,钻头装夹与钻床主轴的同轴度误差要小,选用小型的钻夹头同轴度要求很高(2.5分);(2)选用较高的转速,高速钢麻花钻钻削中,高碳钢的最佳切削速度范围为 $20\sim25$ m/min,钻床主轴的旋转精度高,刚度好,抗振性强(2.5分);(3)开始时进给量小,以防钻头折断,通常采用钻模钻孔,也可先钻中心孔再钻削(2.5分);(4)需退钻排屑,并在空气中冷却或输入切削液(2.5分)。

3. 答:腐蚀法腐蚀标记时,首先应将样板平面用酒精或汽油脱脂,擦净(2分),然后在标记处涂沥青漆(2分)。待沥青漆稍干后,用划针在涂层上刻出标记。刻时应将沥青涂层刻穿(2分),然后用小木棒蘸涂酸液进行腐蚀,直到样板表面出现足够深度的标记为止(2分)。腐蚀后,应用清水冲去酸液,再放在加热到 35 ℃~40 ℃的 5‰氢氧化钠溶液中浸几分钟,然后用清水冲洗,并用汽油揩去剩余的沥青漆,最后涂防锈油(2分)。

4. 答:箱体工件的划线,除按照一般划线时确定划线基准和进行找正借料外(1分),还应注意以下几点:(1)第一划线位置应选择待加工表面和非加工表面比较重要的相比较集中的位置(2分);(2)箱体工件划线,一般都要在四个面上划出十字校正线,且划在长或平直的部位(2分);(3)为避免和减少翻转次数,其垂直线可利用角铁或角尺一次划出(2分);(4)某些内壁不需加工且装配齿轮等零件的空间又较小的箱体,划线时要注意找正箱体内壁,以保证加工后能顺利装配(3分)。

5. 答:(1)钻头的接长部分要有很好的刚性和导向性,接长杆必须经调质处理,接长杆的四周须镶上铜制的导向条(2分);(2)钻深孔前先用普通钻头钻至一定深度后,再用接长钻继续钻孔(2分);(3)用接长钻钻深孔时,钻进一定深度后须及时退出排屑,以防堵塞(2分);(4)用深孔钻钻深孔时,必须保持排屑畅通,并注入一定压力的切削液(1分);(5)钻头前刀面或后刀面磨出分屑槽与断屑槽,使切屑呈碎块状,容易排屑(2分);(6)切削速度不能太高(1分)。

6. 答:辅助样板一般可由工具钳工按以下原则自行设计:(1)结构应尽可以简单,同时应适应工作样板型面加工的次序,即辅助样板应以工作样板上已加工表面作为测量基准(3分);(2)用辅助样板测量工作样板的新加工表面最好是一个,否则将增加辅助样板制作的难度(2分);(3)辅助样板型面应能用万能量具检验,或能按照其他辅助样板来制造(2分);(4)辅助样板的测量基准选择,应保证同一块辅助样板能用于样板淬火前的加工和淬火后的研磨,以减少辅助样板的制作数量(3分)。

7. 答:在使用过程中,由于机器磨损(1分)、空气氧化(1分)、受热(1分)、灰尘(1分)、水分(1分)、变酸和其他原因,逐渐使润滑油变质的过程称为老化。确定老化程度应检查以下项目:(1)颜色是否变暗、变黑或出现乳化现象(1分);(2)黏度比标准增加或降低(1分);(3)水分含量(1分);(4)不溶解杂质以及中和值、界面张力、稀释情况、灰分、皂化值等(1分),当润滑油的性能不符合规定指标时,必须加以更换(1分)。

8. 答:(1)看清图纸,详细了解零件上需要划线的部位和有关的加工工艺,明确零件及划线的有关部分的作用和要求(2分);(2)选取划线基准,确定找平方法(1分);(3)检查毛坯或经过加工的半成品,符合划线要求后,在划线部位涂上涂料(2分);(4)合理夹紧工件,使划线基准平行或垂直于平台(2分);(5)划线(1分);(6)详细检查划线的准确性和线条有无漏划(1分);(7)在线条上打样冲眼(1分)。

9. 答:在相同条件下,重复测量同一个量具时,误差大小和方向保持不变或当条件改变时误差按一定的规律变化,这种测量误差称为系统误差(4分)。引起系统误差的因素有:(1)量具或量仪的刻度尺刻度不准确(2分);(2)校正量具或量仪所使用的校正工具(标准量具)有误差(2分);(3)测量时环境温度未保持在 20 ℃(2分)。

10. 答:群钻与麻花钻相比,其优点是:(1)高生产率。钻削相同的孔,群钻需要的进给力、切削转矩均比麻花钻小,切削时间短。相同的钻床设备,群钻的进给力比麻花钻大得多,因而钻削效率大大提高(3分)。(2)高精度。群钻是经过多种合理修磨的新型钻,被加工的孔具有较高的尺寸与形位精度、较小的表面粗糙度数值(3分)。(3)适应性强。群钻能对不同材料、大小不一的孔进行加工,能满足工艺结构不同的孔加工要求(如薄板、斜面等的钻孔)(2分)。(4)使用寿命长。群钻的使用寿命比麻花钻提高 2～3 倍(2分)。

11. 答:工具钳工在夹具零件制造中的主要工作有以下几点:(1)刮削夹具体的基面与定位表面(2分);(2)研磨支承面及钻套内孔(2分);(3)倒毛刺、钻攻螺孔(2分);(4)在精密钻床上对钻模板、分度盘上的孔进行钻、铰等工序加工,对分度销进行修研加工(2分);(5)夹具的整体装配、检测等(2分)。

12. 答:按一定的要求和步骤组合成能满足工件加工要求的夹具的过程,称为组合夹具的组装(4分)。组合夹具组装的基本特点为:(1)各类元件之间的配合全部采用无过盈配合(2分);(2)元件之间都是用螺钉、螺栓和键连接(2分);(3)元件之间的位置是可以调整的(2分)。

13. 答:滚动轴承的间隙分径向间隙和轴向间隙两种(2分)。径向间隙是指内外圈之间在直径方向上的最大相对游动量。轴向间隙是指内外圈在轴线方向上的最大相对游动量(2分)。其调整方法有:(1)用垫片调整,通过改变轴承盖处的垫片厚度以调整轴承的轴向间隙(3分);(2)用调整螺钉调整(3分)。

14. 答:刀具的中心孔应达到以下基本要求:(1)刀具两端中心孔必须满足同轴度要求(4分);(2)中心孔的锥度及直径必须符合标准(3分);(3)中心孔的锥面必须光洁,无拉伤和棱角(3分)。

15. 解:切削速度 v、钻头直径 d 与钻床转速 n 之间的关系为:

$v = \pi d n$(3分)

则 $n = \dfrac{v}{\pi d}$(2分)

$n_1 = \dfrac{20}{\pi \times \dfrac{3}{1\,000}} \approx 2\,122 \text{ r/min}$(2分)

$n_2 = \dfrac{25}{\pi \times \dfrac{3}{1\,000}} \approx 2\,653 \text{ r/min}$(2分)

答:钻头的转速范围为 2 122～2 653 r/min(1分)。

16. 解:切削速度 v、钻头直径 d 与钻床转速 n 之间关系为:

$v = \pi d n$(5分)

将数据代入,则钻头的切削速度为:

$v = \pi \times \dfrac{3}{1\,000} \times 2\,500 = 23.6 \text{ m/min}$(4分)

答:钻头的转速为 23.6 m/min(1分)。

17. 解:测量误差 $\Delta = x - Q$(1分)

式中　Δ——测量误差;(2分)

　　　x——测量结果;(2分)

　　　Q——被测量的真值。(2分)

被测量的真值为:

$Q=x-\Delta=(30\text{ mm}+0.015\text{ mm})-0.01\text{ mm}=30.005\text{ mm}(2\text{ 分})$

答:被测对象的真值为 30.005 mm(1 分)。

18. 解:$10°0'30''$ 选第一块时去掉秒位(2 分)

$\dfrac{+15°06'}{25°06'30''}$ 选第二块时去掉分位(2 分)

$\dfrac{-11°}{14°06'30''}$ (2 分)

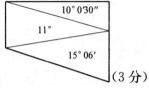

(3 分)

答:可用 $10°0'30''$、$11°$ 和 $15°06'$ 三块组成(1 分)。

19. 解:$h=KNl$(3 分)

式中 h——高度差;(1 分)

  K——水平仪精度;(1 分)

  N——水准气泡移动格数;(1 分)

  l——被测长度。(1 分)

$N=\dfrac{h}{Kl}=\dfrac{0.02}{\dfrac{0.02}{1\,000}\times1\,000}=1$ 格(2 分)

答:水准气泡移动 1 格(1 分)。

20. 解:对于米制螺纹,$\alpha=60°$ 时,最佳量针的直径计算公式为:

$d_{0最佳}=P/(2\cos\alpha/2)$(5 分)

$d_{0最佳}=0.577\,35P$(2 分)

式中 P——螺纹螺距,mm。(1 分)

$d_{0最佳}=0.577\,35\times10\text{ mm}=5.773\,5\text{ mm}$(1 分)

答:最佳量针的直径为 5.773 5 mm(1 分)。

21. 解:对于梯形螺纹,$\alpha=30°$ 时,最佳量针的直径计算公式为:

$d_{0最佳}=0.517\,64P$(5 分)

式中 P——螺纹螺距,mm。(2 分)

$d_{0最佳}=0.517\,64\times10\text{ mm}=5.176\,4\text{ mm}$(2 分)

答:最佳量针的直径为 5.176 4 mm(1 分)。

22. 解:应加垫片的厚度 t 为:

$t=a-b-s$(5 分)

式中 a,b——压铅厚度,mm;(1 分)

  s——轴承间隙,mm;(1 分)

  t——垫片厚度,mm。(1 分)

$t=a-b-s=3.88\text{ mm}-1.65\text{ mm}-0.02\text{ mm}=2.21\text{ mm}$(1 分)。

答:应加垫片的厚度为 2.21 mm(1 分)。

23. 解:调整螺钉倒拧的角度 α 为:

$$\alpha = \frac{s}{P} \times 360°(5 分)$$

式中　α——螺钉倒拧的角度,°;(1分)

　　　s——轴承要求的间隙,mm;(1分)

　　　p——调整螺钉的螺距,mm。(1分)

$$\alpha = \frac{0.02}{1} \times 360° = 7.2°(1 分)$$

答:调整螺钉应倒拧的角度为 7.2°(1分)。

24. 解:空程角与齿侧隙的换算关系为:

$$C_n = \frac{Z_1 m \alpha}{7.3} = \frac{1 \times 4 \times 10}{7.3} = 5.48 \ \mu m(9 分)$$

答:侧隙为 5.48 μm(1分)。

25. 解:作 $\overline{bc}$ 垂直于 $\overline{ac}$,在直角三角形 abc 中 (2分),如图1所示。

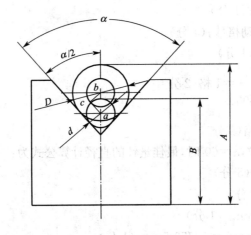

图　1

$$bc = \frac{D}{2} - \frac{d}{2}(2 分)$$

$$ab = A - \frac{D}{2} - \left(B - \frac{d}{2}\right)(2 分)$$

$$\sin \frac{\alpha}{2} = \frac{\overline{bc}}{\overline{ab}} = \frac{\frac{D}{2} - \frac{d}{2}}{A - \frac{D}{2} - \left(B - \frac{d}{2}\right)} = \frac{\frac{13.75}{2} - \frac{7}{2}}{34.40 - \frac{13.75}{2} - \left(25.96 - \frac{7}{2}\right)} = 0.666\ 337\ 61(2 分)$$

查三角函数表得:

$$\frac{\alpha}{2} = 41°47'6''(2 分)$$

$$\alpha = 2 \times 41°47'6'' = 83°34'12''$$

答:夹角 α 为 $83°34'12''$。

26. 答:左视图如图 2 所示(10 分)。

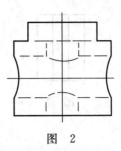

图　2

27. 答:俯视图如图 3 所示(10 分)。

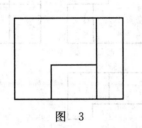

图　3

28. 答:如图 4 所示(10 分)。

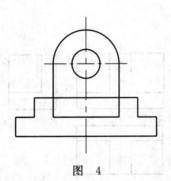

图　4

29. 答:如图 5 所示(10 分)。

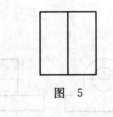

图　5

30. 答:如图 6 所示(10 分)。

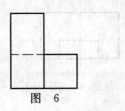

图　6

31. 答:如图 7 所示(10 分)。

图 7

32. 答:如图 8 所示(10 分)。

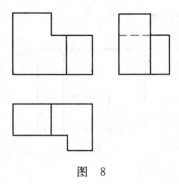

图 8

33. 答:如图 9 所示(10 分)。

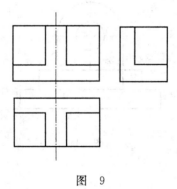

图 9

34. 答:如图 10 所示(10 分)。

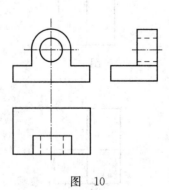

图 10

35. 答:如图 11 所示(10 分)。

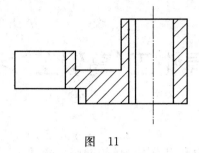

图　11

工具钳工(高级工)习题

一、填 空 题

1. 液压传动是在( )内利用受压液体传递压力能,再通过执行机构把压力能转换为机械能而做功的传动方式。

2. 数控机床就是采用专门的电子数控计算机(或称"数控装置")以( )的形式编制加工程序,控制机床各运动部件的动作顺序、速度、位移量及各辅助功能等,以实现机床各运动部件的动作。

3. 传感器(或称探头)是把被测对象的( )转移为与之相对应,容易检测、运输、处理的电信号的一种装置。

4. 变压器是一种将交流电压升高或降低,并且保持其( )不变的静止电器设备。

5. 熔断器又称保险丝,是一种简单而有效地保护电器,主要用来保护电源免受( )的损害。

6. 低压开关是指用手来操纵,对电器线路进行接通或断开的一种( )电路。

7. 在相同条件下,重复测量同一量时,误差的大小和方向保持不变,或当条件改变时,( )按一定规律变化,这种测量误差称为系统误差。

8. 气动量仪是利用气体在( )过程中某些物理量的变化来实现长度测量的一种装置。

9. 自位支承是一种浮动的支承,对工件只起消除( )的作用,其作用相当于一个固定支承点。

10. 辅助支承对工件不起消除自由度的作用,是只起增强工件稳定性和( )作用的支承。

11. 定位误差是由工件定位所造成的加工面相对其( )的位置误差。

12. 工件定位时,由于定位基准与设计基准不重合,而两个基准之间还存在一个( ),因此对工件尺寸也将产生一个相应的误差,此误差称为基准不符误差。

13. 光学量仪与机械量仪不同,它的量值传递是运用几何光学原理及各种( )实行,因而测量精度高、性能稳定、通用性好,还有较大的放大倍数。

14. 卧式测长仪的万能工作台有( )运动方式。

15. 针描法是利用测量器具的测针,在被测表面上以一定( )轻轻划过,测出被测表面的表面粗糙度的方法。

16. 采用补偿法装配的关键是合理选择( )。

17. 选择合适的补偿件可( )夹具的装配工艺,缩短装配时间,以及提高夹具的精度。

18. 夹具装配测量在选择测量和校正基准面时,尽可能符合( )原则。

19. 夹具装配完毕后需对夹具进行( )鉴定。

20. 冷冲模试模使用的压力机吨位必须( )所计算的冲裁力。

21. 冷冲模试冲时,至少连续冲出( )合格的冲压件,才能将模具正式交付生产使用。

22. 冲压件成型前的毛坯尺寸和形状一般可用计算或( )的方法求得。

23. $\phi 500$ 投影仪的测量是( )测量,在测量时没有测量力。

24. 量具和量仪的选择应适应( )测量场所的环境条件。

25. 量具和量仪的选择要适应( )的结构特点。

26. 造成冲裁件的剪切断面光亮带太宽或出现双亮带及毛刺的主要原因是( )间隙太小。

27. 杠杆齿轮比较仪的分度值有 0.000 5 mm、0.001 mm 和( )mm 等。

28. 扭簧比较仪是应用扭簧作为尺寸转换和扩大的传动机构,将测杆的直线位移转变为指针的角位移的精密量具,使用时必须安装在稳固的( )上。

29. 扭簧比较仪的分度值最小可达( )mm。

30. 光学平直仪由平行光管和( )组成的仪器本体,及配置一个在定长底板上的平面反射镜组合而成。

31. 光学平直仪可以用来检测机床导轨在垂直平面内和( )面内的直线度。

32. 光学平直仪射出的光束是( )的。

33. 用光学平直仪测导轨直线度时,放置反射镜的桥板表面和放置光学平直仪支架的表面都应与被测表面平行,并且这两者应( )。

34. 设计夹具时,应使夹紧力、切削力通过( )连成的几何形状内。

35. 设计夹具时,其夹紧装置应有( )作用,当原始作用力消除后不会自行松脱。

36. 机械传动装置常用的有气压、液压、电气和( )。

37. 气动传动装置的气缸主要有活塞式气缸和( )气缸。

38. 常见的机械分度装置有回转分度装置和( )分度装置。

39. 回转分度装置一般由固定部分、( )部分、分度机构和抬起与锁紧机构组成。

40. 按毛坯的制造方法,夹具体可分为铸造夹具体、( )夹具体、锻造夹具体和装配式夹具体。

41. 工件被加工孔对于定位基准面的距离公差或孔距公差小于 0.05 mm 时,只有采用固定式钻模板和( )钻套才能保证。

42. 各种不同机械的运动对电动机运转的要求主要有:启动、改变运动的速度、改变运动的方向、( )。

43. 串励直流电动机当机械负载增加时,电动机的( )有较大的下降。

44. 改变直流电动机的旋转方向,可以在磁极电流不变时,改变( )来实现。

45. 直流电动机的调速方法有电枢电路串接电阻调速、( )调速和改变电枢电压调速。

46. 直流电动机按励磁方式不同,可分为他励和( )两种。

47. Z35 型摇臂钻床的十字开关由四个微动开关和操作手柄组成,操作手柄共有( )位置。

48. 数控装置一般由输入装置、( )、运算器、输出装置组成。

49. 改变输入( )时,步进电动机的转速就随之变化。

50. 直线式感应同步器由定尺和( )组成。

51. 承压设备气压试验前,焊缝必须经过 100% 的( )检查。

52. 研磨薄壁弹性滑动轴承的研磨棒应用（　　）合金制成。

53. 珩磨加工范围广，当没有专用珩磨机床时，可以用车床、钻床、镗床、（　　）等改装而成。

54. 由于（　　）和立方氮化硼磨料的应用，以及自动测量技术的推广，可显著地提高生产率，发挥珩磨的优点。

55. 用强制珩磨法珩磨蜗轮时，一般是在高精度（　　）上进行。

56. 量规制造过程中的热处理方法除了与一般机械零件相同外，还可以根据材料特点和特殊精度要求进行时效处理和（　　）。

57. 螺纹通端工作塞规具有完整的牙型和标准的（　　）。

58. 测微仪是一种借助杠杆传动使测量杆的往复运动转变为指针（　　）的机械指示式量仪。

59. 投影仪测量属于非接触性测量，其测量方法有绝对测量法和（　　）两种。

60. 镶齿刀具的刀槽齿纹分径向齿纹和（　　）两类，可分别用于梳形插刀和齿纹拉刀加工。

61. 对铲齿后还需铲磨的刀具，为便于砂轮（　　），铲齿时应进行双重铲背。

62. 铲齿凸轮表面的阿基米德螺旋线在（　　）内的上升量称为铲背量。

63. 铲齿加工的基本方式有径向铲齿、轴向铲齿和（　　）铲齿三种。

64. 齿轮滚刀的容屑槽形式有直槽和（　　）两种。

65. 尖齿铣刀的齿背形状除直线齿背外，还有（　　）和抛物线齿背。

66. 机床夹具的种类繁多，按适用性的大小可分为普通夹具、专用夹具和（　　）三类。

67. 单件多位夹紧机构是一种（　　）机构，能同时从几个方向上均匀地夹紧工件。

68. 气动液压联动夹紧机构是由一个气压传动机构加上一个密闭的（　　）所组成的。

69. 精度要求特别高的锤锻模，在精整加工结束后，必须在压力机上压制铅痕来检查模腔的实际尺寸和（　　）。

70. 冷冲模中常用的顶件装置有（　　）和弹性顶件装置两种。

71. 冲裁模的凸、凹模刃口不锋利或（　　）将会使冲出的制件有毛刺。

72. 旋转零件的重心和旋转中心只在径向位置上有偏重时叫作（　　）。

73. 静平衡的作用是消除零件在径向位置上的偏重，使零件的重心与（　　）重合。

74. 对长度与直径之比很小的零件一般只做（　　）；而长度与直径之比很大的零件，则必须做动平衡。

75. 工件表面经精研磨后，其尺寸精度可控制到（　　）mm 或更高。

76. 量块在超精研磨前，要先用（　　）将平板打磨平，然后才采取干研方式进行超精研磨。

77. 研具通常用比工件软的材料制造，常用的材料有灰铸铁、（　　）、球墨铸铁等。

78. 手工研磨运动轨迹的种类有：直线研磨运动轨迹、摆动式直线研磨运动轨迹、（　　）研磨运动轨迹、8 字形或仿 8 字形研磨运动轨迹。

79. 液压泵正常工作必备的四个基本条件：具备密封容积；密封容积的大小能交替变化；应当有配流装置；在（　　）过程中，油箱必须和大气相通。

80. 流量阀是通过改变节流口的通截面积和通流（　　）来控制液流流量的。

81. 方向控制阀是控制液流（　　）的阀，从而控制执行元件的运动方向。

82. 速度控制回路是用流量阀、节流阀、（　　）调节工作行程或使用不同速度相互转换的回路。

83. 液压传动装置通常由液压泵、液压缸、（　　）和管道等组成。

84. 液压泵是将机械能转变为（　　）能的能量转换装置。

85. 常用的液压泵有齿轮泵、叶片泵和（　　）泵。

86. 液压阀按用途分为压力阀、（　　）阀和方向阀。

87. 减压阀是起减压和（　　）作用的，它可以控制某一支油路的压力低于主油路的压力。

88. 方向控制回路包括换向回路、（　　）回路，其作用是控制液流的通、断和流动方向。

89. 液压冲击不仅影响液压系统工作的稳定性，恶化加工工件的表面质量，降低设备的（　　），严重时甚至损坏某些零部件。

90. 低压电器是指工作在交流 1 000 V 和直流 1 200 V 以下的电路中的电器，按照在控制系统中的作用分为（　　）电器和保护电器两类。

91. 熔断器的熔体一般用（　　）制成圆丝状。

92. 速度继电器主要用于电动机进行反接制动时，配合适当的控制线路以防止（　　）现象。

93. 热继电器是一种利用电流的热效应来对电路作过载保护的保护电器，主要用作电动机的（　　）。

94. 电动机直接启动的控制线路有点动控制路线、接触器自锁路线和具有（　　）路线。

95. 平面连杆机构是由一些刚性构件用转动副和（　　）副相互连接而组成的机构。

96. 根据轮系运转各齿轮的几何轴线在空间的相对位置是否固定，轮系可分为定轴轮系和（　　）两大类。

97. 轴是机械中的重要零件，所有的（　　）零件，如齿轮、带轮都装在轴上。

98. 滚动轴承是滚动摩擦性质的轴承，一般由外圈、内圈、（　　）和保持器组成。

99. 螺纹连接是一种可拆卸的固定连接，分为普通螺纹连接和（　　）螺纹连接。

100. 普通平键连接适用于高精度、传递重载荷、冲击及（　　）向转矩的场合。

101. 凸轮能控制从动件的运动规律，是一个具有（　　）的构件。

102. 带传动是利用带作为中间的（　　）件，依靠传动带与带轮间的摩擦力来传递动力。

103. 齿轮联轴器适用于高速，传递很大转矩，并能补偿较大的（　　）。

104. 离合器的功能是机器在运转过程中，可将传动系统随时分离或接合的一种装置。用它来操纵机器传动系统的断、续以便进行（　　）或换向等动作。

105. 当光线垂直入射到平面平行玻璃板的表面上时，由于入射角为 0°，所以折射角也为 0°，光线不发生偏折而（　　）传播。

106. 球面透镜一般可分为凸透镜和（　　）两种。

107. 卧式测长仪主要用于测量工件的平行平面、（　　）及内、外圆柱形表面的尺寸，也可以测量内、外螺纹的中径、螺距等。

108. 单盘式渐开线检查仪的特点是结构较简单，使用调整方便，测量效率较高，适用于（　　）生产。

109. 在万能工具显微镜纵向示值误差影响因素中，主要包含仪器纵向标尺刻划误差和纵向滑板移动(　　)两项。

110. 光学分度头一般由头部、尾架、(　　)等部分组成。

111. 万能工具显微镜的光学系统包括(　　)系统和投影读数系统两部分。

112. 选择合适的调整环节对夹具进行调整、(　　)或补偿,才能保证预定的装配精度。

113. 对于带有台阶面的定位元件,装配压入夹具体内,若轴线与基面不垂直,将会导致(　　)甚至破坏,使配合件很快地磨损,并失去原有的精度。

114. 在元件的加工精度已经合格的条件下,夹具装配精度在相当大的程度上还取决于装配过程中(　　)的正确运用,即正确的测量和校正位置精度。

115. 低熔点合金浇注法,是利用低熔点合金在冷却凝固时(　　)的特性来紧固零件的一种方法。

116. 冷冲模试冲件的材料性质、种类、牌号和(　　)均应符合图样要求。

117. 冲模的尺寸精度取决于各种定位、导向零件的形状、精度和各零件之间的(　　)精度。

118. 用垫片法调整冷冲模间隙,是在凹模刃口的四周适当的地方安置(　　)或铝垫片。

119. 试冲前,对导柱、导套及各滑动部位要加润滑油。试冲时应注意观察模具(　　)运动是否灵活无障碍。

120. 一件产品的生产时间定额,是完成这个零件的各个(　　)定额的总和。

121. 工序时间定额由基本时间、辅助时间、(　　)、休息与生理需要时间和准备与终结时间组成。

122. 要提高劳动生产率,就必须设法缩短(　　)定额。

123. 提高劳动生产率的主要措施有:(　　);工步合并;采用高生产率的工艺装备;采用高生产率的工艺等。

124. 成组加工是将划分为同一组的零件按相同的工艺路线在同一设备、生产单元或(　　)完成全部机械加工。

125. 在截面积相同的条件下,(　　)截面的圆轴比实心截面的圆轴能承受更大的扭矩。

126. 在周转轮系中,具有运动轴线的齿轮称作(　　)轮。

127. 在分度圆上相邻两齿的同侧齿廓间的弧长称为(　　),用 P 表示。

128. 模数与齿轮的几何尺寸大小有关,模数越大,齿形越(　　)。

129. 去掉外力后能够消失的变形叫作(　　)。

130. 零件在外力作用下抵抗破坏的能力叫作(　　)。

131. 轴受力变形后,轴线上的一点在垂直于轴线方向的位移叫作(　　)。

132. 相邻两牙在中径线上对应两点间的轴向距离叫作(　　)。

133. 仅用来支承转动件不传递动力,只受弯曲作用不受扭转作用的轴叫作(　　)。

134. 设计时所给定的尺寸叫作(　　)。

135. 孔的尺寸减去相配合轴的尺寸所得的代数差,其值为正时是(　　)。

136. 基本尺寸相同的相互结合的孔和轴的公差带之间的关系叫作(　　)。

137. 确定尺寸精确程度的等级是(　　)。

138. 零件指定平面所允许的变动量叫作(　　)。

139. 渐开线的常用划线方法有展成法、(　　)。

140. 大型工件划线常用的方法有拼凑大平面、（　　　）两种。

141. 产品的装配精度是以零部件的（　　　）为基础的。

142. 分组装配法的装配质量好，（　　　）高。

143. 表示装配单元先后顺序的图称为（　　　）图。

144. 大型、畸形工件划线时，应合理选择支承点，必要时需加上相应的辅助支承，这是为了（　　　）。

145. 造成铰孔圆柱度误差增大的主要原因是：钻孔不直，铰刀的切削刃（　　　）过大和导锥角过大。

146. 定位时，若保证圆柱表面的中心位置准确，需要采用（　　　）方法。

147. 最常见的夹具的动力装置有气动和（　　　）。

148. 夹具夹紧力的确定指的是夹紧力的大小、方向和（　　　）。

149. 偏心夹紧机构的缺点是夹紧行程受偏心距的限制，同时（　　　）也较小。

150. 定心夹紧机构的特点是具有定位和（　　　）两种作用，它们是在工件被夹紧过程中同时实现的。

151. 装配的程序一般是首先选择（　　　），然后按先上后下、先内后外、先难后易、先精密后一般的原则进行装配。

152. 夹具的装配质量不但影响工件的加工精度，并且也直接关系到夹具的（　　　）。

153. 装配导向元件时配合和（　　　）应控制到最小限度，使其有一定的储备精度。

154. 夹具装配精度主要是由各个（　　　）配合面之间的位置精度组成的。

155. 在精密夹具的调整过程中，如何选择（　　　）是一个重要环节。

156. 冲模在装配结束后必须在实际生产条件下进行试冲，边试冲边调整，直到符合要求后再（　　　），用销固定。

157. 冷冲模的特殊装配工艺主要是指低熔点合金浇注、无机粘接和（　　　）。

158. 在冷冲模装配中，低熔点合金主要是用来固定凸模、凹模、（　　　）等零件。

159. 低熔点合金浇注前，工件的浇注部位应先用砂纸打光，然后用丙酮或（　　　）进行清洗，以去除铁锈、油污。

160. 根据铝合金的成分及生产工艺特点，可将铝合金分为变形铝合金和（　　　）两大类。

161. 常用的无机粘结剂主要是由磷酸和（　　　）组成的。

162. 无机粘接时，零件粘接面的表面粗糙度一般应控制在 $R_a 25\ \mu m \sim R_a 100\ \mu m$ 范围内，单面配合间隙以取（　　　）为宜。

163. 环氧树脂粘接时零件粘接面的表面粗糙度一般应控制在 $R_a 50\ \mu m \sim R_a 100\ \mu m$ 范围内，单面间隙以取（　　　）为宜。

164. 调整冷冲模的凸、凹模间隙的常用方法有垫片法、镀铜法、切纸法、（　　　）和测量法。

165. 切纸法适用于调整单边间隙（　　　）的冲裁模，纸的厚度以 0.05 mm 为宜。

166. 冲载模工作时，造成凹模被涨裂的主要原因是（　　　）。

167. 360 牙的齿式分度装置，其分度数为 $360°/n$，或为分度数的（　　　）。

168. 多齿分度台受齿盘数的限制不能按任意角分度，但可用差动分度和附加（　　　）等办法来解决。

169. 零件图上，用来确定其他点、线、面位置的那些点、线、面称为（　　　）。

170. 在加工和装配中所使用的基准统称为（　　　）。

171. 对某一确定的参数进行多次测量，所得到的数值变化范围的大小称为（　　　）。

172. 用两个或两个以上定位点重复消除同一个自由度称为（　　　）。

173. 工件定位时，没有消除必须消除的自由度称为（　　　）。

174. 由于工件定位所造成的加工面相对其工序基准的（　　　）称为定位误差。

175. 定位基准相对的最大变动量称为一批工件的（　　　）。

176. 按工件规定的尺寸预先调整机床、夹具与工件的相对位置，再对一批工件进行加工的方法叫作（　　　）。

177. 研磨可以达到很高的尺寸精度和（　　　），但一般不能提高位置精度。

178. 用精密水平仪可精确地测量工件表面的（　　　）和相关零部件的安装位置的准确度，还可测量零件的微小倾角。

179. 螺旋夹紧机构多用于（　　　）的夹具。

180. 绞链夹紧机构多用于（　　　）的夹具。

181. 对于夹具体的主要要求是有足够的刚性、（　　　）和形状简单。

182. 钻模板的孔间距离要有精确的（　　　）。

183. 分度盘有轴向和（　　　）两种。

184. 所谓压力机加工是指利用压力使材料得到合乎要求的（　　　），不产生切屑的加工方法。

185. 压力加工用在液态金属方面就是（　　　）。

186. 锪钻的种类有柱形锪钻、锥形锪钻、（　　　）锪钻。

187. 花键的定心方式有外径、内径和（　　　）三种。

188. 装配尺寸链中的（　　　）就是装配时需要得到的最终尺寸。

189. 测量时造成粗大误差的主要原因是（　　　）。

190. 螺纹量规按工作用途不同，可分为工作量规、检验量规和（　　　）三种。

191. 液动换向阀是利用（　　　）的液压油，操纵滑阀改变工作位置的换向阀。它的换向时间可分为可调和不可调两种。

192. 选用液压泵时，主要是确定液压泵额定流量、额定压力和（　　　）。

193. 齿轮泵由泵体、（　　　）和齿轮的齿槽构成密封容腔。

194. 对于级进冲模，其试冲板料的宽度应比侧面导板的距离（　　　）。

195. 平行角尺的关键工序是（　　　）的研磨，其研磨方法有对称两位误差法和计算法。

196. 工件以孔定位时的定位误差，不仅与定位元件的结构、布置方式有关，而且与定位基准定位元件的（　　　）有关。

197. 影响齿轮接触精度的主要原因是（　　　）及安装是否正确。

198. 工具钳工在夹具零件制造中的主要工作，是刮削夹具体的定位基面或定位表面，研磨支承表面和小直径钻套的内孔，以及倒毛刺、（　　　）螺孔等。

199. 未注公差尺寸的公差等级规定为 IT12～IT18，一般孔用 H，轴用 h，长度用（　　　）。

200. 确定配合零件的表面粗糙度时，还应与其尺寸精度和（　　　）精度相适应。

二、单项选择题

1. 液压泵的工作压力取决于（　　　）。

(A)功率　　　　　(B)油液的流量　　　(C)负载　　　　　　(D)油液的流速

2. 换向阀芯处在中间位置时,(　　)的滑阀机能可以使各油口接通。

(A)O 型　　　　　(B)H 型　　　　　　(C)M 型　　　　　(D)V 型

3. 节流阀节流调速原理是通截流量与通截面积(　　)。

(A)成正比　　　　(B)成反比　　　　　(C)相同　　　　　(D)不变

4. 方向控制回路是(　　)回路。

(A)换向和闭锁　　　　　　　　　　　(B)调压和卸载

(C)节流调速和速度换接　　　　　　　(D)换向和调压

5. 闭锁回路所采用的主要元件为(　　)。

(A)换向阀和液控单向阀　　　　　　　(B)溢流阀和减压阀

(C)顺序阀和压力继电器　　　　　　　(D)单向阀和减压阀

6. 液压传动中,将压力能转换为驱动工作部件机械能的能量转换元件是(　　)。

(A)动力元件　　　　(B)执行元件　　　(C)控制元件　　　(D)辅助元件

7. 减压阀在负载变化时,对节流阀进行压力补偿,从而使节流阀前、后的压力差在负载变化时自动(　　)。

(A)提高　　　　　(B)保持不变　　　　(C)降低　　　　　(D)略有提高

8. 流量控制阀的技术性能主要要求有(　　)稳定流量、压力损失和泄漏量等。

(A)最大　　　　　(B)最小　　　　　　(C)中值　　　　　(D)不变

9. 依靠流体流动的能量来输送液体的泵是(　　)。

(A)容积泵　　　　(B)叶片泵　　　　　(C)流体作用泵　　(D)齿轮泵

10. 液压系统产生噪声的主要原因之一是(　　)。

(A)液压泵转速过低　　　　　　　　　(B)液压泵吸空

(C)油液不干净　　　　　　　　　　　(D)液压泵转速过高

11. 一台三相笼型异步电动机,功率为 1 kW(额定电流按每千瓦 2 A 估算)。它带上额定负载进行直接启动,主电路熔断器熔丝的额定电流应选(　　)。

(A)2 A　　　　　(B)5 A　　　　　　(C)10 A　　　　　(D)15 A

12. 接触器的额定工作电压是指(　　)的工作电压。

(A)主触头　　　　(B)辅助触头　　　　(C)线圈　　　　　(D)设计

13. 热继电器在电路中具有(　　)保护作用。

(A)过载　　　　　(B)过热　　　　　　(C)失压　　　　　(D)触电

14. 在铰链四连杆中,最短杆的(　　)为机架时,即为曲柄连杆机构。

(A)相对构件　　　(B)相邻构件　　　　(C)最短杆自身　　(D)最长杆

15. 凸轮压力角是指凸轮轮廓线上某点(　　)方向与从动杆速度方向之间的夹角。

(A)切线　　　　　(B)法线　　　　　　(C)中心线　　　　(D)公法线

16. 带轮的包角 α 一般不小于(　　)。

(A)180°　　　　　(B)120°　　　　　　(C)60°　　　　　　(D)90°

17. 平带传动的传动比范围是(　　)。

(A)$i \leqslant 6$　　　　(B)$i \leqslant 5$　　　　　(C)$i \leqslant 3$　　　　(D)$i \leqslant 4$

18. V 带型号的选择是根据(　　)和主动轮的转速。

(A)计算功率　　　(B)额定功率　　　(C)直径　　　　　(D)设计功率

19. 在机械传动中,传动轴(　　)作用。

(A)只传递转矩　　(B)只受弯曲　　　(C)受弯曲和扭转　(D)只受扭转

20. 在高速传动中,既能补偿两轴的偏移,又不会产生附加载荷的联轴器是(　　)联轴器。

(A)凸缘式　　　　(B)齿式　　　　　(C)十字滑块式　　(D)摩擦式

21. 型号为 205 的滚动轴承直径系列是(　　)。

(A)重系列　　　　(B)中系列　　　　(C)轻系列　　　　(D)轻窄系列

22. 在成对使用的轴承内圈或外圈之间加衬垫,不同厚度的衬垫可得到(　　)。

(A)不同的预紧力　　　　　　　　　　(B)相同的预紧力

(C)一定的预紧力　　　　　　　　　　(D)理想的预紧力

23. 同时承受径向力和轴向力的轴承是(　　)。

(A)向心轴承　　　　　　　　　　　　(B)推力轴承

(C)单列圆锥滚子轴承　　　　　　　　(D)向心推力轴承

24. 通过 F 点的入射光线,经透镜两表面折射后,若出射线平行于光轴,则 F 点称为透镜的(　　)。

(A)像方焦点　　　(B)物方焦点　　　(C)共扼点　　　　(D)焦点

25. 测长仪是属于(　　)的量仪。

(A)相对测量　　　　　　　　　　　　(B)绝对测量

(C)相对和绝对测量　　　　　　　　　(D)精密测量

26. 基节测量仪是测量相邻齿同名齿廓的(　　)距离。

(A)最长　　　　　(B)最短　　　　　(C)平均　　　　　(D)近似

27. 自准直仪中,像的偏移量由反射镜的转角决定,与反射镜到物镜的(　　)。

(A)距离有关　　　(B)距离无关　　　(C)转角无关　　　(D)转角有关

28. 在精密夹具装配的调整过程中,选择的补偿件应为(　　)。

(A)最先装配的元件　　　　　　　　　(B)中间装配的元件

(C)最后装配的元件　　　　　　　　　(D)便于加工的元件

29. 低熔点合金的熔点为(　　)。

(A)80 ℃～100 ℃　　　　　　　　　　(B)100 ℃～120 ℃

(C)150 ℃～200 ℃　　　　　　　　　　(D)200 ℃～220 ℃

30. 在大批大量生产中,若采用量规、卡规等专用量具能减少(　　)。

(A)基本时间　　　　　　　　　　　　(B)辅助时间

(C)准备与终结时间　　　　　　　　　(D)操作时间

31. 采用先进夹具、各种快速换刀、自动换刀和对刀装置能缩减(　　)。

(A)辅助时间　　　　　　　　　　　　(B)准备与终结时间

(C)布置工作地时间　　　　　　　　　(D)基本时间

32. 直接改变生产对象的尺寸、形状、相对位置、表面状态或材料性质等工艺过程所需的时间为(　　)。

(A)基本时间　　　　　　　　　　　　(B)辅助时间

(C)准备与终结时间 (D)加工时间

33. 更换刀具、润滑机床、清理切屑等所消耗的时间为（　　）。

(A)辅助时间 (B)准备与终结时间

(C)布置工作地时间 (D)加工时间

34. 安装工件、操作机床、选择切削用量、测量工件尺寸等所消耗的时间为（　　）。

(A)辅助时间 (B)准备与终结时间

(C)基本时间 (D)操作时间

35. 物体作机械振动时，其频率与周期的乘积等于（　　）。

(A)零 (B)小数 (C)1 (D)分数

36. 在临界状态下，最大静滑动摩擦力与物体的（　　）成正比。

(A)约束反力 (B)主动力 (C)正压力 (D)重力

37. 在临界状态下，物体所受的全反力与法线方向的夹角称为（　　）。

(A)摩擦角 (B)压力角 (C)包角 (D)锐角

38. 要想保证某构件的安全，构件横截面上的最大应力必须小于或等于材料的（　　）。

(A)正应力 (B)剪应力 (C)许用应力 (D)破坏应力

39. 以滑块为主动件的曲柄滑块机构有（　　）个死点位置。

(A)1 (B)2 (C)3 (D)4

40. 在曲柄摇杆机构中，曲柄长度（　　）。

(A)最长 (B)最短 (C)大于摇杆长度 (D)大于连杆长度

41. 同一条渐开线上各点的曲率半径（　　）。

(A)相同 (B)不相同 (C)为一常数 (D)等于零

42. 圆锥齿轮几何尺寸的计算应以（　　）为准。

(A)大端 (B)小端

(C)大端和小端的中间 (D)大端或小端

43. 齿轮强度计算的主要任务是，合理选择材料和热处理方法，恰当地确定参数尺寸，其中主要是确定齿轮的（　　）。

(A)抗弯强度 (B)弯曲应力 (C)模数 (D)齿数

44. 机械效率值永远（　　）。

(A)大于1 (B)小于1 (C)等于0 (D)为一常数

45. 螺旋的机械效率大小与螺纹的（　　）及摩擦角有关。

(A)升角 (B)夹角 (C)中径 (D)导程

46. 为了缩小飞轮的体积，应当把它安装在机器的（　　）。

(A)低速轴上 (B)变速轴上 (C)高速轴上 (D)转动轴上

47. 研磨合金工具钢、高速钢的最好磨料是（　　）。

(A)氧化物 (B)碳化物 (C)金刚石 (D)氧化铬

48. 符号 $\overset{3.2}{\diagup}$ 表示该表面的表面粗糙度的高度参数轮廓（　　）R_a 值为 3.2 μm。

(A)十点高度 (B)最大高度 (C)算术平均偏差 (D)最小高度

49. 采用手动夹紧装置时，夹紧机构必须具有（　　）性。

(A)导向　　　　　(B)自锁　　　　　(C)平衡　　　　　(D)平稳

50. 牌号为 YT30 的硬质合金材料比 T8 材料的（　　）高。

(A)抗弯强度　　　(B)韧性　　　　　(C)硬度　　　　　(D)塑性

51. 磨削较硬的材料时应选用（　　）的磨具。

(A)较硬　　　　　(B)硬　　　　　　(C)较软　　　　　(D)软

52. 若磨具与工件的接触面大，其磨具硬度应（　　）一些。

(A)高　　　　　　(B)较高　　　　　(C)低　　　　　　(D)较低

53. 决定螺纹旋合性的主要参数是螺纹的（　　）。

(A)中径　　　　　(B)大径　　　　　(C)螺距　　　　　(D)小径

54. 为细化组织，提高机械性能，改善切削加工性能，对低碳钢零件进行（　　）处理。

(A)退火　　　　　(B)淬火　　　　　(C)正火　　　　　(D)再结晶退火

55. 在切削中碳合金钢锻坯时发现硬度过高，应采用（　　）处理来改善切削性能。

(A)完全退火　　　(B)球化退火　　　(C)正火　　　　　(D)调质

56. 经加工硬化了的金属材料，为了恢复其原有的性能，常进行（　　）处理。

(A)正火　　　　　(B)调质　　　　　(C)去应力退火　　(D)再结晶退火

57. 下列表示金属材料性能的符号为（　　）。

(A)Q　　　　　　(B)C　　　　　　(C)D　　　　　　(D)HB

58. 大型工件划线时，为了安全，在划线位置确定后，应选择工件（　　）为安置基面。

(A)大面　　　　　(B)小面　　　　　(C)较平的面　　　(D)重心低的一面

59. 选择某种装配方法以保证达到封闭环的精度要求，从而保证装配精度，其中包括装配过程中所采用的测量技术等手段是（　　）。

(A)求解尺寸链　　　　　　　　　　(B)选择装配基准

(C)选择设计基准　　　　　　　　　(D)选择加工基准

60. 冲模装配结束后，在实际生产条件下必须进行（　　）。

(A)检验　　　　　(B)试冲　　　　　(C)调整　　　　　(D)修配

61. 冷冲模装配后进行试冲的目的是为了能及早发现冲模存在的质量缺陷，通过分析找出产生缺陷的原因，以进行适当的（　　）和修理。

(A)检查　　　　　(B)确定工件尺寸　(C)更换零件　　　(D)调整

62. 当拉深模试冲时，由于拉深间隙过大而产生拉深件拉深高度不够，应（　　）。

(A)放大毛坯尺寸　　　　　　　　　(B)更换凸模或凹模使之间隙合理

(C)加工凸模圆角半径　　　　　　　(D)改变设计尺寸

63. 当毛坯工件上有不加工表面时，通过找正后再划线可使加工表面与不加工表面之间保持（　　）。

(A)尺寸均匀　　　　　　　　　　　(B)形状均匀

(C)尺寸和形状均匀　　　　　　　　(D)形状对称

64. 弯曲焊接钢管，焊缝应置于（　　）位置。

(A)内弧边　　　　(B)外弧边　　　　(C)中性层　　　　(D)外侧

65. 珩磨用油石上磨粒的切削轨迹在工件表面上形成交叉又不重复的网纹，因而工件工作时其表面网纹可以（　　）。

(A)储存润滑油　　　(B)减少接触面　　　(C)增加摩擦力　　　(D)减少摩擦力

66. 圆柱孔在可调节研磨棒上研磨后,孔呈椭圆形是由于研磨杆与工件的配合(　　)所造成的。

(A)适当　　　　　　(B)太松　　　　　　(C)太紧　　　　　　(D)不适当

67. 具有能使液压泵卸载的三位四通换向阀的滑阀机能应是(　　)。

(A)H 型滑阀机能　　　　　　　　　　(B)Y 型滑阀机能

(C)O 型滑阀机能　　　　　　　　　　(D)V 型滑阀机能

68. 一般来讲,用同一原始作用力和相同的力臂夹紧工件时,(　　)的夹紧力最大。

(A)斜楔夹紧　　　(B)螺旋夹紧　　　(C)圆偏心夹紧　　　(D)杠杆夹紧

69. 拉深模一次拉深或最后一次拉深时,合理的间隙值可按(　　)计算。

(A)$Z = t_{最大}$　　　　　　　　　(B)$Z = t_{最大} + 0.2t$

(C)$Z = t_{最大} + 0.1t$　　　　　　(D)$Z = t_{最小} + 0.2t$

70. 同轴度属于(　　)公差。

(A)定向　　　　　　(B)位置　　　　　　(C)跳动　　　　　　(D)定位

71. 液压泵的实际流量(　　)理论流量。

(A)大于　　　　　　(B)小于　　　　　　(C)等于　　　　　　(D)相当于

72. 刨刀刀头上直接与切屑接触的表面叫作(　　)。

(A)基面　　　　　　(B)后刀面　　　　　　(C)前刀面　　　　　　(D)刃倾面

73. 车床齿条是由几根拼接而成的,校正后,在两根相接齿条的接合端面之间须留有(　　)左右的间隙。

(A)0.2 mm　　　(B)0.5 mm　　　(C)0.8 mm　　　(D)0.9 mm

74. 麻花钻顶角愈小,则轴向力愈小,刀尖角增大,有利于(　　)。

(A)切削液的进入　　　　　　　　　　(B)散热和提高钻头的寿命

(C)排屑　　　　　　　　　　　　　　(D)润滑

75. 标注形位公差代号时,形状公差项目符号应写入形状公差框内(　　)。

(A)第一格　　　(B)第二格　　　(C)第三格　　　(D)第四格

76. 无机粘合剂的主要缺点是(　　)。

(A)强度低　　　　　　　　　　　　　(B)脆性大

(C)强度低和脆性大　　　　　　　　　(D)不可靠

77. 在轴两端的支承点,用轴承盖单向固定轴承,分别限制两个方向的(　　)。

(A)径向转动　　　(B)径向移动　　　(C)轴向移动　　　(D)轴向转动

78. 机床各电动机的振动是(　　)振源。

(A)机内　　　　　　　　　　　　　　(B)机外

(C)机内、机外都有　　　　　　　　　(D)自身固有

79. 在数控机床上加工零件,从分析零件图开始,一直到制作出穿孔带为止的全过程,称为(　　)。

(A)程序　　　(B)程序编制　　　(C)代码　　　(D)工艺过程

80. 一般数控机床上的步进电机及传动机构的脉冲当量为(　　)。

(A)1 mm/单位脉冲　　　　　　　　　(B)0.1 mm/单位脉冲

(C)0.01 mm/单位脉冲　　　　　　　　(D)0.02 mm/单位脉冲

81. 限制工件自由度少于六点的定位,称为(　　)定位。

(A)不完全　　　　(B)完全　　　　(C)欠　　　　(D)过

82. 溢流阀用来调节液压系统中的恒定(　　)。

(A)流量　　　　(B)压力　　　　(C)方向　　　　(D)压强

83. 平面反射镜的入射角 α(　　)反射角 α′。

(A)大于　　　　(B)小于　　　　(C)等于　　　　(D)约等于

84. 平面反射镜转动 θ 角,则反射光线转动(　　)角。

(A)θ　　　　(B)2θ　　　　(C)1/2θ　　　　(D)1/3θ

85. 光线从空气进入玻璃要向法线方向折射,入射角 α(　　)折射角 γ。

(A)大于　　　　(B)小于　　　　(C)等于　　　　(D)约等于

86. 光线从玻璃进入空气要离法线方向折射,入射角 α(　　)折射角 γ。

(A)大于　　　　(B)小于　　　　(C)等于　　　　(D)约等于

87. 入射光线被两种介质的分界面(　　)反射到原来的介质中,这种现象叫作全反射。

(A)全部　　　　(B)大部分　　　　(C)极少　　　　(D)小部分

88. 中央部分比边缘部分厚的透镜称为(　　)。

(A)凸透镜　　　　(B)凹透镜　　　　(C)曲面镜　　　　(D)平面镜

89. 在测量中移动平面反射镜,物镜焦平面上像点位置(　　)。

(A)前移　　　　(B)后移　　　　(C)不变　　　　(D)侧移

90. 卧式测长仪的万能工作台有(　　)种运动。

(A)三　　　　(B)四　　　　(C)五　　　　(D)六

91. 卧式测长仪的目镜中央一圈圆周的内侧有 100 条刻线,其刻度值为(　　)。

(A)0.01 mm　　　　(B)0.001 mm　　　　(C)0.005 mm　　　　(D)0.02 mm

92. 投影屏在投影仪的上方能做(　　)回转。

(A)90°　　　　(B)180°　　　　(C)360°　　　　(D)270°

93. 光学分度头的目镜视场中双线的刻度值为(　　)。

(A)10′　　　　(B)20′　　　　(C)30′　　　　(D)40′

94. 万能工具显微镜读数器影屏上有 11 个光缝,其刻度值为(　　)。

(A)0.001 mm　　　　(B)0.01 mm　　　　(C)0.1 mm　　　　(D)0.2 mm

95. 万能工具显微镜横向测量的误差(　　)纵向测量的误差。

(A)大于　　　　(B)小于　　　　(C)等于　　　　(D)约等于

96. 使用万能工具显微镜测量螺纹的螺距时,米字线交点应对准牙侧(　　)。

(A)顶部　　　　(B)中部　　　　(C)底部　　　　(D)侧部

97. 使用齿轮基节仪测量齿轮基节时,至少在齿轮相隔(　　)位置对轮齿的左右两侧齿面进行测量。

(A)60°　　　　(B)180°　　　　(C)120°　　　　(D)90°

98. 用电动轮廓仪测量表面粗糙度时,金刚石测针以(　　)左右的速度水平移动。

(A)10 mm/s　　　　(B)10 mm/min　　　　(C)10 m/s　　　　(D)15 m/s

99. 电动轮廓仪可测定(　　)的表面粗糙度值。

(A)R_a0.025～3.2 μm　　　　　　　(B)R_a0.25～3.2 μm

(C)R_a0.05～3.2 μm　　　　　　　(D)R_a0.02～3.2 μm

100. 平直度检查仪测微鼓轮的刻度值是(　　)。

(A)0.01 mm/200 mm　　　　　　　(B)0.02 mm/200 mm

(C)0.001 mm/200 mm　　　　　　　(D)0.002 mm/200 mm

101. 精密的光学量仪在(　　)进行测量、储藏。

(A)室温下　　　　(B)恒温室内　　　　(C)车间内　　　　(D)常温下

102. 安全裕度(A)表达了各种(　　)误差的综合结果。

(A)形状　　　　(B)计量器具　　　　(C)测量　　　　(D)尺寸

103. 精密夹具一般采用(　　)进行装配。

(A)完全互换法　　　　(B)选择装配法　　　　(C)补偿装配法　　　　(D)修配装配法

104. 采用补偿装配的关键是(　　)。

(A)选择合适的补偿件　　　　　　　(B)改进夹具的安装工艺

(C)提高补偿件的制造精度　　　　　　(D)提高装配精度

105. 应选择(　　)的零件作补偿件。

(A)便于装拆　　　　(B)精度较高　　　　(C)精度较低　　　　(D)便于加工

106. 按补偿件的修整方法,补偿装配法可分为(　　)和调整装配法。

(A)选择装配法　　　　(B)修配装配法　　　　(C)成套装配法　　　　(D)完全互换法

107. 精密夹具在装配过程中要边装配边(　　)。

(A)修配　　　　(B)调整　　　　(C)检测　　　　(D)选配

108. 支承板(或支承钉)在装配过程中产生位置误差,会使定位元件的定位面与工件接触不良或使定位处于(　　)。

(A)过定位　　　　(B)强制状态　　　　(C)欠定位　　　　(D)重复定位

109. 外圆柱工件在套筒孔中定位,当工作定位基准和定位孔较短时,可限制(　　)自由度。

(A)两个移动　　　　　　　　(B)两个转动

(C)两个移动和两个转动　　　　　　(D)一个移动和一个转动

110. 精密夹具在选择测量和校正基准面时,应尽可能符合(　　)原则。

(A)基准统一　　　　(B)基准重合　　　　(C)基准一致　　　　(D)基准相同

111. 使用(　　)测量同轴度误差时,不能测到其误差值的大小。

(A)综合量规　　　　　　　　(B)标准心轴及千分表

(C)自准直仪和测量桥　　　　　　(D)量规及千分尺

112. 对于中小型或精度要求高的夹具,一般采用(　　)来测量平面与平面的平行度误差。

(A)水平仪　　　　(B)平尺　　　　(C)千分表　　　　(D)准直望远镜

113. 加工车床夹具的测量工艺孔和校正圆时,可采用(　　)加工法。

(A)机床自身　　　　(B)修配　　　　(C)单配　　　　(D)选配

114. 用低熔点合金固定的凸模,可安全地冲裁(　　)以下厚度的各种金属板料。

(A)1.5 mm　　　　(B)2 mm　　　　(C)2.5 mm　　　　(D)3 mm

115. 1号低熔点合金的浇注温度是( )。

(A)150 ℃~200 ℃   (B)120 ℃~150 ℃

(C)100 ℃~120 ℃   (D)200 ℃~300 ℃

116. 配制低熔点合金时,按( )顺序,先后放入坩埚内加热。

(A)锡、铋、锑、铅   (B)锑、铅、铋、锡

(C)铅、铋、锡、锑   (D)锑、铋、铅、锡

117. 在配制低熔点合金过程中,在已熔化的合金表面上撒些( ),可以防止合金被氧化。

(A)石蜡   (B)石墨粉   (C)粘结剂   (D)木炭

118. 浇注低熔点合金前,将整个固定部件预热到( )。

(A)150 ℃~200 ℃   (B)80 ℃~100 ℃

(C)100 ℃~150 ℃   (D)200 ℃~250 ℃

119. 低熔点合金浇注后,固定的零件不能碰,须在( )h后才能动用。

(A)24   (B)12   (C)18   (D)30

120. 垫片法是在凸模与凹模的间隙中,垫入厚薄均匀、厚度等于凸模与凹模间隙值( )的铜质或铅质的垫片。

(A)1/2   (B)1/3   (C)1/4   (D)2/3

121. 镀铜法是在凸模刃口至距刃口( )这一段工作表面上镀一层铜。

(A)6~8 mm   (B)8~10 mm   (C)10~12 mm   (D)12~15 mm

122. 镀铜法适用于( )的凸模与凹模,且调整间隙比较困难的冲模。

(A)形状复杂、数量多   (B)形状简单、数量多

(C)形状复杂、数量少   (D)形状简单、数量少

123. 涂漆法是在凸模刃口至距刃口( )mm 左右这一段工作表面上涂一层氨基醇酸绝缘漆或磁漆。

(A)10   (B)12   (C)15   (D)20

124. 涂漆法的涂层厚度应等于凹模的型孔尺寸与凸模的型面尺寸差值的( )。

(A)1/2   (B)1/3   (C)1/4   (D)2/3

125. 涂漆后的凸模放入恒温箱,升温至( ),然后保温 0.5~1 h,再随恒温箱缓慢冷却后取出。

(A)60 ℃~80 ℃   (B)80 ℃~100 ℃

(C)100 ℃~120 ℃   (D)120 ℃~150 ℃

126. 螺纹止端工作塞规用于检验牙数大于 4 牙的内螺纹时,其旋合量不能多于( )。

(A)3 牙   (B)4 牙   (C)1 牙   (D)2 牙

127. 切纸法是一种检查凸模与凹模间隙的方法,一般用于凸模与凹模间的单边间隙小于( )的冲模。

(A)0.05 mm   (B)0.5 mm   (C)0.1 mm   (D)1.5 mm

128. 透光法是通过观察凸模与凹模之间光隙的大小来判断冲模的间隙大小是否合适、均匀,此法适用于( )的冷冲模间隙调整。

(A)小型、间隙小   (B)小型、间隙大

(C)大型、间隙小 （D)大型、间隙大

129. 安装冲模时,压力机滑块在下极点时,其底平面与工作台面之间的距离应(   )冲模的闭合高度。

(A)小于 （B)等于 （C)大于 （D)约等于

130. 在机床液压系统中,应用最广泛的一般是(   )密封圈。

(A)L 形 （B)O 形 （C)V 形 （D)Y 形

131. 低熔点合金粘结时,零件浇注合金部位须用砂纸打磨,然后用(   )清洗。

(A)水剂清洗剂 （B)香蕉水 （C)汽油 （D)甲苯

132. 冲裁模试冲时凹模被胀裂的原因是(   )。

(A)冲裁间隙太小 （B)凹模孔有正锥现象
(C)冲裁间隙不均匀 （D)凹模孔有倒锥现象

133. 冲裁件剪切断面光亮带太宽的原因是(   )。

(A)冲裁间隙太小 （B)凹模孔有正锥现象
(C)冲裁间隙不均匀 （D)凹模孔有倒锥现象

134. 冲裁件剪切断面的圆角太大的原因是(   )。

(A)冲裁间隙太小 （B)凹模孔有正锥现象
(C)冲裁间隙不均匀 （D)凹模孔有倒锥现象
(E)冲裁间隙太大

135. 冲裁件剪切断面光亮带宽窄不均匀的原因是(   )。

(A)冲裁间隙太小 （B)凹模孔有正锥现象
(C)冲裁间隙不均匀 （D)凹模孔有倒锥现象

136. 冲裁模刃口相咬的原因是(   )。

(A)凸模、凹模装偏 （B)凸模、凹模间隙太大
(C)凸模、凹模形状及尺寸不正确 （D)凸模、凹模间隙太小

137. 弯曲模试冲时,冲压件弯曲部位产生裂纹的原因之一是(   )。

(A)模具间隙太小 （B)板料塑性差
(C)凹模内壁及圆角表面粗糙 （D)弯曲力太大

138. 弯曲模试冲时,冲压件尺寸过长的原因之一是(   )。

(A)间隙过小 （B)间隙太大
(C)弹性变形的存在 （D)定位不稳定

139. 拉深模试冲时,拉深件拉深高度不够的原因之一是(   )。

(A)毛坯尺寸太大 （B)凸模圆角半径太小
(C)压料力太小 （D)模具或板料不清洁

140. 拉深模试冲时,冲压件起皱的原因之一是(   )。

(A)拉深间隙太大 （B)凹模圆角半径太小
(C)板料太厚 （D)毛坯尺寸太小

141. 翻边模进行内孔翻边试冲时,出现翻边不齐、孔端不平的原因之一是(   )。

(A)坯料太硬 （B)翻边高度太高
(C)凸模与凹模之间的间隙不均 （D)凸模、凹模的间隙过大

142. 翻边模进行外缘翻边试冲时,出现破裂原因之一是( )。
(A)凸模和凹模之间的间隙太小　　　(B)凸模和凹模之间的间隙太大
(C)凸模或凹模的圆角半径太大　　　(D)凸模或凹模的硬度太高

143. 使工件相对于刀具占有一个正确位置的夹具装置称为( )装置。
(A)夹紧　　　　(B)对刀　　　　(C)定位　　　　(D)安装

144. 当光线垂直入射到等腰直角棱镜的一直角面上,经过斜面的反射,改变其光轴的方向为( )。
(A)45°　　　　(B)90°　　　　(C)180°　　　　(D)60°

145. 任意一组平行光束经透镜折射后,出射光线都会聚于( )。
(A)焦点上　　　(B)焦平面上　　　(C)主点与焦点间　　　(D)主点上

146. 平直度检查仪的光学系统采用两块反射镜,是为了( )。
(A)提高仪器的精度　　　(B)获得物体的实像
(C)减少仪器的长度　　　(D)增加仪器的长度

147. 周节仪是用( )测量齿轮齿距误差的一种量仪。
(A)绝对测量法　　(B)比较测量法　　(C)相对测量法　　(D)近似测量法

148. 渐开线齿形误差的测量常用( )。
(A)比较测量法　　(B)相对测量法　　(C)绝对测量法　　(D)直接测量法

149. 用周节仪测量齿轮的基节误差时,要对轮齿的左、右两侧都进行测量,然后取( )作为被测齿轮的基节误差。
(A)两侧绝对值最小的两个示值差　　　(B)两侧绝对值最大的两个示值差
(C)两侧平均值的示值差　　　(D)两侧绝对值的平均值的示值差

150. 投影仪测量是( )测量。
(A)非接触性　　　(B)接触性
(C)接触性或非接触性　　　(D)间接性

151. 由于定位基准与工序基准不重合引起的误差,称为( )。
(A)基准位移误差　　(B)基准不符误差　　(C)综合误差　　(D)测量误差

152. 一般情况下,用精基准平面定位时,平面度误差引起的基准位置误差( )。
(A)为零　　　　(B)很小　　　　(C)很大　　　　(D)较大

153. 工件以外圆柱面在V形块上定位,当工件定位基准中心线处在V形块对称面上时,定位基准在水平方向的位置误差( )。
(A)为零　　　　(B)很小　　　　(C)很大　　　　(D)较小

154. 工件以外圆柱面在V形块上定位,当( )产生的定位误差最小。
(A)工序基准在下母线时　　　(B)工序基准与定位基准重合时
(C)工序基准在上母线时　　　(D)工序基准在母线时

155. 夹具装配时,极大多数是选择( )为装配基础件。
(A)定位元件　　(B)导向元件　　(C)夹具体　　(D)支承件

156. 精密夹具的定位元件为了消除位置误差,一般可以在夹具装配后进行( )。
(A)测量　　(B)试切鉴定　　(C)一次精加工　　(D)二次粗加工

157. 在尺寸链中,预先确定或选择的供修配调整用的组成环,称为( )。

(A)补偿环　　　　　(B)公共环　　　　　(C)封闭环　　　　　(D)调整环

158. 夹具的装配程序主要是根据夹具的(　　)而定。

(A)大小　　　　　(B)结构　　　　　(C)形状　　　　　(D)复杂程度

159. 铸造铝合金可分为四大类,其中(　　)具有良好的力学性能和铸造性能,应用最广。

(A)Al-Si 系　　　(B)Al-Cu 系　　　(C)Al-Mg 系　　　(D)Al-Zn 系

160. 通常情况下,只有检验工具的表面要求(　　)。

(A)粗刮　　　　　(B)细刮　　　　　(C)精刮　　　　　(D)刮花

161. 在选择量具和量仪时,为适应夹具的结构特点,对于公差大而选配精度高的分组元件,应选用(　　)。

(A)精度高、示值范围大的量仪　　　　　(B)精度低、示值范围大的量仪

(C)精度高、示值范围小的量仪　　　　　(D)精度低、示值范围小的量仪

162. 在装配凸模和凹模时,必须校正其相对位置,以保证间隙既符合图样规定的尺寸要求,又能达到(　　)间隙均匀。

(A)上下　　　　　(B)四周　　　　　(C)左右　　　　　(D)前后

163. 为保证制件和废料能顺利地卸下和顶出,冲裁模的卸料装置和顶料装置的装配应(　　)。

(A)正确而灵活　　(B)正确而牢固　　(C)绝对的精密　　(D)牢固而灵活

164. 级进冲裁模装配时,应先将拼块凹模装入下模座,再以(　　)为定位安装凸模。

(A)下模座　　　　(B)上模座　　　　(C)凹模　　　　　(D)冲裁件

165. 平面刮削粗刮时,刮削方向应与原来遗留的刀痕方向成(　　)角。

(A)0°　　　　　　(B)30°　　　　　(C)45°　　　　　(D)90°

166. 在大批量生产中,比如汽车和拖拉机,采用的装配方法是(　　)。

(A)完全互换法　　(B)选配法　　　　(C)修配法　　　　(D)调整法

167. 调整冷冲模间隙时,垫片法垫片的厚度、镀铜法镀层的厚度、涂漆法漆层的厚度应等于冲模的(　　)。

(A)单边间隙值　　(B)双边间隙值　　(C)合理间隙值　　(D)正确间隙值

168. 对于级进冲模,其试冲板料的宽度应比侧面导板的距离(　　)。

(A)小 1~2 mm　　　　　　　　(B)大 0.1~0.15 mm

(C)小 0.1~0.15 mm　　　　　　(D)大 0.15~0.2 mm

169. 冲模的精度在相当程度上取决于导柱、导向套等导向零件的(　　)。

(A)大小　　　　　(B)数量　　　　　(C)导向性能　　　(D)加工精度

170. 在装配冷冲模时,一般都是选取一个主要(　　)作为装配基准,先装好此基准件,然后再顺序对其他零件进行补充加工、装配和调整。

(A)零件　　　　　(B)工作面　　　　(C)定位面　　　　(D)定位件

171. 用环氧树脂固定模具零件时,由于室温固化,不需要加热或只用红外线灯局部照射,故零件(　　)。

(A)不会发生变形　　　　　　　(B)只需稍加预热

(C)必须附加压力　　　　　　　(D)不必附加压力

172. 环氧树脂粘结剂配制时,需将环氧树脂放在容器内,再把容器放在盛水的铁盒中,用电炉间接加热到 80 ℃以下,而不直接加热是因为(　　)。

(A)直接加热会使局部过热而影响粘结性能

(B)一次配制量不宜过多

(C)直接加热会使成分不均匀而影响流动性

(D)一次配制量适中

173. 为保证冲模的装配质量,凸、凹模之间的间隙必须(　　)。

(A)在公差范围内调整均匀　　　　　(B)在合理的公差范围内

(C)四周大小均匀　　　　　　　　　(D)四周间隙均匀

174. 冷冲模间隙的调整是在上、下模分别装好后,一般先将凹模固定,然后通过改变(　　)来进行的。

(A)凸模的形状　　(B)凸模的大小　　(C)凸模的位置　　(D)凸模的精度

175. 液压系统中,冬季和夏季用油不同的目的是为了保持(　　)。

(A)油压不变　　　(B)流量不变　　　(C)黏度相近　　　(D)水分相同

176. 模具正式交付使用前,试冲时至少要(　　)合格的制件。

(A)保证冲出 100～150 个　　　　　(B)连续冲出 1 000～1 500 个

(C)连续冲出 100～200 个　　　　　(D)连续冲出 300 个以上

177. 机床液压系统中,如果把(　　)接在液压缸和调速阀之间,机床运动部件容易产生爬行。

(A)钢管　　　　　(B)橡胶软管　　　(C)黄铜管　　　　(D)紫铜管

三、多项选择题

1. 工具钳工工作前应严格检查工具是否(　　)。

(A)完整　　　　　　　　(B)可靠　　　　　　　　(C)齐全

(D)周全　　　　　　　　(E)齐备　　　　　　　　(F)牢固

2. 工具钳工工作前应严格检查工作单位的安全设施是否(　　)。

(A)完整　　　　　　　　(B)可靠　　　　　　　　(C)齐全

(D)周全　　　　　　　　(E)齐备　　　　　　　　(F)牢固

3. 工具钳工的工作场地要(　　),拆卸的零件要存放有序。

(A)干净　　　　　　　　(B)美观　　　　　　　　(C)清洁

(D)整齐　　　　　　　　(E)文明　　　　　　　　(F)卫生

4. 生产环境的热量主要取决于空气的(　　)。

(A)温度　　　　　　　　(B)湿度　　　　　　　　(C)气压

(D)清洁度　　　　　　　(E)气流　　　　　　　　(F)热辐射

5. 生产环境中的热量也受生产环境内热源的(　　)等条件的影响。

(A)数量　　　　　　　　(B)强度　　　　　　　　(C)距离

(D)生产设备　　　　　　(E)厂房建筑　　　　　　(F)操作工人人数

6.《工业企业设计卫生标准》对车间的(　　)都有明确的规定。

(A)防暑　　　　　　　　(B)防高温　　　　　　　(C)防寒

(D)防冻　　　　　　　　(E)防湿　　　　　　　　(F)防冷

7. 对新建、改建、扩建的车间厂房,企业必须将防暑降温要求与主体工程(　　)。

(A)同时策划　　　　　　(B)同时安排　　　　　　(C)同时设计

(D)同时施工　　　　　　　(E)同时完工　　　　　　　(F)同时投产

8. 20 Hz以下的低频振动可引起(　　)。

(A)烧灼感　　　　　　　　(B)乘晕症　　　　　　　　(C)肌肉萎缩

(D)疼痛　　　　　　　　　(E)工作力低下　　　　　　(F)骨关节病变

9. 预防振动的危害应从工艺改革入手,在可能的条件下应以(　　)等新工艺代替铆接工艺。

(A)气压　　　　　　　　　(B)液压　　　　　　　　　(C)扣合

(D)焊接　　　　　　　　　(E)粘接　　　　　　　　　(F)榫接

10. 防止噪声危害应从(　　)等方面考虑。

(A)声源　　　　　　　　　(B)传递途径　　　　　　　(C)接收者

(D)振幅　　　　　　　　　(E)频率　　　　　　　　　(F)持续时间

11. 为了控制和消除噪声源,应尽量减小机器部件的(　　)。

(A)冲击　　　　　　　　　(B)撞击　　　　　　　　　(C)碰撞

(D)摩擦　　　　　　　　　(E)振动　　　　　　　　　(F)摇动

12. 采用吸声材料装饰车间内表面,或在车间内悬挂空间吸声体,以(　　),使噪声强度降低。

(A)转化声能　　　　　　　(B)吸收声波　　　　　　　(C)反射声能

(D)减少声波振动　　　　　(E)降低噪声

13. 凡有(　　)疾病者,不宜参与有噪声的作业。

(A)风湿性　　　　　　　　(B)传染性　　　　　　　　(C)听觉器官

(D)消化道　　　　　　　　(E)心血管　　　　　　　　(F)神经系统

14. 压力机是工业高噪声机械之一,其噪声主要是(　　)。

(A)振动噪声　　　　　　　(B)冲击噪声　　　　　　　(C)撞击噪声

(D)机械噪声　　　　　　　(E)工件冲压声　　　　　　(F)工件及边角料落地声

15. 夹具部件的外形应有(　　)等。

(A)倒棱　　　　　　　　　(B)倒角　　　　　　　　　(C)倒圆

(D)过渡圆弧　　　　　　　(E)倒锥　　　　　　　　　(F)斜角

16. 夹具的夹紧装置应有足够的(　　)。

(A)精度　　　　　　　　　(B)表面粗糙度　　　　　　(C)硬度

(D)耐磨性　　　　　　　　(E)强度　　　　　　　　　(F)刚度

17. 设计夹具时,应从设计夹具的角度来考虑其(　　),以取得工艺和夹具设计的一致性。

(A)可能性　　　　　　　　(B)定位可靠性　　　　　　(C)经济性

(D)先进性　　　　　　　　(E)实用性　　　　　　　　(F)安全性

18. 在夹具的总装图上按工件(　　)依次画出定位元件、导向元件、夹紧元件及夹具体。

(A)形状　　　　　　　　　(B)尺寸　　　　　　　　　(C)技术要求

(D)位置　　　　　　　　　(E)加工精度　　　　　　　(F)加工要求

19. 夹具的(　　)尺寸公差一般经检验可取工件相应公差的1/3～1/2。

(A)加工　　　　　　　　　(B)装配　　　　　　　　　(C)调整

(D)检验　　　　　　　　　(E)验收　　　　　　　　　(F)内部检验

20. 气压传动技术包括(　　)。

(A)传动技术　　　　　　　(B)控制技术　　　　　　　(C)流体力学

(D)流体传动　　　　　　　(E)空气净化技术　　　　　　(F)射流技术

21. 气动控制技术采用了气动(　　)来实现设备的数字和模拟控制。

(A)驱动元件　　　　　　　(B)工作元件　　　　　　　(C)逻辑元件

(D)气压元件　　　　　　　(E)功能元件　　　　　　　(F)射流元件

22. 气压传动能实现(　　)的程序控制。

(A)直接　　　　　　　　　(B)间接　　　　　　　　　(C)远程

(D)定向　　　　　　　　　(E)简单　　　　　　　　　(F)复杂

23. 气压传动和(　　)技术一样,是实现自动化控制的一种重要方法。

(A)电子　　　　　　　　　(B)电气　　　　　　　　　(C)机械

(D)液压　　　　　　　　　(E)光学　　　　　　　　　(F)电磁

24. 在电镀件的主要表面上不应有明显的(　　)等镀层缺陷。

(A)针孔　　　　　　　　　(B)粗糙　　　　　　　　　(C)裂纹

(D)局部无镀层　　　　　　(E)污迹　　　　　　　　　(F)不良色泽

25. 热喷涂层是将熔融或软化的粒子高速喷射到基体上,发生(　　)等形成的。

(A)黏合　　　　　　　　　(B)熔合　　　　　　　　　(C)碰撞

(D)变形　　　　　　　　　(E)快速凝固　　　　　　　(F)堆积

26. 电刷镀层具有良好的(　　),电刷镀层与基体的结合强度比槽镀和喷镀层要高。

(A)表面质量　　　　　　　(B)结合强度　　　　　　　(C)表面硬度

(D)力学性能　　　　　　　(E)物理、化学性能　　　　(F)附着强度

27. 气动元件维护使用方便,不存在介质(　　)等问题。

(A)变质　　　　　　　　　(B)补充　　　　　　　　　(C)更换

(D)泄露　　　　　　　　　(E)污染　　　　　　　　　(F)排放

28. 气压传动系统与液压传动系统相似,也由(　　)等部分组成。

(A)动力元件　　　　　　　(B)执行元件　　　　　　　(C)控制元件

(D)辅助元件　　　　　　　(E)工作元件　　　　　　　(F)驱动元件

29. (　　)属于气压传动的执行元件。

(A)空压机　　　　　　　　(B)气缸　　　　　　　　　(C)控制阀

(D)油雾器　　　　　　　　(E)分水滤气器　　　　　　(F)气压电动机

30. 气压传动的辅助元件包括(　　)。

(A)控制阀　　　　　　　　(B)油雾器　　　　　　　　(C)分水滤气器

(D)消音器　　　　　　　　(E)气压电动机　　　　　　(F)气缸

31. 从广义上说,在工艺过程的任何工序中,用来(　　)地装夹工件的装置都可称为夹具。

(A)迅速　　　　　　　　　(B)方便　　　　　　　　　(C)安全

(D)可靠　　　　　　　　　(E)稳定　　　　　　　　　(F)牢固

32. 机床夹具按其使用特点可分为(　　)等。

(A)通用夹具　　　　　　　(B)专用夹具　　　　　　　(C)可调夹具

(D)组合夹具　　　　　　　(E)万能夹具　　　　　　　(F)随行夹具

33. 车床上使用的(　　)都属于通用夹具。

(A)三爪自定心卡盘　　　　(B)四爪单动卡盘　　　　　(C)花盘

(D)平口虎钳　　　　　　　　(E)分度头　　　　　　　　　(F)回转台

34. 可调夹具包括(　　　)。
(A)组合夹具　　　　　　　　(B)成组夹具　　　　　　　　(C)专用可调夹具
(D)通用可调夹具　　　　　　(E)通用夹具　　　　　　　　(F)专用夹具

35. 定位是使工件占有一个正确的位置,夹紧使其不能(　　　),从而使工件保持在一个正确的位置。
(A)活动　　　　　　　　　　(B)位移　　　　　　　　　　(C)移动
(D)转动　　　　　　　　　　(E)运动　　　　　　　　　　(F)旋转

36. 在各类钻床上进行(　　　)的夹具统称为钻床夹具。
(A)钻孔　　　　　　　　　　(B)镗孔　　　　　　　　　　(C)扩孔
(D)铰孔　　　　　　　　　　(E)研孔　　　　　　　　　　(F)攻螺纹

37. 移动式钻模有(　　　)等移动方式。
(A)纵向移动　　　　　　　　(B)横向移动　　　　　　　　(C)旋转
(D)定向移动　　　　　　　　(E)自由移动　　　　　　　　(F)翻转

38. 移动式钻模主要用于在钻床上加工(　　　)。
(A)小孔　　　　　　　　　　(B)小型工件孔　　　　　　　(C)一个孔
(D)平行孔系　　　　　　　　(E)大型工件上的小孔　　　　(F)同心圆周上的平行孔

39. 在机床工作台上设置专门的(　　　)来控制定向移动式钻模的移动方向和移动距离。
(A)导轨　　　　　　　　　　(B)工作台　　　　　　　　　(C)平台
(D)定程机构　　　　　　　　(E)限位块　　　　　　　　　(F)定程挡块

40. 每天使用三坐标测量机前要检查管道和过滤器,放出(　　　)内的水和油。
(A)管道　　　　　　　　　　(B)控制阀　　　　　　　　　(C)过滤器
(D)平衡气缸　　　　　　　　(E)空压机　　　　　　　　　(F)储气罐

41. 翻转式钻模主要用于加工(　　　)的工件。
(A)小型　　　　　　　　　　(B)大型　　　　　　　　　　(C)精密
(D)单孔　　　　　　　　　　(E)多孔　　　　　　　　　　(F)复杂

42. 翻转式钻模的支脚主要有(　　　)等几种结构形式。
(A)整体式结构　　　　　　　(B)铸造结构　　　　　　　　(C)焊接结构
(D)装配式结构　　　　　　　(E)低支脚　　　　　　　　　(F)高支脚

43. 翻开式钻模的夹紧是利用(　　　)的作用来实现的。
(A)螺旋　　　　　　　　　　(B)斜面　　　　　　　　　　(C)凸轮
(D)斜楔　　　　　　　　　　(E)偏心　　　　　　　　　　(F)杠杆

44. 盖板式钻模主要用于(　　　)。
(A)大批量生产　　　　　　　(B)成批生产　　　　　　　　(C)单件小批生产
(D)新产品试制　　　　　　　(E)可变流水生产　　　　　　(F)修配行业

45. 回转式钻模可以分为(　　　)。
(A)定向移动式　　　　　　　(B)自由移动式　　　　　　　(C)带分度装置式
(D)无分度装置式　　　　　　(E)整体式　　　　　　　　　(F)装配式

46. 三坐标测量机主要有(　　　)等结构形式。

(A)立式　　　　　　　　(B)卧式　　　　　　　　(C)悬臂式

(D)桥式　　　　　　　　(E)立柱式　　　　　　　(F)门架式

47.悬臂式结构的三坐标测量机的结构优点是(　　)。

(A)便于接近工作台　　　(B)占用生产面积小　　　(C)结构刚度好

(D)测量精度高　　　　　(E)摩擦系数小　　　　　(F)能隔离环境振动

48.桥式结构的三坐标测量机的结构优点是(　　)。

(A)便于接近工作台　　　(B)占用生产面积小　　　(C)结构刚度好

(D)测量精度高　　　　　(E)摩擦系数小　　　　　(F)能隔离环境振动

49.计算机辅助手动控制的三坐标测量机可提供(　　)。

(A)触针运动功能　　　　(B)各坐标轴运行功能　　(C)计算机校验功能

(D)自动编程功能　　　　(E)数据处理功能　　　　(F)测量计算功能

50.计算机辅助电动控制的三坐标测量机多采用(　　)。

(A)操作者手动操作　　　　　　　　(B)小功率步进电动机驱动

(C)摩擦离合器传动　　　　　　　　(D)同步带传动

(E)齿轮传动　　　　　　　　　　　(F)摩擦轮传动

51.直接计算机控制三坐标测量机与计算机数控机床类似,也是由计算机完成(　　)运动的控制。

(A)触针　　　　　　　　(B)工作台　　　　　　　(C)主轴箱

(D)电动机　　　　　　　(E)坐标轴　　　　　　　(F)移动部件

52.直接计算机控制三坐标测量机在数控程序控制下完成(　　)。

(A)操作　　　　　　　　(B)测量　　　　　　　　(C)位移

(D)数据处理　　　　　　(E)数据采集　　　　　　(F)数据计算

53.三坐标测量机的计算机控制语言包括(　　)等。

(A)运动指令　　　　　　(B)测量指令　　　　　　(C)报告格式指令

(D)计算指令　　　　　　(E)数据采集指令　　　　(F)数据处理指令

54.直接计算机控制三坐标测量机的测量指令用于(　　)。

(A)控制触针完成测量运动　　　　　(B)控制测量机的检测功能

(C)控制测量结果的输出报告　　　　(D)调用各种数据处理软件

(E)调用各种计算子程序　　　　　　(F)提供几何计算和角度计算

55.三坐标测量机气压严重不足时造成导轨直接摩擦,轻者影响测量机运动状态和测量精度,重者会(　　),严重损坏测量机。

(A)影响运动状态　　　　(B)影响测量精度　　　　(C)影响机器寿命

(D)磨损导轨　　　　　　(E)磨损气浮块　　　　　(F)使位移不准

56.保证三坐标测量机压缩空气工作压力稳定的主要措施有(　　)。

(A)选择合适的空压机,最好另有储气罐,使空压机工作寿命长,压力稳定

(B)缩短压缩空气输送管路长度,使之反应敏捷

(C)空压机启动压力一定要大于工作压力

(D)机外另加空气过滤装置,进气进行精过滤

(E)开机时要先打开空压机,然后接通电源

(F)开机时要先接通电源,然后打开空压机

57. 进入三坐标测量机管道中的水会腐蚀(　　)。

(A)平衡气缸　　　　　　　　(B)驱动气缸　　　　　　　　(C)控制阀

(D)气路　　　　　　　　　　(E)气浮块　　　　　　　　　(F)导轨面

58. 虽然三坐标测量机配置有(　　),但还得采取前置过滤的方法。

(A)粗过滤　　　　　　　　　(B)精过滤　　　　　　　　　(C)油水分离器

(D)机内过滤器　　　　　　　(E)纸质过滤器　　　　　　　(F)随机过滤器

59. 由于压缩空气对三坐标测量机的正常工作起着非常重要的作用,所以对气路的(　　)也非常重要。

(A)检查　　　　　　　　　　(B)检修　　　　　　　　　　(C)维修

(D)维护　　　　　　　　　　(E)清洗　　　　　　　　　　(F)保养

60. 铣床上使用的(　　)都属于通用夹具。

(A)三爪自定心卡盘　　　　　(B)四爪单动卡盘　　　　　　(C)花盘

(D)平口虎钳　　　　　　　　(E)分度头　　　　　　　　　(F)回转台

61. 每天都要擦拭三坐标测量机导轨上的(　　),保持气浮导轨处于正常的工作状态。

(A)灰尘　　　　　　　　　　(B)水　　　　　　　　　　　(C)切削液

(D)切屑　　　　　　　　　　(E)油　　　　　　　　　　　(F)油污

62. 三坐标测量机导轨的保养,除了要经常用(　　)擦拭外,还要注意不要直接在导轨上放置零件和工具。

(A)汽油　　　　　　　　　　(B)酒精　　　　　　　　　　(C)煤油

(D)脱脂棉　　　　　　　　　(E)绸布　　　　　　　　　　(F)纱布

63. (　　)都是热源,在三坐标测量机安装时都要做好规划。

(A)机械设备　　　　　　　　(B)电气设备　　　　　　　　(C)气源

(D)计算机　　　　　　　　　(E)起重设备　　　　　　　　(F)人员

64. 在设备安装时,应使(　　)等与三坐标测量机间隔一定的距离。

(A)电气设备　　　　　　　　(B)机械设备　　　　　　　　(C)起重设备

(D)气源　　　　　　　　　　(E)计算机　　　　　　　　　(F)人员操作位置

65. 三坐标测量机机房的空调器安装应有规划,应(　　),尽量使室内温度均衡。

(A)选择变频空调　　　　　　　　　　(B)让风吹到室内主要位置

(C)将风向转向墙壁　　　　　　　　　(D)将风向转向一侧

(E)风向应向上,形成大循环　　　　　(F)风向应向下,形成大循环

66. 三坐标测量机的(　　)的电路板会因湿度过大而出现腐蚀或短路。

(A)驱动系统　　　　　　　　(B)测量系统　　　　　　　　(C)操纵系统

(D)计算机　　　　　　　　　(E)控制系统　　　　　　　　(F)显示器

67. (　　)会对三坐标测量机的控制系统造成危害。

(A)水分　　　　　　　　　　(B)油分　　　　　　　　　　(C)灰尘

(D)污染　　　　　　　　　　(E)振动　　　　　　　　　　(F)静电

68. 三坐标测量机的温度修正可以根据(　　)温度的变化来进行。

(A)地区　　　　　　　　　　(B)环境　　　　　　　　　　(C)室内

(D)季节   (E)实测   (F)厂房

69. 模具正常失效的形式主要有(　　)等,不同用途的模具失效的形式也各不相同。
(A)变形   (B)磨损   (C)塌陷
(D)断裂   (E)胶合   (F)黏合

70. 在对三坐标测量机测头进行校正时,要保证(　　)固定牢靠。
(A)触针   (B)测座   (C)测头
(D)测杆   (E)球座   (F)标准球

71. 当被测量件有明显的(　　)时,三坐标测量机测量的重复性就明显变差。
(A)软带   (B)砂眼   (C)不均组织
(D)毛刺   (E)粗大晶粒   (F)内伤

72. 三坐标测量机在长时间使用后,尤其是在(　　)的情况下,机械部分会有所变化。
(A)使用频繁   (B)测量工件品种变化频繁
(C)测量负荷大   (D)使用时间过长
(E)环境比较差   (F)温度波动比较大

73. 三坐标测量机长时间使用后,机械部分会有所变化,如垂直度变差、横梁长度长的测量机辅助腿端的测量精度变差等,此时测量机就要进行(　　)。
(A)小修   (B)中修   (C)大修
(D)项修   (E)精度校验   (F)精度调整

74. 在三坐标测量机上建立零件坐标系时,要正确选择(　　)。
(A)投影平面   (B)工作平面   (C)基准轴线
(D)第一基准   (E)第二基准   (F)测量基准

75. 正确选择测量基准是测量的重要环节之一,这需要掌握三坐标测量机的测量原理,并根据实际情况选取正确的(　　)。
(A)方法   (B)基准   (C)原点
(D)坐标   (E)方式   (F)步骤

76. 检查三坐标测量机精度最好的办法是用标准器检查,标准器有(　　)等。
(A)量规   (B)量块   (C)环规
(D)标准球   (E)量棒   (F)高精度角尺

77. 如果出现三坐标测量机不同测头位置测出的标准球球心坐标偏差大时,要仔细检查(　　)的固定情况。
(A)触针   (B)测座   (C)测头
(D)测针   (E)测杆   (F)标准球

78. 出现三坐标测量机回退失败的原因一般为(　　)。
(A)接头虚焊   (B)电缆接触不良   (C)电缆有断头
(D)测头卡死   (E)测头损坏   (F)开关失灵

79. 齿轮基节仪主要测量基节偏差,由(　　)等部分构成。
(A)本体   (B)切线测头   (C)法线测头
(D)量爪   (E)调整螺钉   (F)千分表

80. 在选定从动件的运动规律及凸轮的(　　)以后,便可以设计凸轮轮廓了。

(A)升程　　　　　　　(B)偏心距　　　　　　　(C)转向

(D)转速　　　　　　　(E)最高及最低点　　　　(F)基圆半径

81. 凸轮轮廓可以用(　　)确定。

(A)作图法　　　　　　(B)图解法　　　　　　　(C)计算法

(D)试测法　　　　　　(E)解析法　　　　　　　(F)测绘法

82. 用图解法设计凸轮轮廓(　　)。

(A)精确　　　　　　　(B)快捷　　　　　　　　(C)直观

(D)简单　　　　　　　(E)容易　　　　　　　　(F)方便

83. 用计算机辅助设计的方法设计凸轮轮廓(　　)。

(A)直观　　　　　　　(B)简单　　　　　　　　(C)方便

(D)速度快　　　　　　(E)结果精确　　　　　　(F)操作容易

84. 测量中的随机误差一般是由(　　)等偶然因素引起的。

(A)读数误差　　　　　(B)弹性变形　　　　　　(C)装配间隙

(D)计算失误　　　　　(E)温度变化　　　　　　(F)人员技术能力

85. 大型工件划线时,应尽可能使划线的尺寸基准与设计基准一致,以减少(　　)。

(A)尺寸误差　　　　　(B)划线误差　　　　　　(C)划线工作量

(D)测量误差　　　　　(E)换算计算　　　　　　(F)计算误差

86. 对于大型工件划线,安置基面的选择很重要,若选择不当,则划线(　　),而且不安全。

(A)工效低　　　　　　(B)找正困难　　　　　　(C)精度低

(D)质量差　　　　　　(E)劳动强度大　　　　　(F)效率低

87. 在毛坯生产过程中,铸造、锻压、焊接等工艺往往会使工件各表面的(　　)产生一定的偏差。

(A)几何尺寸　　　　　(B)表面粗糙度　　　　　(C)外形尺寸

(D)几何形状　　　　　(E)材料性能　　　　　　(F)相对位置

88. 大型工件划线时,应先用(　　)支承,然后用千斤顶支承并调整。

(A)木板　　　　　　　(B)枕木　　　　　　　　(C)胶木板

(D)橡皮板　　　　　　(E)垫铁　　　　　　　　(F)纸垫

89. 大型工件划线时,为了拼凑大型平面,可采用(　　)。

(A)拉线与吊线法　　　　　　　　(B)工件位移法

(C)直接翻转零件法　　　　　　　(D)平板接长法

(E)条形垫铁与平尺调整法　　　　(F)借料法

90. 采用拉线吊线法对特大工件划线,只需要经过一次(　　),就能完成工件 3 个位置的划线工作。

(A)移动　　　　　　　(B)吊装　　　　　　　　(C)定位

(D)找正　　　　　　　(E)固定　　　　　　　　(F)移位

91. 大型工件划线时要检查所划的基准线以及它和各有关(　　)的关系是否符合图样要求。

(A)点　　　　　　　　(B)线　　　　　　　　　(C)面

(D)轴　　　　　　　　(E)孔　　　　　　　　　(F)棱边

92. 钻削斜面上的孔或平面上的斜孔的特点是(　　)。

(A)钻头一侧受径向切削抗力　　　　　　(B)钻孔时易使钻头偏斜,甚至折断

(C)孔的中心线与平面不垂直　　　　　　(D)钻头轴线与平面不垂直

(E)钻削时切削力呈周期性变化　　　　　(F)钻削时钻头容易引偏

93. 光学平直仪由(　　)组成仪器本体。

(A)平面反射镜　　　　　(B)平行光管　　　　　(C)读数测微系统

(D)光路系统　　　　　　(E)读数望远镜　　　　(F)分划板

94. 光学平直仪除能测量(　　)外,还可以测量回转工作台及分度盘的分度精度。

(A)平行度　　　　　　　(B)平面度　　　　　　(C)对称度

(D)垂直度　　　　　　　(E)位置度　　　　　　(F)直线度

95. 镗模的结构类型一般有(　　)。

(A)单支承前镗套　　　　(B)单支承后镗套　　　(C)前支承双镗套

(D)后支承双镗套　　　　(E)前后支承单镗套　　(F)前后支承双镗套

96. 在设计单支承后镗套的镗杆时,悬伸长度的确定应考虑(　　)等因素。

(A)镗杆的刚度　　　　　　　　　(B)有利于刀具的调整和更换

(C)有利于切削过程的冷却润滑　　(D)有利于工件的装卸和测量

(E)有利于排屑　　　　　　　　　(F)有利于镗杆的安装

97. 组合夹具组装前,组装人员应熟悉工件的图样资料,了解工件的(　　)和其他技术要求。

(A)结构　　　　　　　　(B)形状　　　　　　　(C)尺寸

(D)表面粗糙度　　　　　(E)材料　　　　　　　(F)热处理

98. 组合夹具组装人员在确定出工件的定位面和夹紧部分后,就可以选择出所需要的(　　)等。

(A)底板　　　　　　　　(B)基础件　　　　　　(C)支承件

(D)导向件　　　　　　　(E)定位件　　　　　　(F)夹紧件

99. 成品冲模应该达到(　　)等要求。

(A)整个冲模结构完整　　　　　　(B)整个冲模零件齐全

(C)能顺利地安装在指定的压力机上　(D)试冲件完全达到工件图样要求

(E)能稳定地压出合格产品　　　　(F)能安全地进行操作使用

100. 在试冲过程中发现冲模卸料不正常,则应检查(　　)。

(A)卸料装置的装配是否合适

(B)卸料装置动作情况是否良好

(C)卸料板与凸模配合是否过紧或卸料板是否倾斜

(D)卸料弹簧或卸料橡皮的卸料力是否足够

(E)凹模孔和下模漏料孔是否对正与通畅

(F)凹模是否有倒锥

101. 模具工作部位的几何形状,如(　　)的加工应严格按设计要求进行。

(A)圆角半径　　　　　　(B)过渡圆弧　　　　　(C)出模斜度

(D)倒角　　　　　　　　(E)刃口角度　　　　　(F)间隙量

102. 选择焊接方法时,不但要考虑产品的要求,还要根据所焊产品的(　　)等条件做出初步选择。

(A)结构　　　　　　　　(B)形状　　　　　　　　(C)材料

(D)硬度　　　　　　　　(E)施工现场　　　　　　(F)生产技术

103. 常用的焊接方法有(　　)和特殊焊接方法。

(A)电弧焊　　　　　　　(B)电阻焊　　　　　　　(C)高能束焊

(D)钎焊　　　　　　　　(E)电渣焊　　　　　　　(F)气焊

104. 电弧焊中(　　)所用的电极是在焊接过程中熔化的焊丝,所以叫作熔化极电弧焊。

(A)手弧焊　　　　　　　　　　　　(B)埋弧焊

(C)钨极气体保护焊　　　　　　　　(D)等离子弧焊

(E)熔化极气体保护电弧焊　　　　　(F)管状焊丝电弧焊

105. 手弧焊焊条上涂料的作用是(　　)。

(A)在电弧热作用下产生气体以保护电弧　(B)产生熔渣覆盖在熔池表面

(C)防止熔化金属与周围气体相互作用　　(D)与熔化金属产生物理化学反应

(E)添加合金元素　　　　　　　　　　　(F)改善焊缝金属的性能

106. 手弧焊(　　),可以应用于维修及装配中短缝的焊接,特别是可用于难以达到的部位的焊接。

(A)设备简单　　　　　　(B)工艺简单　　　　　　(C)操作容易

(D)设备轻便　　　　　　(E)操作灵活　　　　　　(F)焊接质量好

107. 埋弧焊可以采用较大的焊接电流,与手弧焊相比,其最大的优点是(　　)。

(A)操作容易　　　　　　(B)焊缝质量好　　　　　(C)焊接速度快

(D)操作灵活　　　　　　(E)设备轻便　　　　　　(F)工艺简单

108. 钨极气体保护电弧焊由于能很好地控制热的输入,因此是(　　)的极好方法。

(A)焊接高强度结构钢　　(B)焊接不锈钢　　　　　(C)焊接高碳工具钢

(D)连接薄板金属　　　　(E)打底焊　　　　　　　(F)修理焊补

109. 钨极气体保护电弧焊几乎可以用于所有金属的焊接,尤其适用于焊接(　　)等能形成难熔氧化物的金属。

(A)铝　　　　　　　　　(B)镁　　　　　　　　　(C)钛

(D)锡　　　　　　　　　(E)铜　　　　　　　　　(F)镍

110. 等离子弧焊焊接时,由于其(　　),因而电弧穿透能力强。

(A)电弧温度高　　　　　(B)电弧挺直　　　　　　(C)产生小孔效应

(D)能控制热　　　　　　(E)采用惰性气体保护　　(F)能量密度大

111. 电阻焊的主要焊接方法有(　　)。

(A)点焊　　　　　　　　(B)缝焊　　　　　　　　(C)凸焊

(D)对焊　　　　　　　　(E)立焊　　　　　　　　(F)仰焊

112. 高能束焊包括(　　)。

(A)等离子弧焊　　　　　(B)钨极气体保护电弧焊　(C)埋弧焊

(D)电阻焊　　　　　　　(E)电子束焊　　　　　　(F)激光焊

113. 电子束焊与电弧焊相比,其主要特点是(　　)。

(A)焊缝熔深小　　　　　(B)焊缝熔深大　　　　　(C)焊缝熔宽小

(D)焊接温度高　　　　　(E)焊缝金属纯度高　　　(F)焊接能量密度大

114. 钎焊可以分为( )。

(A)高温钎焊　　　　　　(B)中温钎焊　　　　　　(C)低温钎焊

(D)硬钎焊　　　　　　　(E)软钎焊　　　　　　　(F)液相钎焊

115. 以机械能为焊接能源的特殊焊接方法有( )。

(A)摩擦焊　　　　　　　(B)冷压焊　　　　　　　(C)超声波焊

(D)扩散焊　　　　　　　(E)电渣焊　　　　　　　(F)高频焊

116. 以电阻热为焊接能源的特殊焊接方法有( )。

(A)摩擦焊　　　　　　　(B)冷压焊　　　　　　　(C)超声波焊

(D)扩散焊　　　　　　　(E)电渣焊　　　　　　　(F)高频焊

117. 结构产品中的( )宜用埋弧焊。

(A)短焊缝　　　　　　　(B)长焊缝　　　　　　　(C)环缝

(D)接头焊　　　　　　　(E)打底焊　　　　　　　(F)薄板连接

118. 结构产品中的( )宜用手弧焊。

(A)短焊缝　　　　　　　(B)长焊缝　　　　　　　(C)环缝

(D)接头焊　　　　　　　(E)打底焊　　　　　　　(F)薄板连接

119. 焊接母材的( )等物理性能会直接影响其焊接性及焊接质量。

(A)硬度　　　　　　　　(B)强度　　　　　　　　(C)导热性能

(D)导电性能　　　　　　(E)密度　　　　　　　　(F)熔点

120. 熔化极气体保护电弧焊常用的保护气体有( )。

(A)氢气　　　　　　　　(B)氧气　　　　　　　　(C)氩气

(D)氮气　　　　　　　　(E)氦气　　　　　　　　(F)二氧化碳

121. 不可用锤子直接打击工件,应用( )垫着打击。

(A)胶木板　　　　　　　(B)木料　　　　　　　　(C)橡胶板

(D)布料　　　　　　　　(E)软金属　　　　　　　(F)硬纸垫

122. 在噪声环境中工作容易感觉( ),造成注意力不集中、反应迟钝、准确性降低,直接影响作业能力和效率。

(A)心闷　　　　　　　　(B)狂躁　　　　　　　　(C)心烦

(D)疲倦　　　　　　　　(E)疲乏　　　　　　　　(F)烦躁

123. 压力机的危险因素主要有( )。

(A)噪声危害　　　　　　(B)强体力劳动消耗　　　　(C)机械振动危害

(D)单调重复劳动疲劳　　(E)冲压事故伤害　　　　　(F)工具伤害

124. 在夹具设计图样上先将工件的( )用双点画线画出。

(A)形状　　　　　　　　(B)轮廓　　　　　　　　(C)外形轮廓

(D)表面　　　　　　　　(E)主要表面　　　　　　(F)外形

125. 压缩空气的工作压力较低,因此降低了对气动元件( )的要求,使元件制作容易、成本低。

(A)材质　　　　　　　　(B)硬度　　　　　　　　(C)强度

(D)加工精度　　　　　　(E)结构　　　　　　　　(F)形状尺寸

126. 气动装置中信号传递速度比( )控制速度慢,不宜用在信号传递要求十分高的复杂线路中。

(A)液压　　　　　　　　(B)机械　　　　　　　　(C)光

(D)电　　　　　　　　　(E)声　　　　　　　　　(F)电磁

127. 夹具按其使用于不同的工艺过程,可分为(　　　)等。

(A)加工夹具　　　　　　(B)装配夹具　　　　　　(C)设备夹具

(D)机床夹具　　　　　　(E)检验夹具　　　　　　(F)焊接夹具

128. 设计翻转式钻模时,要考虑钻模在翻转后(　　　)。

(A)装卸工件方便　　　　(B)进刀退刀顺利　　　　(C)安放平稳

(D)夹紧牢靠　　　　　　(E)便于清除切屑　　　　(F)便于观察切削过程

129. 回转式钻模主要用于加工(　　　)。

(A)同心圆周上的平行孔系　　　　　(B)大型工件上的小孔

(C)精度要求不高的小型工件　　　　(D)位于工件定位基准上的孔

(E)分布在几个不同表面的径向孔　　(F)分布在其他几个方向上的孔

130. 三坐标测量机操作与控制方式可分为(　　　)。

(A)手动控制　　　　　　(B)计算机辅助手动控制　　(C)计算机辅助电动控制

(D)直接计算机控制　　　(E)触针电动机驱动　　　　(F)操纵杆控制

131. 测量误差的来源通常是(　　　)。

(A)标准器具误差　　　　(B)测量器具误差　　　　(C)测量方法误差

(D)环境条件误差　　　　(E)人为误差

132. 进入压缩空气中的(　　　)会随压缩空气进入三坐标测量机的平衡油缸和气浮块,使三坐标测量机导轨的直线度改变。

(A)灰尘　　　　　　　　(B)脏物　　　　　　　　(C)杂物

(D)水　　　　　　　　　(E)切屑　　　　　　　　(F)油

133. 测量中,(　　　)属于系统误差。

(A)定值系统误差　　　　(B)随机误差　　　　　　(C)变值系统误差

(D)粗大误差　　　　　　(E)反常误差　　　　　　(F)过失误差

134. 由于三坐标测量机机房要求恒温,所以机房要有保温措施,如(　　　),以减少温度的散失。

(A)采用双层窗　　　　　(B)避开阳光照射　　　　(C)门口采用过渡间

(D)采用保温墙体　　　　(E)采用特殊材料涂料　　(F)采用双层板送风

135. 有必要在三坐标测量机机房温度稳定的情况下,对(　　　)不同而造成的误差用温度修正系数来进行修正。

(A)机房温度　　　　　　(B)测量机温度　　　　　(C)计算机温度

(D)光栅温度　　　　　　(E)量块温度　　　　　　(F)实测工件温度

136. 在对三坐标测量机测头进行校正时,要输入正确的(　　　)。

(A)测头长度　　　　　　(B)测杆长度　　　　　　(C)测针长度

(D)触针直径　　　　　　(E)测头直径　　　　　　(F)标准球直径

137. 当温度变化或需要测量精度比较高的零件时,可用标准器检查三坐标测量机(　　　)时的情况,了解测量机的精度情况。

(A)测长　　　　　　　　(B)测直径　　　　　　　(C)测圆

(D)测圆周　　　　　　　　(E)测曲线　　　　　　　　(F)测角度

138. 万能工具显微镜的光学系统是由（　　　）组成的。

(A)聚光系统　　　　　　　(B)反射系统　　　　　　　(C)瞄准显微镜系统

(D)投影读数系统　　　　　(E)光源　　　　　　　　　(F)成像系统

139. 由于大型工件（　　　），划线时不易吊装、调整。

(A)体积大　　　　　　　　(B)结构复杂　　　　　　　(C)划线工作量大

(D)划线面积大　　　　　　(E)质量大　　　　　　　　(F)安装困难

140. 所谓拉线与吊线法是采用（　　　）互相配合,并通过投影来引线的方法完成对特大工件的划线。

(A)拉线　　　　　　　　　(B)吊线　　　　　　　　　(C)90°角尺

(D)钢直尺　　　　　　　　(E)钢卷尺　　　　　　　　(F)拉线支架

141. 中心钻的（　　　）,故刚度好,钻斜孔时不易弯曲。

(A)钻尖很短　　　　　　　(B)钻尖很长　　　　　　　(C)钻尖锋利

(D)切削刃锋利　　　　　　(E)横刃小　　　　　　　　(F)柄部直径较大

142. 采用单支承后镗套加工小型箱体不通孔时,由于其悬臂长度较短,所以（　　　）。

(A)刚度好　　　　　　　　(B)振动小　　　　　　　　(C)变形小

(D)抗弯能力强　　　　　　(E)表面粗糙度小　　　　　(F)加工精度较高

143. （　　　）模具的定位件形状应与前工序冲件形状相吻合。

(A)剪切　　　　　　　　　(B)修边　　　　　　　　　(C)冲压

(D)冲孔　　　　　　　　　(E)拉伸　　　　　　　　　(F)塑料

144. 电弧焊是目前应用最广泛的焊接方法,包括（　　　）等。

(A)手弧焊　　　　　　　　　　　　　(B)埋弧焊

(C)钨极气体保护电弧焊　　　　　　　(D)等离子弧焊

(E)熔化极气体保护电弧焊　　　　　　(F)管状焊丝电弧焊

145. 在进行埋弧焊时,由于熔渣可降低焊头冷却速度,故某些（　　　）也可采用埋弧焊进行焊接。

(A)高强度耐候钢　　　　　(B)低合金结构钢　　　　　(C)不锈钢

(D)高碳钢　　　　　　　　(E)铸铁　　　　　　　　　(F)有色金属

146. 产生等离子弧的等离子气体可用（　　　）或其中两者的混合气。

(A)氧气　　　　　　　　　(B)氩气　　　　　　　　　(C)氮气

(D)氢气　　　　　　　　　(E)氦气　　　　　　　　　(F)二氧化碳

147. 钎焊前必须采用一定的措施清除被焊工件表面的（　　　）等,这是使工件润湿性好、确保接头质量的重要保证。

(A)油污　　　　　　　　　(B)水分　　　　　　　　　(C)污物

(D)灰尘　　　　　　　　　(E)毛刺　　　　　　　　　(F)氧化膜

148. 以化学能为焊接能源的特殊焊接方法有（　　　）。

(A)气焊　　　　　　　　　(B)气压焊　　　　　　　　(C)爆炸焊

(D)电渣焊　　　　　　　　(E)扩散焊　　　　　　　　(F)冷压焊

149. 下列有关使用钻床时的安全操作规程,正确的是（　　　）。

(A)穿好工装、戴好手套　　　　　　(B)女同志必须戴好安全帽

(C)钻削时必须用夹具夹持工件　　　(D)变换转速必须停车

(E)手持工件

150. 粘接工艺主要包括(　　　)。

(A)接头设计　　　　　　(B)表面处理　　　　　　(C)配胶

(D)涂胶　　　　　　　　(E)固化　　　　　　　　(F)质量检查

四、判断题

1. 油液在管道中的流速,与通流截面积和流量有关,与其压力大小无关。(　　　)

2. 在同一管道中流动的油液,流过任一截面的流量相等。(　　　)

3. 液压缸的工作功率就是液压系统输出功率。(　　　)

4. 作用在活塞上的推力愈大,活塞运动速度就愈快。(　　　)

5. 换向阀处于中间位置时能使液压泵卸载,其滑阀机能是 Y 型。(　　　)

6. 液压系统无压力产生的主要原因之一是液压泵转向不对。(　　　)

7. 液压系统的执行机构引起爬行现象的主要原因是空气的渗入。(　　　)

8. 节流阀是通过改变节流口的通流截面积,以控制流体流量的阀。(　　　)

9. 液压传动的工作原理是以油液作为工作介质,依靠密封容积变化来传递运动,依靠油液内部的压力来传递动力。(　　　)

10. 液压系统中有了溢流阀,系统压力就不能超过溢流阀所调定的压力,因此溢流阀起防止系统过载的作用。(　　　)

11. 中间继电器可以将一个信号变成多个输出信号。(　　　)

12. 常在直流电机电枢电路中串接电阻,用来限制启动电流。(　　　)

13. 熔断器串联在被保护电路中,在正常情况下相当于一根导线。当发生短路而使电路电流增大时,熔管因过热而熔断,切断电路,以保护线路和线路上的设备。(　　　)

14. 行程开关是用以反映工作机械的行程位置,发出命令以控制其运动方向或行程大小的一种电器。(　　　)

15. 工作机械的电气控制线路由电力电路、控制电路、信号电路和保护电路等组成。(　　　)

16. 蜗杆传动的特点是传动效率低,工作发热大,需要有良好的润滑。(　　　)

17. 普通楔键连接,键的上下两面是工作面,键侧与键槽有一定间隙。(　　　)

18. 按照载荷的形式,弹簧的种类可分为拉伸弹簧、压缩弹簧、扭转弹簧和弯曲弹簧四种。(　　　)

19. 在四杆机构中,最短杆固定作为机架时,则与机架相连的两杆都可以作整圆旋转。(　　　)

20. V 带截面规格型号是 O、A、B、C、D、E、F,其中 O 最大,F 最小。(　　　)

21. V 带型号是根据计算功率 P_c 和主动轮的转速来选定的。(　　　)

22. 蜗杆头数越多,其蜗轮副传动比越大。(　　　)

23. 万向联轴器的角度偏移越大,则从动轴的速度变化也越大。(　　　)

24. 锥形滚子轴承只能承受单方向的轴向力。(　　　)

25. 轮系传动中,轴与轴上零件的连接都是松键连接。(　　　)

26. 直角棱镜、五角棱镜和半五角棱镜都是用于改变光线方向的。（　　　）

27. 在精密夹具装配调整过程中,当存在多个装配尺寸链时,应选取公共环而不应选取只影响一个装配尺寸链的组成环的元件作为补偿件。（　　　）

28. 夹具装配时,若夹紧机构装配不良,不但会降低工件的夹紧力,还会使其他元件产生不必要的作用力,使其变形而损坏或丧失原有的精度。（　　　）

29. 在复杂的装配尺寸链中,既有长度尺寸链,又有角度尺寸链,那么该尺寸链为混合尺寸链。（　　　）

30. 采用镀铜法和涂漆法调整冲模间隙时,间隙调整后应去除镀层或涂层,以免影响精度。（　　　）

31. 在单件生产和小批生产中,辅助时间和准备、结束时间占较大比例。（　　　）

32. 大批大量生产中,基本时间占较大比例。（　　　）

33. 基本时间 $t_{基}$ 和布置工作地时间 $t_{服}$ 是直接与工序有关的,两者之和称为作业时间。（　　　）

34. 采用加工中心节省了辅助时间,提高了生产率。（　　　）

35. 采用新刀具材料、先进刀具可以缩短基本时间,提高生产率。（　　　）

36. 弯曲模试冲时,出现冲压件尺寸过长,如果是由于间隙的关系而将材料挤长,则应加大间隙值。（　　　）

37. 导热性能差的金属工件,在加热或冷却时产生较大的内外温差,会造成变形甚至开裂。（　　　）

38. 拉伸试验是机械性能试验的重要方法,通过拉伸试验可以获得反映金属材料的弹性、塑性和强度等多项性能指标。（　　　）

39. 塞规过端的尺寸比工件的最小极限尺寸还小。（　　　）

40. 铰刀的前角 $\gamma = 0°$。（　　　）

41. 在铸铁上进行精孔加工时可选用 YT 硬质合金机铰刀。（　　　）

42. 当铆钉直径在 12 mm 以上时,一般都采用热铆。（　　　）

43. 公差值没有正负,是绝对值。（　　　）

44. 在夹具中,主要定位的三个支承点一定要放在同一直线上。（　　　）

45. 过渡配合是可能为间隙配合或可能为过盈配合的一种配合。（　　　）

46. 夹具中,夹紧力的作用方向应使所需夹紧力尽可能最大。（　　　）

47. 用锥度很小的长锥孔定位时,工件插入后就不会转动,所以消除了 6 个自由度。（　　　）

48. 用 V 形块定位的最大优点是工件在水平面上没有定位误差。（　　　）

49. 安排半精加工前的热处理工序有:表面渗碳、高频淬火、去应力退火等。（　　　）

50. 金属材料的工艺性能包括:浇注、冶炼、冷热加工成型、切削加工、热处理、焊接。（　　　）

51. 所有金属及其合金都是固态物质,只有在它们被加热熔化后才会变成液态。（　　　）

52. 铁、镍、钴是铁磁性材料,具有导磁性能,能被磁铁吸引,可用来制造各种磁铁。（　　　）

53. 铸钢的铸造性能比铸铁好,故常用来制造形状复杂、铸造困难而性能又要求高的零件。（　　　）

54. 硬质合金具有很高的硬度和红硬性,作刀具时,钨钛钴类适用于切削韧(塑)性材料,钨钴类适用于切削脆性材料。（　　　）

55. 大型工件和畸形工件划线正确与否直接关系到零件的质量、加工效率与经济成

本。（　　）

56. 畸形工件划线时,选择的安置基面应与设计基准一致。（　　）

57. 大型工件划线时,合理选定第一划线位置是为了提高划线质量和便于借料。（　　）

58. 大型铸件、锻件、焊接结构件在划线时应考虑借料。（　　）

59. 渐开线的常用划线方法有展成法和坐标法。（　　）

60. 装配的次序应有利于保证加工质量、使用寿命等因素顺利实现。（　　）

61. 夹具的夹紧机构不但要承受外力,还要承受工件的重力、惯性力和离心力的作用。（　　）

62. 夹具的精度主要是由各个零件的精度组成的。（　　）

63. 补偿装配法按补偿件的修整方法可分为修配装配法和调整装配法。（　　）

64. 求解尺寸链的目的,是为了达到装配过程中所采用的测量技术的精确。（　　）

65. 环氧树脂粘结剂中的二丁脂毒性较大,所以使用时应在通风良好的条件下,戴上乳胶手套进行操作。（　　）

66. 要想保证某构件的安全,构件截面上的最大应力必须小于或等于材料的破坏应力。（　　）

67. 机械中承受外力驱动的构件常称为执行件。（　　）

68. 夹具装配中影响精度的因素有元件在同一方向上的尺寸累积误差造成的直线位移。（　　）

69. 工程上只有当碳钢的性能不能满足要求时才采用合金钢。（　　）

70. 普低钢因碳合金元素的含量低,塑性较好,故冷冲、冷弯和焊接性能较好。（　　）

71. 合金调质钢,由于合金元素的加入提高了淬透性,所以调质后具有良好的综合机械性能。（　　）

72. 大型机器零件,为了获得良好的综合机械性能,常用合金调质钢来制造。（　　）

73. 冷冲模具工作时受冲击和摩擦,所以应用低碳合金钢来制造。（　　）

74. 铸铁的切削加工性比钢差,所以切削小型、快冷的铸铁零件毛坯容易崩刃。（　　）

75. 可锻铸铁是由灰铸铁经可锻化退火后获得的。（　　）

76. 由于滑动轴承的轴瓦内衬在工作中承受磨损,故要求其只要有高的硬度和耐磨性。（　　）

77. 铸造铝合金的铸造性好,但一般塑性较差,不宜进行压力加工。（　　）

78. 畸形工件划线时,当工件重心位置落在支承面的边缘部位时,必须加上相应的辅助支承。（　　）

79. 特形工件和一些多坐标尺寸的工件,采用三坐标划线机划线,提高了划线效率,但并没有提高划线精度。（　　）

80. 用条型垫铁与平尺调整法对大型工件划线时,如果靠近工件两侧的两根半尺不在同一水平面上,这将是造成划线错误的主要原因。（　　）

81. 主焦点和光心之间的距离称为焦距。（　　）

82. 透镜的中央部分比边缘部分厚的称为凸透镜。（　　）

83. 凹透镜又称散发透镜。（　　）

84. 棱镜的横断面形状为直角三角形的称为直角棱镜,用于改变光路。（　　）

85. 卧式测长仪可测量圆柱面的直径。（　　）

86. 万能工具显微镜能精确测量螺纹的各要素和轮廓形状复杂工件的形状。（　　）

87. 电动轮廓仪可以测量工件的轮廓形状。（　　）

88. 光学量仪的放大倍数较小。（　　）

89. 物体放在主焦距的位置上，凸透镜成像是与物体同等大小的倒立实像。（　　）

90. 卧式测长仪的万能工作台有四种运动。（　　）

91. 卧式测长仪有绝对测量和相对测量两种方法。（　　）

92. 通过工作台的调焦，投影仪的物镜把光源的光尽可能汇集在被测零件上。（　　）

93. 光学分度头的金属度盘能准确地显示出主轴旋转量。（　　）

94. 光学分度头的光学度盘能表达主轴快速转动的角度值。（　　）

95. 万能工具显微镜的横向测量误差比纵向的小。（　　）

96. 齿轮基节仪测量所得读数就是齿轮实际基节。（　　）

97. 平直度检查仪在测量 V 形导轨直线度误差时，直接在目镜中读出导轨的直线度误差。（　　）

98. 为了防止"误收"，安全裕度（A）选得愈小愈好。（　　）

99. 夹具的装配就是将夹具有关零件连接的过程。（　　）

100. 精密夹具在装配前，凡过盈配合、单配、选配的元件，应严格进行复检并打好配套标记。（　　）

101. 一般选用装配尺寸链的公共环作补偿件。（　　）

102. 夹具装配前，对精密的元件应彻底清洗，并用压缩空气吹净，要注意元件的干燥和防锈工作。（　　）

103. 夹具分度机构中的分度销，只要能插入和拔出销孔，就能保证定位精度。（　　）

104. 对于精密夹具中的主要元件，若用一般的机械加工手段都难以达到规定的精度，则不管采用哪种装配方法均不能使之符合装配精度要求。（　　）

105. 精密夹具中的定位元件，只要经过严格检验，合格后进行装配，就能保证各定位元件间有正确的相对位置精度。（　　）

106. 采用补偿法装配夹具可以使装配链中各组成环元件的制造公差适当放大，便于加工制造。（　　）

107. 在精密夹具装配的调整过程中，应选择互换性程度较高的标准件作为补偿件。（　　）

108. 夹具的定位元件必须安装牢固可靠。（　　）

109. 夹具装配的质量直接影响工件的加工精度，而对夹具的使用寿命影响不大。（　　）

110. 夹具导向元件的装配质量与夹具的精度无关，仅与使用寿命有关。（　　）

111. 压板的支承螺栓的调整有误可能会降低对工件的夹紧力。（　　）

112. 合理安排夹具装配测量程序，既可提高夹具装配测量的精度，又可提高夹具装配测量的速度。（　　）

113. 量具和量仪的精度指标应与夹具的测量精度相适应。（　　）

114. 测量易变形的精密小元件，不能采用测力大的量具。（　　）

115. 基准镗套的轴线与被测镗套的轴线均由标准芯轴模拟。（　　）

116. 用综合量规测量镗模前后两镗套的同轴度误差时，能方便地读出其误差值的大小。（　　）

117. V形块斜槽的对称轴心可用标准芯轴模拟。（　　）

118. 精度要求较高的夹具零件,常用调整法和修配法保证制造精度。（　　）

119. 为了保证由支承钉组成定位平面的精度,常常将支承钉装入夹具体后再对定位平面进行加工。（　　）

120. 采用机床自身加工夹具零件是制造精密夹具的方法之一。（　　）

121. 装配冷冲模时,只要保证冲模间隙符合图样规定的尺寸要求即可。（　　）

122. 冷冲模在装配结束后必须进行试冲,并边试冲边调整。（　　）

123. 低熔点合金浇注法,是利用低熔点合金在冷却凝固时体积会膨胀的特性来紧固零件的一种方法。（　　）

124. 用低熔点合金固定的凸模可安全地冲裁板料厚度在 2 mm 以下的各种金属。（　　）

125. 在配制低熔点合金的过程中,可在已熔化的合金表面上撒些石墨粉以加速熔化。（　　）

126. 低熔点合金浇注过程中及浇注以后,固定的零件须在 24 h 后才能动用。（　　）

127. 无机粘接法常用于凸模与固定板及导柱、导套与上、下模座的粘接。（　　）

128. 环氧树脂粘接是有机粘接中的一种常用的粘接方法。（　　）

129. 环氧树脂粘接有强度高、耐高温、不变形等优点。（　　）

130. 垫片法是调整凸模与凹模之间间隙最简便的方法。（　　）

131. 在凸模与凹模之间放入纸片进行试冲,就能判断间隙是否均匀。（　　）

132. 涂铜法和涂漆法都是控制凸模与凹模之间间隙的方法。（　　）

133. 透光法适用于小型且间隙小的冷冲模间隙调整。（　　）

134. 间隙较大的冲裁模是用塞铁来判断间隙大小的。（　　）

135. 冲模安装前应检查压力机的技术状态。（　　）

136. 安装冷冲模时,压力机滑块的高度应根据冷冲模的高度进行调整。（　　）

137. 冲裁间隙太大就会出现冲裁件剪切断面光亮带太宽的问题。（　　）

138. 凸模、凹模装偏,就可能产生刃口相交的问题。（　　）

139. 拉深件拉深高度太大的原因,可能是凸模圆角半径太小。（　　）

140. 外缘翻边模工作时,冲压件翻边不齐的原因之一是凸模与凹模之间的间隙不均。（　　）

141. 如保持入射到平面反射镜的光线方向不变,而平面反射镜转动一个 θ 角,则反射光线也转动 θ 角。（　　）

142. 金属表面除锈的方法有手工除锈、机械除锈和化学除锈。（　　）

143. 任意一组平行光束经透镜折射后,折射光线是一组改变角度的平行光束。（　　）

144. 如物在凹透镜的主点到无穷远之间,像在主点到焦点之间,成缩小的正立实像。（　　）

145. 齿距测量中较广泛地应用相对测量法。（　　）

146. 卧式测长仪可对被测工件进行绝对测量。（　　）

147. 投影仪的光学系统中,半透膜反射镜只有在作反射照明或透射、反射同时照明时才装上;当作透射照明时,应将其拆下,以免带来不必要的光能损失。（　　）

148. 在用自准直原理的量仪来测量工件直线度误差时,不可以任意改变平面反射镜和物镜之间的距离。（　　）

149. 齿轮基节仪是用相对测量法测量齿轮基节误差的一种量仪。（　　）

150. 用齿轮基节仪测量齿轮的基节误差时,要对轮齿的左、右两侧都进行测量,然后取两

边平均值的示值作为被测齿轮的基节误差。（　　）

151. 在万能工具显微镜上用螺纹轮廓目镜测量时,最清晰的螺纹断面只有在显微镜轴线不垂直于被测零件轴线而与之成一螺旋升角时才能得到。（　　）

152. 用影像法测量螺纹中径时,先将被测螺纹的工件装夹好,按螺纹中径选择合适的照明光阑直径。在调整显微镜焦距后,必须把主柱倾斜一个螺纹升角。（　　）

153. 用影像法测量螺距时,为了减少牙型角误差的影响,可将米字线的中心尽量选在牙型影像的顶径部位。（　　）

154. 电动轮廓仪是利用针描法测量表面粗糙度的仪器,属于直接测量法。（　　）

155. 基准位移误差的数值是,一批工件的定位基准在加工要求方向上,相对于定位元件的起始基准的最大位移范围。（　　）

156. 基准不符合误差的数值是,一批工件的工序基准在加工要求方向上,相对于定位基准的最大位移范围。（　　）

157. 工件以外圆柱面在 V 形架上定位时,在垂直方向上的基准位移误差随 V 形架夹角的增大而增大。（　　）

158. 工件以外圆柱面在 V 形架上定位时,产生的定位误差与工序基准的位置无关。（　　）

159. 夹紧力的方向应有利于减少夹紧作用力,所以夹紧力最好和重力、切削力同向,且垂直于工件的定位基准面。（　　）

160. 为防止或减少加工时的振动,夹紧力的作用点应适当靠近加工部位,以提高加工部位的刚性。（　　）

161. 在精密夹具装配的调整过程中,应选择最后装配的元件为补偿件。（　　）

162. 在精密夹具装配过程中,将便于装拆的零件作为补偿件,有利于简化装配工艺。（　　）

163. 夹具的对定销装配后,只要对定销能插入和拔出分度板的分度孔,就能保证定位精度。（　　）

164. 夹具的装配方法主要是根据夹具的结构来选择的。（　　）

165. 为保证精密夹具装配后的测量精度,必须采用高精度的量具和量仪。（　　）

166. 在特定的情况下,当用精基准定位、支承钉装配又同时磨平后,基准位置误差可以略去不计。（　　）

167. 工件在 V 形块上定位,尽管 V 形块的对中性好,但由于一批工件的直径是变化的,所以定位基准在水平方向仍存在位置误差。（　　）

168. 工件的定位基面必须与夹具的夹紧元件紧密接触才能保证定位准确可靠。（　　）

169. 利用电能、化学能、光能和声能等进行机械加工的方法称为特种加工。（　　）

170. 装配时,尽管有些主要元件存在微小的偏斜或松紧不一、接触不良现象,只要还能保持暂时的精度,就不会影响使用。（　　）

171. 在一次安装中,尽量完成多个表面的加工,比较容易保证各表面之间的位置精度。（　　）

172. 对于引导刀具进行加工的元件,如钻镗导套,只要元件的加工精度误差均在允许范围内,因装配产生的综合误差即使在夹具调整时未加注意,使用时也只是影响工件的加工精度,不会影响夹具的寿命。（　　）

173. 夹具采用"一面两孔"组合定位时,削边销的削边部分应在两销的连线方向上。（　　）

174. 夹具装配时,应选择定位元件作为装配基础件。（　　）

175. 冲模的精度在相当程度上取决于导柱、导套等导向零件的导向性能,装配时必须保证其相对位置的准确性。(　　)

176. 低熔点合金熔化后不能重复使用,因而耗费较贵重的金属铋。(　　)

177. 无机粘接剂一次配制量不宜太多,配制用的原料平时都应放在磨口瓶内。(　　)

178. 环氧树脂具有粘接强度高、零件不会发生变形、便于模具修理等优点,所以在模具装配中应用最广泛。(　　)

179. 配制环氧树脂粘结剂时,为了便于浇注,而且由于固化剂毒性较大并有刺激性的臭味,固化剂只能在粘接前加入。(　　)

180. 切纸法是一种检查和精确调整模具的方法,间隙越小,纸应越薄。(　　)

181. 试冲只是为了检查压力机的压力是否符合要求。(　　)

182. 级进冲模冲压时,要求其板料的宽度比侧面导板的距离小。(　　)

183. 导柱、导套和定位板可作为冲模装配的基准件。(　　)

184. 一般冲模装妥经检查无误后,钻铰销钉孔并配上销钉,以免试冲时零件移位。(　　)

185. 无机粘接时,作连接用孔的加工精度可以降低。(　　)

五、简 答 题

1. 光学分度头有何优点?

2. 夹具由哪些主要部分组成? 各起什么作用?

3. 粗刮和精刮时,涂布显示剂的方法有什么不同?

4. 如何用简易方法来检查凸、凹模间的间隙均匀性?

5. 量块有何用途? 按等使用与按级使用相比,哪种方法能获得更高的测量精度?

6. 什么叫内力? 什么叫应力?

7. 在夹具装配调整过程中,补偿件应按什么原则选择?

8. 冷冲模装配的基本要求有哪些?

9. 弯形模工作时,造成冲压件产生回弹的原因是什么? 应怎样调整?

10. 斜齿圆柱齿轮传动与直齿圆柱齿轮相比有哪些特点?

11. 试述自准直原理。

12. 卧式测长仪的万能工作台有哪五种运动?

13. 补偿装配法的关键是什么? 试说明其理由。

14. 简述夹具装配测量的一般程序。

15. 机床夹具零件制造有哪几种方法?

16. 销连接的作用是什么? 常用的有哪些种类?

17. 调整冷冲模间隙的常用方法有哪几种?

18. 为什么要通过试验确定冲压件毛坯尺寸?

19. 补偿件的选择原则是什么?

20. 夹紧机构装配不良对夹具使用会产生哪些后果?

21. 测量夹具时,量具和量仪的选用应遵循哪些原则?

22. 夹具装配测量的主要项目有哪些?

23. 翻边模试冲时,出现外缘翻边不齐、边缘不平的原因有哪些?

24. 弯曲模工作时,造成冲压件弯形部位产生裂纹的原因有哪些? 应怎样进行调整?

25. 拉深模工作时,造成冲压件表面拉毛的原因是什么? 应怎样进行调整?

26. 冲裁模工作时,造成冲裁件的剪切断面的光亮带太宽甚至出现双亮带及毛刺的主要原因是什么? 应如何调整?

27. 常用投影仪来测量或检验哪些零件?

28. 什么叫力的功和功率?

29. 万能工具显微镜有哪些用途?

30. 在万能工具显微镜上可以采用哪些坐标法测量?

31. 何谓工具显微镜的影像测量法?

32. 在万能工具显微镜上常用哪两种目镜? 用途各是什么?

33. 为什么对大型铸件、锻件、焊接结构件毛坯划线时必须考虑借料? 在借料时应考虑哪些因素?

34. 什么是装配工作中的调整法?

35. 装配调整法有什么特点?

36. 夹具装配操作程序的原则是什么?

37. 畸形工件划线时工艺要点有哪些?

38. 冲裁模试冲时,造成凹模被涨裂的主要原因是什么? 应如何进行调整?

39. 低熔点合金浇注法有哪些优缺点?

40. 无机粘接法在模具装配上有哪些优点? 常用于哪些部位上?

41. 试述低熔点合金浇注工艺要点。

42. 环氧树脂粘接法有何不足?

43. 环氧树脂粘接时应注意哪些问题?

44. 带传动为什么要张紧?

45. 带传动常用张紧方法有几种?

46. 光面极限量规按其用途可分哪几类?

47. 研磨外圆柱表面发现有锥度时如何处理? 怎样才能有效地避免锥度?

48. 当液压系统中进入空气后产生什么后果?

49. 试述平面平晶的形状、种类和精度等级。

50. 对制造量具的材料有哪些要求?

51. 在研磨加工中,研具材料应比被加工工件材料软还是硬? 为什么?

52. 什么叫三相发电机的星形连接?

53. 什么叫三相发电机的三角形连接?

54. 简述电动量仪的组成及每个部分的作用。

55. 滚珠螺旋传动的特点是什么?

56. 锤锻模具有什么特点?

57. 热冲压用的锤锻模,其终锻模膛周围的飞边槽有什么作用?

58. 冷挤压的优缺点有哪些?

59. 简述夹具设计原则及对夹具设计的要求。

60. 夹具装配中影响精度的因素有哪些?

61. 试述模型的型式及设计要求。

62. 试述新产品检查的程序和内容。

63. 试述光学量仪的优点。

64. 什么是安全裕度(A)? A 值过大或过小有什么问题?

65. 精密夹具为什么采用补偿装配法装配?

66. 为什么组合弹簧总是一个左旋一个右旋?

67. 工作台表面平面度的检查方法有哪些?

68. 检验平台的平面度常见的方法有哪几种?

69. 工件表面研磨后呈凸形的原因有哪些?

70. 机床夹具的夹紧机构一般应满足哪些基本要求?

六、综 合 题

1. 冷冲模在试冲时应注意哪些事项?

2. $\phi500$ 投影仪的测量方法有哪几种? 如何进行?

3. 冷冲模装配的基本要点有哪些?

4. 简述数控加工机床的大致过程。

5. 简述投影仪的种类、用途及使用方法。

6. 双孔定位中,定位元件为什么多采用一个短圆柱销一个短菱形销?

7. 试述组合夹具的应用范围。

8. 组合夹具元件分为哪几类? 各类元件的作用是什么?

9. 轴上零件的轴向固定方法有哪几种? 各适用于什么情况?

10. 液压系统由哪些部分组成? 各部分的作用是什么?

11. 试述组合夹具的组装顺序及组装时应注意的主要问题。

12. 有一离心式鼓风机转子重量为 50 kg,工作转速为 2 900 r/min,若转子重量对称分布,平衡校正面为两个,则转子的允许偏心距为多少? 每个校正面上允许的剩余不平衡力矩是多少? (平衡精度为 G6.3)

13. 如图 1 所示,已知 $2\alpha = 15°30' \pm 2''$,$d = 9.98$ mm,$H = 50$ mm,$l = 78.63$ mm,试求 L 的尺寸范围。

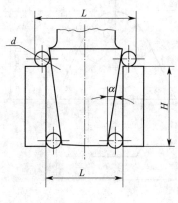

图 1

14. 用精密划线法加工如图 2 所示的钻模板，试计算 C 孔的水平坐标尺寸。

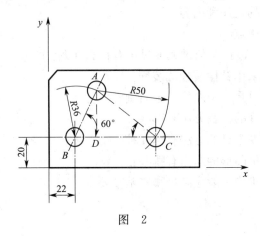

图 2

15. 用 2 mm 厚的钢板制作如图 3 所示的样板，试计算图中的尺寸 A 值。

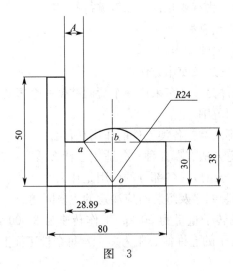

图 3

16. 有一冲头尺寸如图 4 所示，试计算它的锥角 α。

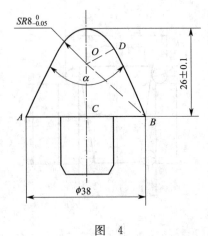

图 4

17. 有一燕尾槽如图 5 所示,用卡尺和滚棒测得尺寸 $B=32.4$ mm,求两内尖角尺寸 A 为多少?

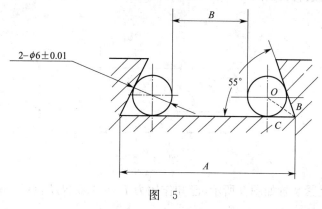

图　5

18. 如图 6 所示为一梯形板,求 X 值。$(\sin 20°=0.342;\cos 20°=0.94;\tan 20°=0.364)$

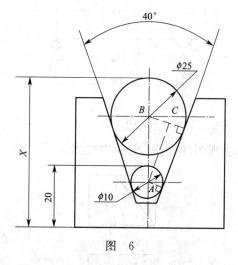

图　6

19. 在 FW250 型分度头上将一圆柱端面作六等分划线,试问分度计算为多少?

20. 现在需把工件分成 109 等分,试计算差动分度时的配换齿轮和手柄转数。

21. 如图 7 所示,已知两圆棒直径为 38 mm,测得 $H=36.62$ mm,试求凸弧半径 R。

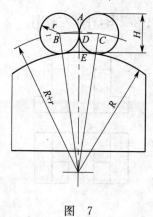

图　7

22. 试确定 $\phi250h12$ 轴的验收界限,并选用计算器具。

23. 螺旋压板夹紧装置如图 8 所示,已知作用力 $F_Q=60$ N,$L_1=200$ mm,$L_2=120$ mm,求理论夹紧力 F_W。

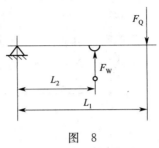

图 8

24. 螺旋压板夹紧装置如图 9 所示,已知作用力 $F_Q=100$ N,$L_1=70$ mm,$L_2=140$ mm,求理论夹紧力 F_W。

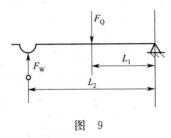

图 9

25. 如图 10 所示,已知主视图、俯视图,补画左视图。

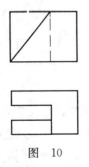

图 10

26. 如图 11 所示,已知主视图、俯视图,补画左视图。

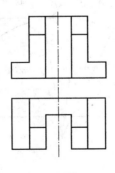

图 11

27. 如图 12 所示,已知主视图、左视图,补画俯视图。

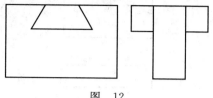

图　12

28. 如图 13 所示,已知主视图、左视图,补画俯视图。

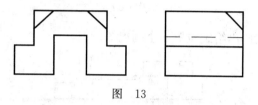

图　13

29. 如图 14 所示,根据立体图,补画主视图、俯视图、左视图。

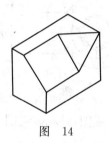

图　14

30. 如图 15 所示,根据立体图,补画主视图、俯视图、左视图。

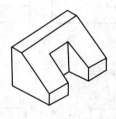

图　15

31. 如图 16 所示,根据立体图,补画主视图、俯视图、左视图。

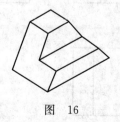

图　16

32. 如图 17 所示,补画左视图。

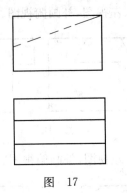

图 17

33. 如图 18 所示，请画出给定位置的全剖视图。

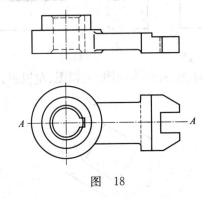

图 18

34. 如图 19 所示，已知主视图，左视图，补画俯视图。

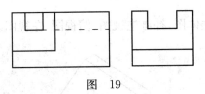

图 19

35. 如图 20 所示，补画视图中的缺线。

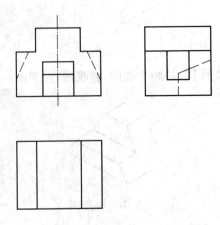

图 20

工具钳工(高级工)答案

一、填空题

1. 封闭容器
2. 数码
3. 物理量
4. 频率
5. 短路
6. 控制
7. 误差
8. 流动
9. 自由度
10. 刚性
11. 工序基准
12. 尺寸偏差
13. 光学元件
14. 五种
15. 速度
16. 补偿件
17. 简化
18. 基准统一
19. 实物
20. 大于
21. 100~200 个
22. 图解
23. 非接触
24. 装配
25. 夹具
26. 冲裁
27. 0.002
28. 支架
29. 0.000 1
30. 读数望远镜
31. 水平
32. 平行
33. 等高
34. 支承点或定位点
35. 自锁
36. 真空
37. 薄膜式
38. 直线移动
39. 转动
40. 焊接
41. 固定
42. 制动
43. 转速
44. 电枢电流方向
45. 改变磁通
46. 自励
47. 五个
48. 控制器
49. 脉冲频率
50. 滑尺
51. 探伤
52. 轴承或巴氏
53. 手电钻
54. 金刚石
55. 滚齿机
56. 冷处理
57. 旋合长度
58. 角位移
59. 相对测量法
60. 轴向齿纹
61. 退刀
62. 360°
63. 斜向
64. 螺旋槽
65. 双重齿背
66. 可调式夹具
67. 联动
68. 液压增力机构
69. 形状
70. 刚性顶件装置
71. 硬度过低
72. 静不平衡
73. 回转中心
74. 静平衡
75. 0.001~0.005
76. 天然油石
77. 软钢
78. 螺旋形
79. 吸油
80. 通道的长度
81. 运动方向
82. 变量泵
83. 阀类
84. 液压
85. 柱塞
86. 流量
87. 稳压
88. 闭锁
89. 使用寿命
90. 控制
91. 低熔铅锡合金、铜、银
92. 制动时电动机出现反转
93. 过载保护
94. 过载保护
95. 移动
96. 周转轮系
97. 转动
98. 滚动体
99. 特殊
100. 双
101. 曲线轮廓(或凹槽)
102. 挠性
103. 综合位移
104. 变速
105. 直向
106. 凹透镜
107. 外球形面
108. 成批大量
109. 角摆误差
110. 底部
111. 瞄准显微镜
112. 修配
113. 接触不良
114. 测量技术
115. 体积会膨胀
116. 厚度
117. 相对位置
118. 铜质
119. 各活动部分
120. 工序时间
121. 布置工作地时间

122. 单件时间	123. 提高切削用量	124. 生产线上	125. 空心
126. 行星	127. 周节	128. 大	129. 弹性变形
130. 强度	131. 挠度	132. 螺距	133. 芯轴
134. 基本尺寸	135. 间隙	136. 配合	137. 公差等级
138. 平面度公差	139. 坐标法	140. 拉线吊线法	141. 加工精度
142. 配合精度	143. 装配单元系统	144. 确保安全	145. 锥角
146. 自动定心定位	147. 液动	148. 作用点	149. 夹紧力
150. 夹紧	151. 装配基件	152. 使用寿命	153. 位置误差
154. 相关元件	155. 补偿	156. 钻铰销孔	157. 环氧树脂粘接
158. 导套	159. 甲苯	160. 铸造铝合金	161. 氧化铜
162. 0.1～0.3 mm	163. 0.3～1 mm	164. 透光法	165. 小于 0.1 mm
166. 凹模孔有倒锥现象		167. 整数倍	168. 细分装置
169. 设计基准	170. 工艺基准	171. 重复基准	172. 重复定位
173. 欠定位	174. 位置误差	175. 基准位置误差	176. 调整法加工
177. 形状精度	178. 平面度	179. 手动夹紧	180. 机动夹紧
181. 构造紧凑	182. 坐标尺寸	183. 径向	184. 塑性变形
185. 压铸	186. 端面	187. 齿侧	188. 封闭环
189. 疏忽大意	190. 校对量规	191. 控制油路	192. 类型
193. 前后端盖	194. 小 0.1～0.15 mm		195. 内外垂直面
196. 配合性质	197. 齿形精度	198. 钻攻	199. ±IT/2
200. 形位			

二、单项选择题

1. C	2. B	3. A	4. A	5. A	6. B	7. B	8. B	9. C
10. B	11. B	12. C	13. A	14. B	15. B	16. B	17. B	18. A
19. A	20. B	21. C	22. A	23. C	24. A	25. C	26. B	27. B
28. C	29. B	30. B	31. A	32. A	33. C	34. A	35. C	36. C
37. A	38. C	39. B	40. B	41. B	42. A	43. C	44. B	45. A
46. C	47. A	48. C	49. B	50. C	51. C	52. C	53. A	54. C
55. A	56. D	57. D	58. D	59. A	60. B	61. D	62. B	63. A
64. C	65. A	66. B	67. A	68. B	69. C	70. B	71. C	72. C
73. B	74. B	75. A	76. C	77. C	78. A	79. B	80. C	81. A
82. B	83. C	84. B	85. A	86. B	87. A	88. A	89. C	90. C
91. B	92. C	93. B	94. C	95. B	96. B	97. C	98. A	99. A
100. C	101. B	102. C	103. C	104. A	105. A	106. B	107. C	108. B
109. A	110. A	111. A	112. C	113. A	114. B	115. A	116. B	117. B
118. C	119. A	120. B	121. B	122. B	123. C	124. C	125. B	126. D
127. C	128. A	129. C	130. B	131. D	132. D	133. A	134. E	135. C
136. A	137. B	138. A	139. B	140. A	141. C	142. A	143. C	144. B

145. B　146. C　147. C　148. A　149. B　150. A　151. B　152. B　153. A
154. B　155. C　156. C　157. A　158. B　159. A　160. C　161. A　162. B
163. A　164. C　165. C　166. A　167. A　168. C　169. C　170. A　171. A
172. A　173. A　174. C　175. C　176. C　177. B

三、多项选择题

1. AB　　　2. EF　　　3. CD　　　4. ABEF　　5. ABCDE　　6. ACE
7. CDF　　8. CDE　　9. BDE　　10. ABC　　11. BDE　　12. AC
13. CEF　　14. DEF　　15. ABC　　16. EF　　17. AB　　18. AD
19. BD　　20. AB　　21. CF　　22. EF　　23. ABD　　24. ABCDEF
25. CDEF　26. BDE　　27. ABC　　28. ABCD　29. BF　　30. BCD
31. ABC　　32. ABCD　33. ABC　　34. BD　　35. CD　　36. ACD
37. DE　　38. AB　　39. AD　　40. CEF　　41. AE　　42. AD
43. BF　　44. CD　　45. CD　　46. CDEF　47. AB　　48. CD
49. EF　　50. BC　　51. DE　　52. ADF　　53. ABC　　54. BDE
55. DE　　56. ACE　　57. AE　　58. CF　　59. DF　　60. DEF
61. AF　　62. BD　　63. BDF　　64. AE　　65. BE　　66. DE
67. CF　　68. BD　　69. BCDF　70. BCDF　71. BD　　72. EF
73. CE　　74. DE　　75. AF　　76. BCDF　77. BCEF　78. BE
79. ABDF　80. CF　　81. BE　　82. CF　　83. DE　　84. BCEF
85. AE　　86. DF　　87. ADF　　88. BE　　89. BDE　　90. BD
91. CE　　92. CD　　93. BE　　94. BF　　95. ABDE　96. BDE
97. BCE　　98. BCEF　99. CEF　　100. ABCDEF　101. ACE　　102. ACF
103. ABCD　104. ABEF　105. ABCDEF　106. ADE　107. BC　　108. DE
109. AB　　110. BF　　111. ABCD　112. EF　　113. BCE　　114. DE
115. ABCD　116. EF　　117. BC　　118. AE　　119. CDF　　120. CEF
121. BE　　122. EF　　123. ACE　　124. CE　　125. AD　　126. CD
127. BDEF　128. CE　　129. AE　　130. ABCD　131. ABCDE　132. DF
133. AC　　134. ABC　　135. DE　　136. BF　　137. ABCF　138. CD
139. AE　　140. ABCD　141. AF　　142. AF　　143. BD　　144. ABCDEF
145. AD　　146. BCE　　147. ADF　　148. ABC　　149. BCD　　150. ABCDEF

四、判 断 题

1. √　　2. √　　3. √　　4. ×　　5. ×　　6. √　　7. √　　8. √　　9. √
10. √　　11. √　　12. √　　13. √　　14. √　　15. √　　16. ×　　17. √　　18. √
19. √　　20. ×　　21. √　　22. ×　　23. √　　24. ×　　25. √　　26. √　　27. ×
28. √　　29. ×　　30. ×　　31. √　　32. √　　33. ×　　34. √　　35. √　　36. √
37. √　　38. √　　39. ×　　40. √　　41. √　　42. ×　　43. √　　44. ×　　45. √
46. ×　　47. ×　　48. √　　49. ×　　50. √　　51. ×　　52. √　　53. ×　　54. √

55. √	56. √	57. √	58. √	59. √	60. √	61. √	62. ×	63. √
64. ×	65. ×	66. ×	67. ×	68. √	69. √	70. √	71. √	72. √
73. ×	74. ×	75. ×	76. √	77. √	78. √	79. ×	80. √	81. √
82. √	83. √	84. √	85. √	86. √	87. √	88. √	89. √	90. √
91. √	92. ×	93. ×	94. √	95. √	96. √	97. √	98. √	99. ×
100. √	101. ×	102. √	103. ×	104. √	105. √	106. √	107. √	108. √
109. ×	110. √	111. √	112. √	113. √	114. √	115. √	116. ×	117. √
118. √	119. √	120. √	121. √	122. √	123. √	124. √	125. √	126. √
127. √	128. √	129. √	130. √	131. √	132. √	133. √	134. √	135. √
136. √	137. √	138. √	139. √	140. √	141. √	142. √	143. √	144. ×
145. √	146. √	147. √	148. √	149. √	150. √	151. √	152. √	153. ×
154. √	155. √	156. √	157. √	158. √	159. √	160. √	161. √	162. √
163. ×	164. ×	165. ×	166. √	167. √	168. √	169. √	170. ×	171. √
172. ×	173. √	174. √	175. √	176. √	177. √	178. √	179. √	180. √
181. ×	182. √	183. ×	184. √	185. √				

五、简 答 题

1. 答:光学分度头是直接把刻度刻在与分度主轴连在一起的玻璃刻度盘上(1分),通过目镜观察刻度的移动进行分度(1分),从而避免了蜗轮副制造误差对测量结果的影响(2分),所以具有较高的测量精度(1分)。

2. 答:夹具由定位元件、夹紧装置、对刀元件和夹具体四个主要部件组成(1分)。其作用是:(1)定位元件用于实现工件在夹具中的正确定位(1分);(2)夹紧装置用于夹紧工件,使工件既定的位置不变(1分);(3)对刀元件用以实现刀具对夹具的正确位置的调整,并保证夹具对机床的正确位置(1分);(4)夹具体用于将上述三部分以及其他辅助装置连接成一套完整的夹具(1分)。

3. 答:粗刮可将显示剂涂在标准工具(即标准平板)的表面上,这样研后的显示点子较大,便于刮削(1分);细刮和精刮时显示剂可涂在工件的表面上,显示的点子小而无光(1分),有利于提高刮削精度(1分)。同时粗刮时显示剂可涂得稍厚一些,随着精度的提高可减薄(1分),但都得涂布均匀(1分)。

4. 答:可用冲纸法来检查间隙是否均匀(2分)。具体过程是将一厚于间隙的硬纸放在凸、凹模之间,用锤子敲击,使硬纸压出制件的轮廓形状(1分),可根据轮廓周边是否切断和毛刺的分布情况来判断间隙的大小和均匀性(1分)。如果周边被切断而且没有毛刺或者毛刺很均匀,那么间隙就是均匀的,否则是不均匀的(1分)。

5. 答:量块是机械加工保证量值统一的基准量具(1分),广泛用于各种量具及仪器的鉴定和校准(1分),并用于工、夹、量具的调整以及直接用于精密工件的测量和划线(1分)。按等使用比按级使用量块可以获得更高的测量精度(2分)。

6. 答:当构件受到外力作用而变形时,其内部各质点之间的相对位置将发生变化(1分),同时内部各质点之间相互作用力也将发生改变(1分),这种由于外力作用而引起内部各分子之间的相互作用力称为内力(1分)。单位面积上的内力称为应力(2分)。

7. 答:应按以下原则选择:(1)当存在多个装配尺寸链时,不应选取公共环而应选取只影响一个装配尺寸链的组成环元件为补偿件(2分);(2)应该选用结构简单、制造精度较低的元件,而不宜选择互换性程度高的标准件(2分);(3)选择的补偿件应为最后装配的元件(1分)。

8. 答:冷冲模装配的基本要求有:(1)保证各零件的尺寸精度、形状精度符合图样要求(1分);(2)凸、凹模之间的间隙合理均匀,既符合图样的尺寸要求,又达到四周间隙均匀(1分);(3)导柱、导套等零件导向良好,接触位置正确,无阻滞现象(1分);(4)定位及挡料零件的位置符合图样要求,保证工作时板料定位尺寸正确(1分);(5)卸料装置和顶料装置位置正确,运动灵活(1分)。

9. 答:造成冲压件产生回弹的原因为材料的弹性变形(1分)。调整方法为:(1)改变凸模的角度或形状(1分);(2)增加凹模型槽的深度(1分);(3)减少凹模与凸模之间的间隙(1分);(4)增加矫正力或使矫正力集中在弯形件的变形部分(1分)。

10. 答:由于斜齿轮的轮齿相对于轴线倾斜一个螺旋角 β(1分),因此一对斜齿轮啮合时,同时啮合的齿数增多(1分),并且是逐步啮合,逐步分开,改善了齿轮受力状况,提高了齿轮承载能力(1分)。同时斜齿轮传动时会产生轴向力(1分),其啮合条件比直齿圆柱轮还多一个,即不仅螺旋角要相等,而且螺旋角的方向要相反(1分)。

11. 答:光线通过位于物镜焦平面的分划板后,经物镜形成平行光(1分)。平行光被垂直于光轴的反射镜反射回来(1分),再通过物镜后在焦平面上形成分划板标线像与标线重合(1分)。当反射镜倾斜一个微小角度 α 角时(1分),反射回来的光束就倾斜 2α 角(1分)。

12. 答:卧式测长仪的万能工作台有五种运动:旋转手轮做上下升降运动(1分);旋转微分筒做横向移动(1分);在测量主轴与尾管的轴线方向上可做自由滑动,滑动范围为±5 mm(1分);摆动手柄可做±3°的左右倾斜摆动(1分);扳动手柄可绕垂直轴旋转±4°(1分)。

13. 答:采用补偿法装配的关键是合理选择补偿件(2分)。在精密夹具的装配过程中,选择合适的补偿件可简化夹具的装配工艺(1分),缩短装配时间(1分)以及提高夹具的精度(1分)。

14. 答:夹具装配测量一般可按以下程序进行:(1)合理选择装配基准件(1分);(2)在选择测量和校正基准面时,尽可能符合基准统一原则(1分);(3)测量和校正基准面若超差,应进行刮削至符合技术要求(1分);(4)按装配程序对各个零件进行边装配、边测量、边修配调整(1分);(5)夹具装配完毕后需对夹具进行实物鉴定(1分)。

15. 答:机床夹具的零件,尤其是与被加工工件质量直接有关且精度要求较高的夹具零件,通常用以下方法进行制造:(1)用修配法加工夹具零件(2分);(2)用配作法加工夹具零件(1分);(3)用机床自身加工法加工夹具零件(1分);(4)用调整法加工夹具零件(1分)。

16. 答:销连接通常只传递较小的载荷(1分),或者作为安全装置中防止过载的切断零件(1分)。另外,销可用于固定零件的位置(1分)。工长中常用的圆柱销(1分)、圆锥销(0.5分)和开口销(0.5分)等。

17. 答:冷冲模间隙常用的调整方法有以下几种:垫片法(1分)、镀铜法(1分)、涂漆法(1分)、切纸法(1分)、透光法(0.5分)和测量法(0.5分)。

18. 答:冲压件成型前的毛坯尺寸和形状一般可用计算或图解的方法求得(2分),但是在实际冲压过程中,板料的厚度会发生变化(2分),因此计算出来的数据要在试冲中进行校验和修整(1分)。

19. 答:补偿件的选择原则如下:(1)应选择便于装拆的零件作补偿件(2分);(2)避免选用装配尺寸链的公共环作补偿件(2分);(3)应选择形状简单、修配面小的零件作补偿件(1分)。

20. 答:夹紧机构装配不良,不但会降低对工件的夹紧力(1分),还会使其他元件承受不必要的作用力(1分),产生变形、损失原有精度,甚至损坏(1分),从而影响了夹具使用寿命(1分),严重时还会造成生产安全事故(1分)。

21. 答:量具和量仪的选择一般遵循以下原则:(1)量具和量仪的精度应满足夹具测量的精度要求(1分);(2)量具和量仪的选择要适应夹具的结构特点(1分);(3)在满足测量精度要求的前提下,量具、量仪精度宁低不高(1分),结构宁简单不复杂(1分),尽量选用本企业现有的量具、量仪(1分)。

22. 答:夹具装配测量的主要项目有:(1)位置精度,如平行度、垂直度、同轴度、对称度、圆跳动、全跳动(3分);(2)形状精度,如直线度、平面度(1分);(3)装配间隙(1分)。

23. 答:造成翻边模外缘翻边不齐、边缘不平的主要原因有:(1)凸模与凹模之间的间隙太小(1分);(2)凸模与凹模之间的间隙不均(2分);(3)坯料放偏(1分);(4)凹模圆角半径大小不均(1分)。

24. 答:造成冲压件弯形部位产生裂纹的原因主要有:(1)板料的塑性差(1分);(2)弯曲线与板料的纤维方向平行(1分);(3)剪切断面的毛边在弯曲的外侧(1分)。可采取以下措施进行调整:(1)改用塑性较好的板材,将板料进行退火处理,增加塑性后再弯形(1分);(2)改变落料排样,使弯曲线与板料纤维成一定的角度(0.5分);(3)使毛边在弯曲的内侧,亮带在外侧(0.5分)。

25. 答:拉深模工作时,造成冲压件表面拉毛的原因是:(1)拉深间隙太小或不均匀(0.5分);(2)凹模圆角不光洁(0.5分);(3)模具或板料不清洁(0.5分);(4)凹模硬度太低,板料有粘附现象(0.5分);(5)润滑油质量太差(0.5分)。可采取以下措施来调整:(1)修整拉深间隙(0.5分);(2)修光凹模圆角(0.5分);(3)清理模具及板料(0.5分);(4)提高凹模硬度或减小表面粗糙度值,进行镀硬铬及氮化处理(0.5分);(5)更换润滑油(0.5分)。

26. 答:造成冲裁件的剪切断面光亮带太宽或出现双亮带及毛刺的主要原因是冲裁间隙太小(2分)。可通过适当放大冲裁间隙来调整(2分),放大的办法是用油石仔细修磨凹模及凸模刃口(1分)。

27. 答:常用投影仪来测量或检验复杂形状的轮廓截面(1分)和表面的形状(1分)及有关尺寸(1分),如成形刀具、量规、凸轮、样板、模具等(2分)。

28. 答:(1)力 P 作用于物体上,使物体沿力的方向移动一定距离 S,力与这段距离的乘积,称为该力所做的功 A,用公式表示为 $A=PS$。(2)功率就是单位时间所做的功,用 W 代表功率,t 代表做功的时间,则 $W=\dfrac{A}{t}$。

29. 答:万能工具显微镜可以精确地测量螺纹的各要素(1分),检验形状复杂的样板(1分)、刀具(1分)、量具(1分),还可以检验各种工件的半径、长度、角度等(1分)。

30. 答:在万能工具显微镜上可以采用直角坐标(2分)、极坐标(2分)和圆柱坐标(1分)进行测量。

31. 答:工具显微镜的影像测量法是:被测物经过光隙和光学系统后成像在主镜头中(2分),以主镜头分划板上的米字线进行瞄准定位(2分),从而用坐标测量法完成测量(1分)。

32. 答：常用螺纹轮廓目镜（1分）和测角目镜（1分）两种。螺纹轮廓目镜用于测量角度及轮廓外形的角度偏差（1分）；测角目镜用于角度（1分）、螺纹及坐标的测量（1分）。

33. 答：因为大型铸件、锻件、焊接结构件在毛坯生产过程中由于多种因素，往往会使工件各表面的几何尺寸、几何形状和表面之间的相对位置产生一定偏差，为了减少和避免毛坯报废，划线时必须考虑借料（2分）。借料划线一般应考虑下列因素：（1）保证各加工表面都有最低限度的加工余量（1分）；（2）应考虑到加工面和非加工面之间的相对位置，对一些运动零件要保证它的运动轨迹的最大尺寸与非加工面的最小间隙（1分）；（3）尽可能保证加工后工件外观匀称美观（1分）。

34. 答：装配时，调整一个或几个零件的位置（1分）以消除零件间的积累误差，来达到装配的配合要求（1分）。如：用不同尺寸的可换垫片、衬套、（1分）可调节螺母或螺钉（1分）、镶条（1分）等调整配合间隙。

35. 答：装配调整法的特点是：（1）装配时，零件不需要任何修配加工，只靠调整就能达到装配精度（1分）；（2）可以定期进行调整，容易恢复配合精度，对于容易磨损而需要改变配合间隙的结构极为有利（2分）；（3）调整法易使配合件的刚度受到影响，有时会影响配合件的位置精度和寿命，所以要认真仔细地调整，调整后固定要坚实牢靠（2分）。

36. 答：装配的程序一般是首先选择装配基准件（1分），然后按先下后上、先内后外（1分）、先难后易（1分）、先重大后轻小（1分）、先精密后一般（1分）的原则。

37. 答：（1）划线尺寸基准应与设计基准一致（2分）；（2）工件安置基面应与设计基准面一致（1分）；（3）正确借料（1分）；（4）合理选择支承点（1分）。

38. 答：产生原因：凹模孔有倒锥现象（3分）。调整方法：用风动砂轮机修磨凹模孔，消除倒锥现象（2分）。

39. 答：（1）工艺简单、操作方便（1分）；（2）连接强度高（1分）；（3）凸模损坏更换简便（1分）；（4）模具装配时零件需要预热，易产生加热变形（1分）；（5）耗用较贵重的金属铋（1分）。

40. 答：无机粘接法具有工艺简单、操作方便、粘接强度高、零件不变形等优点（3分）。常用于凸模与固定板，导柱、导套与模座的粘接上（2分）。

41. 答：（1）将零件浇注部位打磨、清洗（1分）；（2）将有关零件准确定位、预热（150 ℃）（1分）；（3）将低熔点合金加热熔化（200 ℃左右），温度降至150 ℃开始浇注（2分）；（4）在浇注24 h后才能动用（1分）。

42. 答：（1）有脆性，硬度低，小面积不能承受过高压力（1分）；（2）不耐高温，一般使用温度应低于100 ℃（2分）；（3）有的固化剂毒性较大，使用时要求有一定的通风排气条件（2分）。

43. 答：（1）使用环氧树脂粘结剂时，要在通气良好的条件下戴乳胶手套进行操作（2分）；（2）更换零件时，需局部加热（150 ℃左右），剔去环氧树脂，清除干净后再重新粘接（2分）；（3）零件粘接表面要求表面粗糙度值50～100 μm，单面间隙0.3～1 mm为宜（1分）。

44. 答：因为带传动是依靠带轮间的摩擦力来传递动力和功率（2分），所以在装配时就应使带与带轮间具有一定的压紧力，使带处于张紧状态，并保证足够的初拉力（1分）。经过较长时间使用，由于长期受拉力作用，将会发生永久变形（1分）。伸长后的传动带，减少了带轮间的摩擦力，会使传动能力降低，时常出现打滑现象，为保持应有的张力，减少打滑，需要用张紧装置来调整(1分)。

45. 答:(1)利用导轮(滑槽)来调节带的张紧力程度(2分);(2)利用摆动调节的座架来调节(1分);(3)利用浮动的摆动架自动调节(1分);(4)利用张紧轮定期调节带的张力(1分)。

46. 答:光面极限量规按用途可分为:工程量规(2分)、验收量规(2分)和校对量规(1分)三种。

47. 答:发现有锥度可将研磨套套在直径大的部分多研几次(1分),或将研具(或工件)调头后再研磨(1分)。避免锥度的方法是操作时保持工件不摇晃(1分),最好垂直研磨(1分),条件允许时尽量隔时调头研磨(1分)。

48. 答:由于空气具有压缩性,当系统中吸入空气后,会降低系统的传动刚性(1分),使油缸运动速度不够稳定(1分),特别是低速时,使油缸拖动的工作台产生爬行现象,即跳跃式运动,影响零件加工精度(1分)。另外,空气进入系统后,还会加速油液氧化(1分),产生化学沉积物,容易堵死流量阀(1分)。含有空气的油液是呈褐黄色的。

49. 答:平面平晶的形状是具有两个平面的正圆柱体(2分)。种类分为单工作面和双工作面两种(2分)。精度等级分一级精度和二级精度(1分)。

50. 答:(1)量具材料的线胀系数应小于或等于被检工件材料的线胀系数,以减少因温度不同而引起的测量误差(1分);(2)材料稳定性能要好,不易变形(1分);(3)要有耐磨性和抗腐蚀性,保证使用寿命(1分);(4)有较好的切削性能,可获得较好的表面粗糙度(1分);(5)热处理的性能要好,淬透性好,退碳层薄(1分)。

51. 答:研磨材料应该比被加工工件的材料软一些(2分)。因为磨料嵌入研具表面后才能对工件有切削作用,否则不但不能研磨工件反而损坏研具(2分)。但研具材料也不能太软,磨料完全嵌入研具中则起不到切削作用(1分)。

52. 答:三相发电机的星形连接是将三个线圈的末端 X、Y、Z 连接在一起(3分),由 A、B、C 三个始端引连接线(2分),这种方式就是三相电源星形连接方法。

53. 答:三相发电机的三角形连接是将发电机每相绕组首尾依次连接(3分),构成闭合回路并把三个结点作为输出端(2分),这种连接方式称为三角形连接法。

54. 答:电动量仪的组成及每个部分的作用如下:(1)传感器:直接感受被测量的变化,并将其转换为参数的变化传送给测量电路(2分);(2)测量电路:将传感器电参数的变化测量出来,转换为电信号供驱动显示、执行机构(2分);(3)显示、执行机构:有多种形式,如指示表、数控显示装置自动记录器、自动打印机及其他控制机构,显示测量结果(1分)。

55. 答:(1)传动效率高,一般可达 90% 以上,大约为滑动螺旋传动效率的三倍(1分);(2)经调整预紧后,可得到无间隙传动,因而具有较高的定位精度(1分);(3)磨损小,寿命长,维护简单(1分);(4)结构复杂,制造困难,加工成本高(1分);(5)螺旋不能自锁,传动具有可逆性(1分)。

56. 答:锤锻模具的特点是:(1)在工作时将承受很大的冲击力(2分);(2)由于经常与高温金属接触,模体受热温度高,锻压时金属在模腔内高速流动,模腔容易磨损(1分);(3)可以锻各种形状复杂的锻件(1分);(4)模具制造成本较高,且模锻件重量受现有锻压设备能力的限制(1分)。

57. 答:终锻模腔周围一般都带有一圈飞边槽,其作用是:(1)在模锻终了时形成飞边,以增大锻件周围的阻力，防止金属从分模面中流出，保证金属充满整个模腔(2分)；(2)容纳必须的多余金属(2分)；(3)起缓冲作用以减少上模对下模的打击，提高锻模的使用寿命(1分)。

58. 答：其优点是：(1)可以降低原材料的消耗，材料利用率高达 70%～95%(0.5分)；(2)可以提高劳动生产率(0.5分)；(3)可以提高零件的机械性能(0.5分)；(4)可以降低零件的制造成本(0.5分)；(5)可以加工形状复杂的零件(0.5分)；(6)可获得较高尺寸精度和较低表面粗糙度的零件(0.5分)。其缺点是：(1)变形抗力高，因此对模具材质、结构及加工制造等提出了更高的要求(0.5分)；(2)模具使用寿命短(0.5分)；(3)对毛坯的要求较高(1分)。

59. 答：夹具设计的基本原则是保证加工零件的质量，提高产量，降低成本和减轻操作工人劳动强度(3分)。根据上述原则，对夹具设计有以下几点要求：(1)保证加工精度(0.5分)；(2)提高生产率(0.5分)；(3)夹具经济性好(0.5分)；(4)做到安全生产(0.5分)。

60. 答：夹具装配中影响精度的因素有：(1)元件在同一方向上的尺寸累计误差造成的直线位移(2分)；(2)各支承面和配合面的位置倾斜(1分)；(3)各导向元件装配中累计误差造成的轴线位移和倾斜(1分)；(4)运动零件的径向、端面跳动和轴向滚动以及相互配合面的间隙过盈引起的位移或倾斜(1分)。

61. 答：模型的型式分为整体模型(1分)、嵌入模型(1分)、安装模型(1分)三种。设计要求是：模型设计是从合理选择分型面确定模型的型式开始，然后确定活块的镶嵌结构，要求定位稳定、取放方便、耐久、加工工艺性好(1分)，再次确定模型的壁厚、筋厚、筋网布置、定位结构、固定结构以及工艺结构(起模斜度、集砂槽、通气针)(1分)。

62. 答：(1)预先检验，是指投产加工前投入原料、毛坯、半成品的检验，包括进货检验和投产检验(2分)；(2)工序检验(又称中间检验)，是指一道工序加工完毕并准备将在制品向下道工序交接时所做的检验(2分)；(3)最后检验(又称成品检验)，是指对完工后的产品(部件或整机)判定其合格与否做的一次全面的检验(1分)。

63. 答：光学量仪与机械量仪不同。它的量值传递是运用几何光学原理及各种光学元件实行(1分)，因而测量精度高(1分)、性能稳定(1分)、通用性好(1分)，还有较大的放大倍数(1分)。

64. 答：零件的验收极限分别以工件的最大和最小实体尺寸内缩一个安全裕度(A)(2分)。安全裕度(A)表达了各种测量误差的综合结果，可确保零件的合格性(1分)。A值过大，能防止"误收"，但使生产公差缩小，给生产带来困难(1分)；A值过小，生产方便了，但对测量器具的精度要求提高了(1分)。

65. 答：因精密夹具的装配，其精度要求高(1分)，而夹具的主要零件采用一般的机械加工手段难以达到所规定的精度要求(2分)。如果采用补偿法装配，可以使各零件的制造公差适当放大，这样就便于零件的加工制造(2分)。

66. 答：(1)里外两个弹簧具有不同旋向，可以抵消一部分扭转力矩(2分)；(2)使用旋向相反的弹簧，可以避免发生两层弹簧卡住的事故(3分)。

67. 答：平板研点法(1分)、塞尺检查法(1分)、平尺千分表检查法(1分)、水平仪检查法(1分)、光学平直仪检查法(1分)。

68. 答：(1)刀口直尺检查法(1分)；(2)检验平板(或直尺)和塞尺检查法(1分)；(3)百分表检查法(1分)；(4)水平仪检查法(1分)；(5)光学直仪检查法等(1分)。

69. 答：(1)研磨压力过大，运动轨迹未错开(2分)；(2)研磨剂涂得太厚，工件边缘挤出的研磨剂未及时擦去仍继续研磨(2分);(3)研磨平板选用不当(1分)。

70.答:(1)夹紧时不破坏工件在定位元件上的正确位置(1分);(2)有足够的夹紧力,并能在一定范围内进行调整(1分);(3)操作方便、安全省力、夹紧迅速(1分);(4)结构简单易于制造,并有足够的刚度和强度(1分);(5)不能破坏工件已加工表面的精度和几何形状(1分)。

六、综 合 题

1.答:冷冲模在试冲时,应注意以下几点:(1)试冲件的材料性质、种类、牌号、厚度应符合图样上的技术要求(2分);(2)试冲件的材料宽度应符合加工工艺的要求(2分);(3)试冲件的材料在长度方向上要平直(1分);(4)试冲前,对导柱、导套及各滑动部位要加注润滑油,试冲过程中应注意观察模具各滑动部件运动是否灵活,无障碍(2分);(5)磨锐凸模、凹模的刃口(1分);(6)试模使用的压力机吨位必须大于所计算的冲裁力(1分);(7)试冲时,至少连续冲出100~200个合格的冲压件,才能将模具正式交付生产使用(1分)。

2.答:$\phi500$投影仪的测量是非接触性测量,在测量时没有测量力。其测量方法有绝对测量法(1分)和相对测量法(1分)两种。绝对测量法:首先选择适当的放大倍数,安装好被测工件,进行调焦,以便得到清晰的光像(1分)。然后微调工作台,把投影屏的米字刻度线相切于被测零件轮廓影像的边缘,按被测参数的要求,纵、横向移动工作台和转动投影屏(1分)。从各读数装置上读出相应的读数,即为测量的工件尺寸(1分),也可在带有纵、横向方格刻线(或级坐标刻线)的投影屏上直接读数,但这时的读数应除以投影屏的放大倍数,所得的尺寸即为工件的实际尺寸(1分)。相对测量法:即在投影屏上,把放大的被测零件的清晰影像与按一定放大比例绘制的标准图样相比较,以检验工件是否合格(4分)。

3.答:冷冲模装配时必须遵守如下要点:(1)装配前应先选择好装配的基准件,通常可作基准件的有导向板、固定板、凸模和凹模等(2分);(2)冷冲模的装配次序是按基准件来组装有关零件的(2分);(3)不同场合下装配次序原则上是:1)以导向板作基准件进行装配时,凸模应通过导向板来装入凸模固定板,再装入上模座,然后再安装凹模及下模座(2分);2)装配连续冷冲模时,为便于调整,应先将凹模(或凹模组件)装入下模座,再以凹模为定位件来安装凸模,最后将凸模装入固定板和上模座中(2分);3)冷冲模中的冲裁零件装入上、下模座时,应先装作为基准的冲裁零件。装妥检查无误后,钻、铰销孔且配入销钉。待装的冲裁零件要试冲后,待制件达到要求时再钻、铰销钉孔及配入销钉(2分)。

4.答:利用数控机床加工工件的大致过程如下:(1)首先根据零件图所规定的工件形状和尺寸、材料、技术要求进行工艺程序的设计与计算(包括加工顺序、刀具与工件相对运动轨迹、距离和进给速度)(2分);(2)然后按数控装置所能识别的代码形式编制程序单(2分);(3)按程序单上的数码和文字码制作穿孔纸带(2分);(4)纸带通过光电阅读机,把有孔或无孔的光照转变为电信号输入给数控装置(2分);(5)数控装置根据输入信号进行一系列的控制与运算,装置运算结果以脉冲信号形式送往机床的伺服机构(如步进电机、电液脉冲马达等)(1分);(6)伺服机构带动机床各种传动部件,按照规定的速度和移动量有顺序的动作,自动地实现工件的加工过程(1分)。

5.答:投影仪的种类:按光路布置,投影仪有立式投影仪(2分)、卧式投影仪(2分)。投影仪的用途:常用于形状复杂或尺寸较小的零件测量(2分)。投影仪的使用方法:(1)在屏幕上与按放大比例绘制的图样作比较,或者用仪器的附件中有毫米刻度尺直接测量(2分);(2)利用屏幕中央刻线为定位指标,移动工作台进行坐标读数,用类似数显工具显微镜方式测量(2分)。

6. 答:如果双销都采用短圆柱销,就会出现过定位的现象(3分)。假定工件的第一孔可以顺利地装到第一销上,则第二孔就有可能由于销间距和工件孔距误差的影响而装不到第二销上(2分)。如果用减小第二销直径的办法来把工件装到夹具上去,会使第二销和孔之间的间隙增大(2分),从而转角误差增加,影响加工精度(2分),所以一般都不采用这种方法,而采用第二销削边成菱形的办法来解决过定位的问题(1分)。

7. 答:(1)从生产类型看,适用于产品变化较大的生产,如新产品、单件小批量生产和临时性突击任务(2.5分);(2)从加工工种看,适用于钻、车、镗、铣、刨、磨、检验等工种,其中钻夹具用量最大(2.5分);(3)从加工工件的公差等级方面看,虽然组合夹具元件本身的公差等级为6级,但由于各组装环节必有累积误差,因此在一般情况下,工件的公差等级可达7级。如果精心选配与调整,也能使工件的公差等级达到6级(2.5分);(4)从加工工件的几何形状和尺寸看,使用组合夹具一般不受工件形状的限制,我国目前采用的是中型系列组合夹具,通常适用于加工长度为20~100 mm的工件(2.5分)。

8. 答:(1)基础件,用作组装夹具的基础(2分);(2)支承件,是组成成套夹具的骨架(2分);(3)定位件,用于夹具中各元件间的定位及被加工件的正确安装和定位(1分);(4)导向件,用来保证切削刀具的正确位置(1分);(5)压紧件,主要用于将工件压紧在平面上,以保证工件定位后的正确位置(1分);(6)紧固件,主要用于连接组合夹具中各种元件及紧固被加工件(1分);(7)辅助件,在夹具中起辅助作用的零件(1分);(8)组合件,是由若干零件装配而成,一般不允许拆卸,能提高组合夹具的万能性,简化夹具结构(1分)。

9. 答:(1)轴肩和轴环,只能固定零件的一个方向,只有和其他几种轴向固定方法配合使用时,才能使轴上零件实现双向固定(2分);(2)轴套,用来作轴上相邻两零件的相对固定(2分);(3)圆螺母,当轴向载荷不大、用套筒不方便时采用(2分);(4)弹性挡圈,用于轴向力很小时(2分);(5)轴端热挡板和锥面,轴端挡板用于轴向力小的情况下轴端零件的轴端固定,圆锥面多用于轴端固定(2分)。

10. 答:液压系统一般由动力部分(1分)、控制部分(1分)、执行部分(1分)和辅助部分(1分)组成。各部分的作用是:动力部分是能量输入装置,由电动机和油泵组成,油泵将机械能传给液体,转换成液体的压力能(1分)。控制部分是能量控制装置,如压力阀、流量阀和方向阀等,它们可控制和调节油液流动的压力、流量(速度)及方向,以满足机器工作性能的要求,实现各种不同的工作循环(2分)。执行部分是能量输出装置,如油缸和油马达,把液体的压力能转换为机械能,输送到工作机构中去(2分)。辅助部分包括油箱、油管、管接头、滤油器以及各种仪表等(1分)。

11. 答:组装顺序是:(1)准备阶段熟悉加工图样,选用加工机床和确定工艺(1分);(2)拟定组装方案(1分);(3)试装(1分);(4)组装(1分);(5)检验(1分)。组装时应注意的主要问题是:(1)定位准确,夹紧可靠,有足够的刚度,能保证工件的加工精度(2分);(2)夹具结构紧凑,元件使用合理(1分);(3)工件装卸方便,切屑清除容易(1分);(4)试装时应允许充分利用元件间配合间隙进行微调(1分)。

12. 解:转子角速度 $\omega = \pi n/30 = 3.141\ 6 \times 2\ 900/30 = 303.69(\text{rad/s})$(2分)

转子重心振动速度 $A = e \cdot \omega/1\ 000(\text{mm/s})$(2分)

转子允许偏心距 $e = 1\ 000A/\omega = 1\ 000 \times 6.3/303.69 = 20.74(\mu\text{m})$(2分)

两个校正面允许的不平衡力矩 $M=W \cdot e$(2分)

$M=50 \times 20.74=1\ 037$(g・mm)(2分)

答:转子允许偏心距为 $20.74\ \mu m$,每个校正面上允许剩余不平衡力矩为 $M/2=518.5$ g・mm。

13. 解:$L=2H\tan\alpha+l$(4分)

$L_{max}=2 \times 50 \times \tan7°47'+78.63=92.293$(mm)(3分)

$L_{min}=2 \times 50 \times \tan7°43'+78.63=92.186$(mm)(3分)

答:L 的尺寸应在 92.186~92.293 mm 范围之内。

14. 解:首先连接三孔的圆心为 $\triangle ABC$,过点 A 作 BC 的垂线 AD(2分)

已知:AB 边与水平线夹角 $60°$,$AB=36$ mm,$AC=50$ mm(2分)

$BD=AB \times \cos60°=36 \times \cos60°=18$(mm)(1分)

$AD=36 \times \sin60°=31.176\ 9$(mm)(1分)

$DC=\sqrt{50^2-31.176\ 9^2}=39.089$(mm)(1分)

$BC=BD+DC=18+39.089=57.089$(mm)(2分)

C 孔的水平坐标:$X=22+57.089=79.089$(mm)(1分)

答:C 孔的水平坐标为 79.089 mm。

15. 解:过 a 点作 R24 对称线的垂线交于 b 点,连 a、o 得直角三角形 $\triangle aob$(4分)。

$ao=24$ mm,$bo=24-(38-30)=16$(mm)(2分)

$ab=\sqrt{ao^2-bo^2}=\sqrt{24^2-16^2}=17.89$(mm)(2分)

$A=28.89-17.89=11$(mm)(2分)

答:A 尺寸等于 11 mm。

16. 解:连接 OB、OD(D 为切点)(2分)

已知:$OC=26-8=18$(mm),$BC=\dfrac{38}{2}=19$(mm),$OD=R=8$(mm)(2分)

$OB=(18^2+19^2)^{1/2}=26.172\ 5$(mm)(2分)

$\angle OBC=\tan^{-1}18/19=43.452°$(1分)

又 $\angle OBD=\sin^{-1}8/26.172\ 5=17.798°$(1分)

$\angle CBD=\angle OBC+\angle OBD=43.452°+17.789°=61.25°$(1分)

所以锥角 $\alpha=2(90°-61.25°)=57°30'$(1分)

答:锥角 α 是 $57°30'$。

17. 解:通过圆心向底面作垂线 OC 即为半径,数值等于 3 mm(2分),过圆心 O 向顶角连线 OB,即平分角等于 $27.5°$(2分)。

根据公式:

$\tan27.5°=OC/BC$(2分)

$BC=3/\tan27.5°=5.76$(mm)(2分)

所以 $A=(5.76+3) \times 2+32.4=49.92$(mm)(2分)

答:燕尾槽两内尖角尺寸为 49.92 mm。

18. 解:$\angle BAC=20°$(2分)

$BC=25/2-10/2=7.5$(mm)(2分)

$\sin\angle BAC=BC/AB$(2分)

$AB＝BC/\sin20°＝7.5/0.342＝21.93(mm)(2分)$

所以 $X＝(20－10/2)＋AB＋25/2＝15＋21.93＋12.5＝49.43(mm)(2分)$

答:X 的值为 49.43 mm。

19. 解:以 $Z＝6$ 代入公式得(5分):

$n＝40/Z＝40/6＝6\frac{2}{3}＝6\frac{44}{66}(5分)$

答:每划一条线后手柄摇 6 圈又在 66 个孔圈上转过 44 个孔距。

20. 解:因为是质数,采用差动分度法(2分)。

设假定等分数 $Z_0＝105$ (2分)

则:$n_0＝40/Z_0＝40/105＝8/21＝16/42$ (2分)

根据公式:$Z_1×Z_3/Z_2×Z_4＝40(Z_0－Z)/Z_0(2分)$

$＝40(105－109)/105＝－160/105＝－40×80/70×30$ (1分)

答:配换齿轮 $Z_1＝40,Z_2＝70,Z_3＝80,Z_4＝30$;负号表示分度盘和分度手柄转向相反。手柄每等分的转数为在 42 孔圈上转过 16 个孔距(1分)。

21. 解:$AD＝r$

$DE＝H－r$

$AD＝AE－DE＝2r－H(2分)$

$r＝19$ mm

$AD＝2r－H＝38－36.62＝1.38(mm)(1分)$

$\tan∠DAC＝19/1.38＝13.762(2分)$

$∠DAC＝85°51'(1分)$

凸圆弧半径:

$R＝r\csc(180°－2×∠DAC)－r$

$＝19\csc(180°－2×85°51')－19$

$＝19\csc80°18'－19$

$＝19×6.9273－19$

$＝112.618(mm)(4分)$

答:凸弧半径 R 为 112.618 mm。

22. 答:(1)先由轴的极限偏差表面(GB/T 1801—2009)查得被测轴的公差 T＝0.460 mm (2分)和尺寸偏差 $\phi25_{-0.460}^{0}$ mm(2分)。(2)查表(见《高级工具钳工技术》P34 表 1-1)得安全裕度 $A＝0.032$ mm(1分),计算器具的不确定度的允许值 $U_1＝0.0290$ mm(1分)。

故上验收界限为:250 mm－0.032 mm＝249.968 mm(1分)

下验收界限为:250 mm－0.460 mm＋0.032 mm＝249.572 mm(1分)

由此可知,用读数值为 0.02 mm 的游标卡尺,即可满足测量要求[游标卡尺的不确定度 0.020 mm 小于 U_1(0.0290 mm)](2分)。

23. 解:$F_W＝F_Q\dfrac{L_1}{L_2}＝60×\dfrac{200}{120}＝100(N)(10分)$

答:理论夹紧力为 100 N。

24. 解:$F_W＝F_Q\dfrac{L_1}{L_2}＝100×\dfrac{70}{140}＝50(N)(10分)$

答:理论夹紧力为 50 N。

25. 答:左视图如图 1 所示(10 分)。

26. 答:左视图如图 2 所示(10 分)。

27. 答:俯视图如图 3 所示(10 分)。

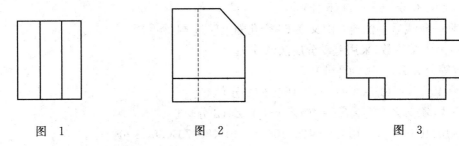

图　1　　　　　　　　　　　图　2　　　　　　　　　　　图　3

28. 答:俯视图如图 4 所示(10 分)。

29. 答:如图 5 所示(10 分)。

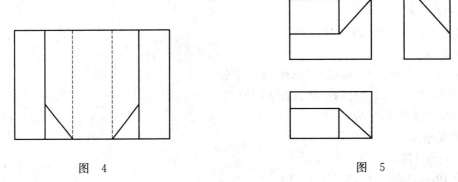

图　4　　　　　　　　　　　　　图　5

30. 答:如图 6 所示(10 分)。

31. 答:如图 7 所示(10 分)。

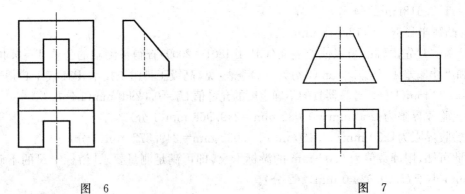

图　6　　　　　　　　　　　　　图　7

32. 答:如图 8 所示(10 分)。

33. 答:如图 9 所示(10 分)。

34. 答:如图 10 所示(10 分)。

35. 答:如图 11 所示(10 分)。

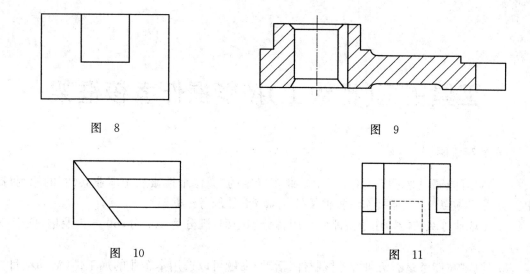

图　8

图　9

图　10

图　11

工具钳工(初级工)技能操作考核框架

一、框架说明

1. 依据《国家职业标准》[注],以及中国北车确定的"岗位个性服从于职业共性"的原则,提出工具钳工(初级工)技能操作考核框架(以下简称:技能考核框架)。

2. 本职业等级技能操作考核评分采用百分制。即:满分为 100 分,60 分为及格,低于 60 分为不及格。

3. 实施"技能考核框架"时,考核制件(活动)命题可以选用本企业的加工件(活动项目),也可以结合实际另外组织命题。

4. 实施"技能考核框架"时,考核的时间和场地条件等应根据《国家职业标准》,并结合企业实际确定。

5. 实施"技能考核框架"时,其"职业功能"的分类按以下要求确定:

(1)"工艺装备零件的加工"属于本职业等级技能操作的核心职业活动,其"项目代码"为"E"。

(2)"工艺装备的装配、调试"、"工艺装备的维修"属于本职业等级技能操作的辅助性活动,其"项目代码"均为"F"。

6. 实施"技能考核框架"时,其"鉴定项目"和"选考数量"按以下要求确定:

(1)按照《国家职业技能标准》有关技能操作鉴定比重的要求,本职业等级技能操作考核制件的"鉴定项目"应按"E"+"F"+"F"组合,其考核配分比例相应为:"E"占 60 分,两"F"分别占 30、10 分(其中:工艺装备的装配、调试占 30 分,工艺装备的维修占 10 分)。

(2)依据中国北车确定的"核心职业活动选取 2/3,并向上取整"的规定,在"E"类鉴定项目——"工艺装备零件的加工"的全部 3 项中,至少选取 2 项。

(3)依据中国北车确定的"其余'鉴定项目'的数量可以任选"的规定,"F"类鉴定项目——"工艺装备的装配、调试"、"工艺装备的维修"中,至少分别选取 1 项。

(4)依据中国北车确定的"确定'选考数量'时,所涉及'鉴定要素'的数量占比,应不低于对应'鉴定项目'范围内'鉴定要素'总数的 60%,并向上取整"的规定,考核制件的鉴定要素"选考数量"应按以下要求确定:

①在"E"类"鉴定项目"中,在已选定的 2 个鉴定项目中,至少选取已选鉴定项目所对应的全部鉴定要素的 60%项,并向上保留整数。

②在"F"类"鉴定项目"中,对应"装配前准备"的 3 个鉴定要素,至少选取 2 项;对应"装配"的 8 个要素,至少选取 5 项;对应"调试"的 3 个要素,至少选取 2 项。

③在"F"类"鉴定项目"中,对应"故障分析和检查"的 2 个鉴定要素,至少选取 2 项;对应"修理"的 4 个要素,至少选取 3 项。

举例分析:

按照上述"第6条"要求,若命题时按最少数量选取,即:在"E"类鉴定项目中选取了"零件加工"、"零件精度测量"2项,在"F"类鉴定项目中选取了"装配前准备"和"故障分析和检查"2项,则:

此考核制件所涉及的"鉴定项目"总数为4项,具体包括:"零件加工"、"零件精度测量"、"装配前准备"、"故障分析和检查";

此考核制件所涉及的鉴定要素"选考数量"相应为12项,具体包括:"零件加工"、"零件精度测量"2个鉴定项目包含的全部13个鉴定要素中的8项,"装配前准备"鉴定项目包含的全部3个鉴定要素中的2项,"故障分析和检查"鉴定项目包括的全部2个鉴定要素中的2项。

7. 本职业等级技能操作需要两人及以上共同作业的,可由鉴定组织机构根据"必要、辅助"的原则,结合实际情况确定协助人员的数量。在整个操作过程中,协助人员只能起必要、简单的辅助作用。否则,每违反一次,至少扣减应考者的技能考核总成绩10分,直至取消其考试资格。

8. 实施"技能考核框架"时,应同时对应考者在质量、安全、工艺纪律、文明生产等方面行为进行考核。对于在技能操作考核过程中出现的违章作业现象,每违反一项(次)至少扣减技能考核总成绩10分,直至取消其考试资格。

注:按照中国北车规定,各《职业技能操作考核框架》的编制依据现行的《国家职业标准》或现行的《行业职业标准》或现行的《中国北车职业标准》的顺序执行。

二、工具钳工(初级工)技能操作鉴定要素细目表

职业功能	鉴定项目				鉴定要素		
	项目代码	名　称	鉴定比重(%)	选考方式	要素代码	名　称	重要程度
工艺装备零件的加工	E	划线	60	至少选择2项	001	能识读轴类、套类、盘类等简单零件的零件图	X
					002	能利用划线工具及分度头进行平面划线,划线精度达到IT13	X
		零件加工			001	能使用砂轮机刃磨錾子和标准麻花钻	X
					002	能使用錾子、手锯加工零件,錾削和锯削零件的尺寸、形状、位置精度达到IT14	X
					003	能锉削各类平面、曲面,锉削零件的尺寸、形状、位置精度达到IT10,表面粗糙度达 $R_a 3.2\ \mu m$	X
					004	能进行钻孔、扩孔、锪孔作业,钻孔的孔径尺寸、形状、位置精度达到IT12	X
					005	能进行铰孔作业,铰孔的孔径尺寸、形状、位置精度达到IT8,表面粗糙度达 $R_a 1.6\ \mu m$	X
					006	能使用丝锥、板牙分别攻、套内、外螺纹	X
					007	能刮削平板,达到3级平板精度	X
					008	能研磨平面、孔、轴,精度达到IT5,表面粗糙度达到 $R_a 0.8\ \mu m$	X
					009	能制作平面划线的样板	X
					010	能进行成型零件的粗研磨加工	X
					011	能进行矫正、弯曲作业	X

续上表

职业功能	鉴定项目				鉴定要素		
	项目代码	名　　称	鉴定比重（%）	选考方式	要素代码	名　　称	重要程度
工艺装备零件的加工	E	零件精度测量			001	能使用游标卡尺、千分尺、万能角度尺、刀口尺、角尺、百分表、塞尺、量块等常用量具测量零件的尺寸、形状及位置精度	X
					002	能用比较法检验零件的表面粗糙度值	X
工艺装备的装配、调试	F	装配前准备	30	任选	001	能识读简单的装配图	X
					002	能根据装配要求,准备装配工具及清理零件	X
					003	能使用装配工具	X
		装配			001	能装配各类螺纹连接	X
					002	能装配松键、紧键	X
					003	能装配各类销连接	X
					004	能装配各类滚动轴承、轴组	X
					005	能装配过盈连接	X
					006	能进行铆接、粘接作业	Z
					007	能装配固定式钻床夹具	X
					008	能装配单工序冲裁模	X
		调试			001	能将固定式钻床夹具、单工序冲裁模安装在工作设备上	X
					002	能调试固定式钻床夹具	X
					003	能调试单工序冲裁模	X
工艺装备的维修	F	故障分析和检查	10	任选	001	能检查钻床夹具的定位元件、引导元件磨损及夹紧装置失效等故障	X
					002	能检查冲裁模的工作零件、卸料机构的故障	Y
		修理			001	能根据工作规程对简单的夹具和模具进行日常的维护和检查	X
					002	能拆卸工艺装备	X
					003	能更换工艺装备的标准件和易损件,如弹簧、定位销、螺钉等	Y
					004	能完成工艺装备滑动、滚动及传动件的润滑和防锈工作	Z

注:重要程度中 X 表示核心要素,Y 表示一般要素,Z 表示辅助要素。下同。

工具钳工(初级工)
技能操作考核样题与分析

职 业 名 称：＿＿＿＿＿＿＿＿＿

考 核 等 级：＿＿＿＿＿＿＿＿＿

存 档 编 号：＿＿＿＿＿＿＿＿＿

考 核 站 名 称：＿＿＿＿＿＿＿＿＿

鉴 定 责 任 人：＿＿＿＿＿＿＿＿＿

命 题 责 任 人：＿＿＿＿＿＿＿＿＿

主 管 负 责 人：＿＿＿＿＿＿＿＿＿

中国北车股份有限公司劳动工资部制

职业技能鉴定技能操作考核制件图示或内容

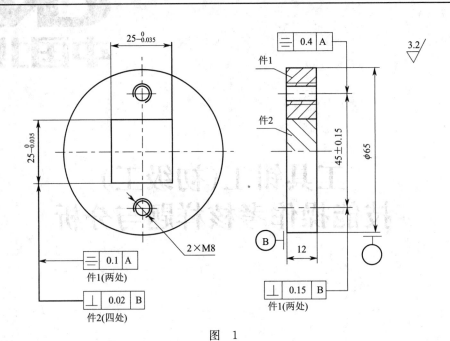

图　1

一、技术要求

件 1 正方形孔按件 2 配作,配合间隙不大于 0.25 mm。

二、考试规则

有重大安全事故、考试作弊者,取消其考试资格。

职业名称	工具钳工
考核等级	初级工
试题名称	正方形镶配件
材质等信息：Q235 钢	

职业技能鉴定技能操作考核准备单

职业名称	工具钳工
考核等级	初级工
试题名称	正方形镶配件

一、材料准备

材料规格如图 2 所示。

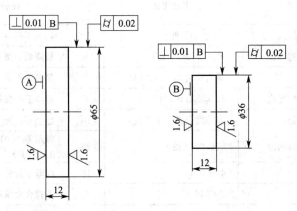

图 2

二、工具、设备准备

1. 设备准备

Z512 型台钻 1 台，规格 φ12.7。

2. 工、量、刃、卡具准备

序号	名 称	规格	精度	数量	序号	名 称	规格	精度	数量
1	高度游标卡尺	0～300	0.02	1	10	绞杠			1
2	游标卡尺	0～150	0.02	1	11	划针			1
3	千分尺	0～25	0.01	1	12	划规	150		1
4	直角尺	100×63	1 级	1	13	样冲			1
5	刀口尺	100	1 级	1	14	锯弓、锯条			自定
6	钻头	φ5、φ6、φ7		各1个	15	粗、中、细锉刀			自定
7	丝锥	M8		1 副	16	什锦锉	φ5×140		1 组
8	錾子			自定	17	塞尺	0.02～1		1
9	锤子			1	18	钢直尺	0～150		1

三、考场准备

1. 需保证照明充足和一定数量的 250 mm×160 mm 平板；

2. 劳保用品穿戴齐全。

四、考核内容及要求

1. 考核内容

按考核制件图1所示及要求制作。

2. 考核时限

(1)准备时间:10 min;(2)正式操作时间:240 min;(3)提前不加分,到时即停止作业。

3. 考核评分(表)

考核项目	考核内容	考核要求	配分	评分标准	扣分	得分
主要项目	件2正方 $25_{-0.05}^{0}$	$25_{-0.05}^{0}$(2处)	10	超差不得分		
	件2四周表面粗糙度	$R_a 3.2\ \mu m$(4处)	5	每降低一级扣1分		
	件2位置公差	垂直度公差0.02(4处)	8	超差不得分		
	件1方孔表面粗糙度	$R_a 3.2\ \mu m$(4处)	5	每降低一级扣1分		
	件1方孔位置公差	对称度公差0.1(2处)	10	超差不得分		
	件1与件2配合间隙	≤0.05(4处)	28	每超差0.01扣1分,超差0.03不得分		
	螺纹孔孔距	45±0.15	10	超差不得分		
一般项目	螺纹	2×M8	5	不符合要求不得分		
	螺纹表面粗糙度	$R_a 3.2\ \mu m$(2处)	5	超差不得分		
	螺纹孔位置公差	对称度公差0.4	8	每超差0.1扣2分		
	螺纹孔位置公差	垂直度公差0.15	6	每超差0.1扣2分		
质量、安全、工艺纪律、文明生产等综合考核项目		考核时限	不限	每超时5 min扣10分		
		工艺纪律	不限	依据企业有关工艺纪律管理规定执行,每违反一次扣10分		
		劳动保护	不限	依据企业有关劳动保护管理规定执行,每违反一次扣10分		
		文明生产	不限	依据企业有关文明生产管理规定执行,每违反一次扣10分		
		安全生产	不限	依据企业有关安全生产管理规定执行,每违反一次扣10分		

职业技能鉴定技能考核制件(内容)分析

职业名称	工具钳工
考核等级	初级工
试题名称	正方形镶配件
职业标准依据	国家职业标准

试题中鉴定项目及鉴定要素的分析与确定					
鉴定项目分类 分析事项	专业技能"E"	相关技能"F"	相关技能"F"	合计	数量与占比说明
鉴定项目总数	3	3	2	8	
选取的鉴定项目数量	2	1	1	4	
选取的鉴定项目 数量占比(%)	66	33	50	50	专业技能满足2/3,鉴定要素满 足60%的要求
对应选取鉴定项目所 包含的鉴定要素总数	13	3	2	18	
选取的鉴定要素数量	8	2	2	12	
选取的鉴定要素 数量占比(%)	62	67	100	67	

所选取鉴定项目及鉴定要素分解							
鉴定项目类别	鉴定项目名称	国家职业标准规定比重(%)	《框架中》鉴定要素名称	本命题中具体鉴定要素分解	配分	评分标准	考核难点说明
"E"	工艺装备零件的加工	60	零件加工	能使用錾子、手锯加工零件,錾削和锯削零件的尺寸、形状、位置精度达到IT14	5	超差不得分	
				能锉削各类平面、曲面,锉削零件的尺寸、形状、位置精度达到IT10,表面粗糙度达$R_a3.2\ \mu m$	20	超差不得分,表面粗糙度每降低一级扣1分	
				能进行钻孔、扩孔、锪孔作业,钻孔的孔径尺寸、形状、位置精度达到IT12	10	超差不得分	
				能使用丝锥、板牙分别攻、套内、外螺纹	10	螺纹孔孔距超差不得分,螺纹孔位置公差每超差0.1扣2分	
				能研磨平面、孔、轴,精度达到IT5,表面粗糙度达$R_a0.8\ \mu m$	5	超差不得分,表面粗糙度每降低一级扣1分	
				能使用砂轮机刃磨錾子和标准麻花钻			
			零件精度测量	能使用游标卡尺、千分尺、万能角度尺、刀口尺、角尺、百分表、塞尺、量块等常用量具测量零件的尺寸、形状及位置精度	5	超差不得分,表面粗糙度每降低一级扣1分	
				能用比较法检验零件的表面粗糙度值	5	表面粗糙度每降低一级扣1分	

续上表

鉴定项目类别	鉴定项目名称	国家职业标准规定比重(%)	《框架中》鉴定要素名称	本命题中具体鉴定要素分解	配分	评分标准	考核难点说明
"F"	工艺装备的装配、调试	30	装配前准备	能识读简单的装配图	20		
				能根据装配要求,准备装配工具及清理零件	10		
"F"	工艺装备的维修	10	故障分析和检查	能检查钻床夹具的定位元件、引导元件磨损及夹紧装置失效等故障	5		
				能检查冲裁模的工作零件、卸料机构的故障	5		
	质量、安全、工艺纪律、文明生产等综合考核项目			考核时限	不限	每超时 5 min 扣10 分	
				工艺纪律	不限	依据企业有关工艺纪律管理规定执行,每违反一次扣10 分	
				劳动保护	不限	依据企业有关劳动保护管理规定执行,每违反一次扣10 分	
				文明生产	不限	依据企业有关文明生产管理规定执行,每违反一次扣10 分	
				安全生产	不限	依据企业有关安全生产管理规定执行,每违反一次扣10 分	

工具钳工(中级工)技能操作考核框架

一、框架说明

1. 依据《国家职业标准》^注，以及中国北车确定的"岗位个性服从于职业共性"的原则，提出工具钳工(中级工)技能操作考核框架(以下简称:技能考核框架)。

2. 本职业等级技能操作考核评分采用百分制。即:满分为 100 分,60 分为及格,低于 60 分为不及格。

3. 实施"技能考核框架"时,考核制件(活动)命题可以选用本企业的加工件(活动项目),也可以结合实际另外组织命题。

4. 实施"技能考核框架"时,考核的时间和场地条件等应根据《国家职业标准》,并结合企业实际确定。

5. 实施"技能考核框架"时,其"职业功能"的分类按以下要求确定:

(1)"工艺装备零件的加工"属于本职业等级技能操作的核心职业活动,其"项目代码"为"E"。

(2)"工艺装备的装配、调试"、"工艺装备的维修"属于本职业等级技能操作的辅助性活动,其"项目代码"均为"F"。

6. 实施"技能考核框架"时,其"鉴定项目"和"选考数量"按以下要求确定:

(1)按照《国家职业技能标准》有关技能操作鉴定比重的要求,本职业等级技能操作考核制件的"鉴定项目"应按"E"+"F"+"F"组合,其考核配分比例相应为:"E"占 50 分,两"F"分别占 35、15 分(其中:工艺装备的装配、调试占 35 分,工艺装备的维修占 15 分)。

(2)依据中国北车确定的"核心职业活动选取 2/3,并向上取整"的规定,在"E"类鉴定项目——"工艺装备零件的加工"的全部 3 项中,至少选取 2 项。

(3)依据中国北车确定的"其余'鉴定项目'的数量可以任选"的规定,"F"类鉴定项目——"工艺装备的装配、调试"、"工艺装备的维修"中,至少分别选取 1 项。

(4)依据中国北车确定的"确定'选考数量'时,所涉及'鉴定要素'的数量占比,应不低于对应'鉴定项目'范围内'鉴定要素'总数的 60%,并向上取整"的规定,考核制件的鉴定要素"选考数量"应按以下要求确定:

①在"E"类"鉴定项目"中,在已选定的 2 个鉴定项目中,至少选取已选鉴定项目所对应的全部鉴定要素的 60%项,并向上保留整数。

②在"F"类"鉴定项目"中,对应"装配前准备"的 3 个鉴定要素,至少选取 2 项;对应"装配"的 6 个要素,至少选取 4 项;对应"调试"的 4 个要素,至少选取 3 项。

③在"F"类"鉴定项目"中,对应"故障分析和检查"的 3 个鉴定要素,至少选取 2 项;对应"修理"的 5 个要素,至少选取 3 项。

举例分析:

按照上述"第 6 条"要求,若命题时按最少数量选取,即:在"E"类鉴定项目中选取了"零件加

工"、"零件精度测量"2项,在"F"类鉴定项目中选取了"装配前准备"和"故障分析和检查"2项,则:

此考核制件所涉及的"鉴定项目"总数为4项,具体包括:"零件加工"、"零件精度测量"、"装配前准备"、"故障分析和检查";

此考核制件所的鉴定要素"选考数量"相应为12项,具体包括:"零件加工"、"零件精度测量"2个鉴定项目包含的全部13个鉴定要素中的8项,"装配前准备"鉴定项目包含的全部3个鉴定要素中的2项,"故障分析和检查"鉴定项目包括的全部3个鉴定要素中的2项。

7. 本职业等级技能操作需要两人及以上共同作业的,可由鉴定组织机构根据"必要、辅助"的原则,结合实际情况确定协助人员的数量。在整个操作过程中,协助人员只能起必要、简单的辅助作用。否则,每违反一次,至少扣减应考者的技能考核总成绩10分,直至取消其考试资格。

8. 实施"技能考核框架"时,应同时对应考者在质量、安全、工艺纪律、文明生产等方面行为进行考核。对于在技能操作考核过程中出现的违章作业现象,每违反一项(次)至少扣减技能考核总成绩10分,直至取消其考试资格。

注:按照中国北车规定,各《职业技能操作考核框架》的编制依据现行的《国家职业标准》或现行的《行业职业标准》或现行的《中国北车职业标准》的顺序执行。

二、工具钳工(中级工)技能操作鉴定要素细目表

职业功能	鉴定项目				鉴定要素		
	项目代码	名　称	鉴定比重(%)	选考方式	要素代码	名　称	重要程度
工艺装备零件的加工	E	划线	50	至少选择2项	001	能识读比较复杂的零件图	X
					002	能对轴承座、箱体等零件进行找正和立体划线,划线精度达到IT13	X
					003	能进行合理的借料	X
		零件加工			001	能锉削各类平面、曲面,零件的尺寸、形状、位置精度达到IT9,表面粗糙度达 $R_a1.6\ \mu m$	X
					002	能刃磨群钻,钻孔的孔径尺寸、形状、位置精度达到IT11	X
					003	能研磨铰刀,铰孔的孔径尺寸、形状、位置精度达到IT7,表面粗糙度达 $R_a1.6\ \mu m$	X
					004	能刮削平板,达到2级平板精度	X
					005	能研磨平面、孔、轴,精度达到IT4,表面粗糙度达 $R_a0.4\ \mu m$	X
					006	能手工制作平面工作样板、卡板	X
					007	能制作IT4精度的塞规、环规	X
					008	能对圆形、方形等简单模具型面进行细研加工	X
					009	能对零件进行抛光作业	X
					010	能用电动、风动工具对零件表面进行修整加工	X
		零件精度测量			001	能使用间接测量法检测零件精度	X
					002	能采用涂色法检验零件精度	X
					003	能使用水平仪、正弦规、角度量块测量零件的尺寸、形状、位置精度	X

续上表

职业功能	鉴定项目				鉴定要素		
	项目代码	名　称	鉴定比重(%)	选考方式	要素代码	名　称	重要程度
工艺装备的装配、调试	F	装配前准备	35	任选	001	能看懂装配系统图和装配工艺卡	X
					002	能进行装配精度的检测	X
					003	能对旋转体进行静平衡试验	Z
		装配			001	能装配简单的冲裁复合模、级进模	X
					002	能装配单工序弯曲模、拉延模、成型模及其他单工序冷冲模	X
					003	能装配单分型面(二板式)注射模及其他简单型腔模	Z
					004	能装配钻床、车床、铣床夹具	Y
					005	能装配普通的液压、气动元件及液压、气动控制阀	Y
					006	能安装各种液压、气动辅件	Y
		调试			001	能将各类模具、夹具安装在工作设备上	X
					002	能调试简单的冲裁复合模、级进模及单工序弯曲模、拉延模、成型模等各类冷冲模	X
					003	能调试单分型面(二板式)注射模及其他简单型腔模	Z
					004	能调试钻床、车床、铣床夹具	X
工艺装备的维修		故障分析和检查	15	任选	001	能分析夹具定位误差过大、引导不良、夹紧装置失效等故障产生的原因	X
					002	能分析冷冲模定位不良、卸料不顺、导料不畅等故障产生的原因	Y
					003	能分析型腔模脱模不顺、冷却水渗漏、顶杆折断等故障产生的原因	Y
		修理			001	能修理夹具定位误差过大、引导不良、夹紧装置失效等故障	X
					002	能修理冷冲模定位不良、卸料不顺、导料不畅等故障	Y
					003	能修理型腔模脱模不顺、冷却水渗漏、顶杆折断等故障	Y
					004	能对需要更换的夹具、模具零件进行测绘	Z
					005	能对工作零件的磨损进行修复	Z

工具钳工(中级工)
技能操作考核样题与分析

职 业 名 称：＿＿＿＿＿＿＿＿＿

考 核 等 级：＿＿＿＿＿＿＿＿＿

存 档 编 号：＿＿＿＿＿＿＿＿＿

考核站名称：＿＿＿＿＿＿＿＿＿

鉴定责任人：＿＿＿＿＿＿＿＿＿

命题责任人：＿＿＿＿＿＿＿＿＿

主管负责人：＿＿＿＿＿＿＿＿＿

中国北车股份有限公司劳动工资部制

职业技能鉴定技能操作考核制件图示或内容

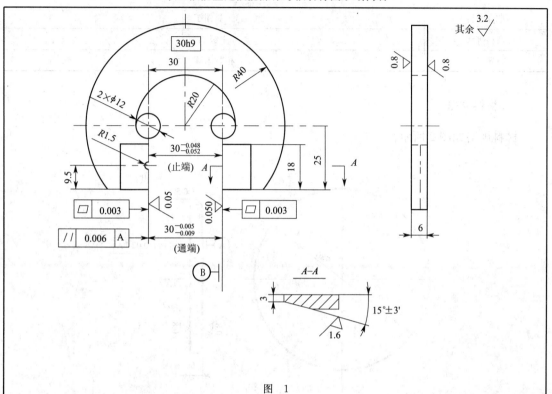

图 1

一、技术要求

1. 研磨必须在钳工桌上手工操作完成;

2. 精研时必须用研磨夹具;

3. 未注公差尺寸按照 IT12。

二、考试规则

有重大安全事故、考试作弊者,取消其考试资格。

职业名称	工具钳工
考核等级	中级工
试题名称	板状卡规
材质等信息:45 号钢	

职业技能鉴定技能操作考核准备单

职业名称	工具钳工
考核等级	中级工
试题名称	板状卡规

一、材料准备

材料规格如图 2 所示。

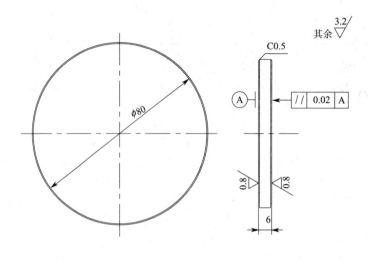

图　2

二、工具、设备准备

1. 设备准备

Z512 型台钻 1 台,规格 ϕ12.7。

2. 工、量、刃、卡具准备

序号	名称	规格	精度	数量	序号	名称	规格	精度	数量
1	高度游标卡尺	0~300	0.02	1	10	研磨靠铁			1
2	刀口尺	75	0 级	1	11	研磨膏			1
3	刀口 90°角尺		0 级	1	12	钻头	ϕ3、ϕ12		各 1
4	量块	83 块		1 套	13	锉刀	200(2 号纹),150(3 号纹)		各 1
5	内径千分表	18~35	0.001	1	14	油光锉	150		1
6	分度头	FW100		1	15	整形锉			1 套
7	平板		0 级	1	16	锯弓、锯条			自定
8	半径样板	7~14.5,15~25		各 1	17	划线工具			1 套
9	万能角度尺	0°~320°	2′	1	18	不可动型研具	200×25×25	0 级	1

续上表

序号	名称	规格	精度	数量	序号	名称	规格	精度	数量
19	辅助夹具	$\phi 8H7$		自定	23	塞尺	0.02~0.5		1
20	油石	$\phi 10H7$		若干	24	光学显微镜			1
21	机油、煤油			若干	25	表架			1
22	游标卡尺	0~150	0.02	1	26	电刻笔			1台

三、考场准备

1. 需保证照明充足和一定数量的 250 mm×160 mm 平板;
2. 劳保用品穿戴齐全。

四、考核内容及要求

1. 考核内容

按考核制件图 1 所示及要求制作。

2. 考核时限

(1)准备时间:10 min;(2)正式操作时间:240 min;(3)提前不加分,到时即停止作业。

3. 考核评分(表)

序号	考核要求	配分	评分标准			量具	检测结果	扣分	检验
			$\leqslant T \leqslant R_a$	$\leqslant T \leqslant 2R_a$	$\leqslant 2T \leqslant R_a$				
1	$30^{-0.005}_{-0.009}$ $R_a 0.05$(2 处)	14 8	14 8	14	8	内径千分尺			
2	$30^{-0.048}_{-0.052}$ $R_a 0.05$	14 8	14 8	14	8	内径千分尺			
3	25	2	2		8	游标卡尺			
4	18	2	2			游标卡尺			
5	9.5	2	2			游标卡尺			
6	$R20;R_a3.2$	6 2	6 2	8	2	半径样板、塞尺			
7	$2\times\phi12;$ $R_a3.2$(2 处)	6 2	6 2	6	2	半径样板、塞尺			
8	$15°\pm3'$ $R_a1.6$(2 处)	6 2	6 2	6	2	万能角度尺			
9	▱ 0.003	10	10			夹具、千分表			
10	// 0.006 A	10	10			夹具、千分表			

序号	考核要求		配分	评分标准			量具	检测结果	扣分	检验
				≤T≤ R_a	≤T≤ 2R_a	≤2T≤ R_a				
11	标记 30h9		5	5			目测			
12	外观	●	5	毛刺、压伤、划伤酌情扣1~5分			目测			
13	安全文明生产			酌情扣1~5分			现场记录			
14	质量、安全、工艺纪律、文明生产等综合考核项目	考核时限	不限	每超时5 min扣10分						
		工艺纪律	不限	依据企业有关工艺纪律管理规定执行,每违反一次扣10分						
		劳动保护	不限	依据企业有关劳动保护管理规定执行,每违反一次扣10分						
		文明生产	不限	依据企业有关文明生产管理规定执行,每违反一次扣10分						
		安全生产	不限	依据企业有关安全生产管理规定执行,每违反一次扣10分						

职业技能鉴定技能考核制件(内容)分析

职业名称	工具钳工
考核等级	中级工
试题名称	板状卡规
职业标准依据	国家职业标准

试题中鉴定项目及鉴定要素的分析与确定					
鉴定项目分类 分析事项	基本技能"E"	专业技能"F"	相关技能"F"	合计	数量与占比说明
鉴定项目总数	3	3	2	8	
选取的鉴定项目数量	2	1	1	4	
选取的鉴定项目 数量占比(%)	66	33	50	50	专业技能满足2/3,鉴定要素满
对应选取鉴定项目所 包含的鉴定要素总数	13	3	3	19	足60%的要求
选取的鉴定要素数量	8	2	2	12	
选取的鉴定要素 数量占比(%)	62	67	67	63	

所选取鉴定项目及鉴定要素分解							
鉴定项目类别	鉴定项目名称	国家职业标准规定比重(%)	《框架中》鉴定要素名称	本命题中具体鉴定要素分解	配分	评分标准	考核难点说明
"E"	工艺装备零件的加工	50	零件加工	能锉削各类平面、曲面,锉削零件的尺寸、形状、位置精度达到IT9,表面粗糙度达 $R_a1.6\ \mu m$	10	对自由公差尺寸酌情扣分	
				能刃磨群钻,钻孔的孔径尺寸、形状、位置精度达到IT11	5	对自由公差尺寸酌情扣分	
				能研磨平面、孔、轴,精度达到IT4,表面粗糙度达 $R_a0.4\ \mu m$	10	超差不得分,表面粗糙度每降低一级扣1分	
				能手工制作平面工作样板、卡板	5	超差不得分,表面粗糙度每降低一级扣1分	
				能制作IT4精度的塞规、环规	5		
				能对零件进行抛光作业	5		
			零件精度测量	能使用间接测量法检测零件精度	5	超差不得分,表面粗糙度每降低一级扣1分	
				能采用涂色法检验零件精度	5	表面粗糙度每降低一级扣1分	
"F"	工艺装备的装配、调试	35	装配前准备	能看懂装配系统图和装配工艺卡	25		
				能进行装配精度的检测	10		

续上表

鉴定项目类别	鉴定项目名称	国家职业标准规定比重(%)	《框架中》鉴定要素名称	本命题中具体鉴定要素分解	配分	评分标准	考核难点说明
"F"	工艺装备的维修	15	故障分析和检查	能分析夹具定位误差过大、引导不良、夹紧装置失效等故障产生的原因	10		
				能分析冷冲模定位不良、卸料不顺、导料不畅等故障产生的原因	5		
质量、安全、工艺纪律、文明生产等综合考核项目				考核时限	不限	每超时 5 min 扣10 分	
				工艺纪律	不限	依据企业有关工艺纪律管理规定执行,每违反一次扣10 分	
				劳动保护	不限	依据企业有关劳动保护管理规定执行,每违反一次扣10 分	
				文明生产	不限	依据企业有关文明生产管理规定执行,每违反一次扣10 分	
				安全生产	不限	依据企业有关安全生产管理规定执行,每违反一次扣10 分	

工具钳工(高级工)技能操作考核框架

一、框架说明

1. 依据《国家职业标准》[注]，以及中国北车确定的"岗位个性服从于职业共性"的原则，提出工具钳工(高级工)技能操作考核框架(以下简称：技能考核框架)。

2. 本职业等级技能操作考核评分采用百分制。即：满分为 100 分，60 分为及格，低于 60 分为不及格。

3. 实施"技能考核框架"时，考核制件(活动)命题可以选用本企业的加工件(活动项目)，也可以结合实际另外组织命题。

4. 实施"技能考核框架"时，考核的时间和场地条件等应根据《国家职业标准》，并结合企业实际确定。

5. 实施"技能考核框架"时，其"职业功能"的分类按以下要求确定：

(1)"工艺装备零件的加工"属于本职业等级技能操作的核心职业活动，其"项目代码"为"E"。

(2)"工艺装备的装配、调试"、"工艺装备的维修"属于本职业等级技能操作的辅助性活动，其"项目代码"均为"F"。

6. 实施"技能考核框架"时，其"鉴定项目"和"选考数量"按以下要求确定：

(1)按照《国家职业技能标准》有关技能操作鉴定比重的要求，本职业等级技能操作考核制件的"鉴定项目"应按"E"+"F"+"F"组合，其考核配分比例相应为："E"占 40 分，两"F"分别占 40、20 分(其中：工艺装备的装配、调试占 40 分，工艺装备的维修占 20 分)。

(2)依据中国北车确定的"核心职业活动选取 2/3，并向上取整"的规定，在"E"类鉴定项目——"工艺装备零件的加工"的全部 3 项中，至少选取 2 项。

(3)依据中国北车确定的"其余'鉴定项目'的数量可以任选"的规定，"F"类鉴定项目——"工艺装备的装配、调试"、"工艺装备的维修"中，至少分别选取 1 项。

(4)依据中国北车确定的"确定'选考数量'时，所涉及'鉴定要素'的数量占比，应不低于对应'鉴定项目'范围内'鉴定要素'总数的 60%，并向上取整"的规定，考核制件的鉴定要素"选考数量"应按以下要求确定：

①在"E"类"鉴定项目"中，在已选定的 2 个鉴定项目中，至少选取已选鉴定项目所对应的全部鉴定要素的 60%项，并向上保留整数。

②在"F"类"鉴定项目"中，对应"装配前准备"的 2 个鉴定要素，至少选取 2 项；对应"装配"的 5 个要素，至少选取 3 项；对应"调试"的 5 个要素，至少选取 3 项。

③在"F"类"鉴定项目"中，对应"故障分析和检查"的 3 个鉴定要素，至少选取 2 项；对应"修理"的 5 个要素，至少选取 3 项。

举例分析：

按照上述"第 6 条"要求，若命题时按最少数量选取，即：在"E"类鉴定项目中选取了"零

件加工"、"零件精度测量"2 项,在"F"类鉴定项目中选取了"装配"和"故障分析和检查"2 项,则:

此考核制件所涉及的"鉴定项目"总数为 4 项,具体包括:"零件加工"、"零件精度测量"、"装配"、"故障分析和检查";

此考核制件所的鉴定要素"选考数量"相应为 11 项,具体包括:"零件加工"、"零件精度测量"2 个鉴定项目包含的全部 10 个鉴定要素中的 6 项,"装配"鉴定项目包含的全部 5 个鉴定要素中的 3 项,"故障分析和检查"鉴定项目包括的全部 3 个鉴定要素中的 2 项。

7. 本职业等级技能操作需要两人及以上共同作业的,可由鉴定组织机构根据"必要、辅助"的原则,结合实际情况确定协助人员的数量。在整个操作过程中,协助人员只能起必要、简单的辅助作用。否则,每违反一次,至少扣减应考者的技能考核总成绩 10 分,直至取消其考试资格。

8. 实施"技能考核框架"时,应同时对应考者在质量、安全、工艺纪律、文明生产等方面行为进行考核。对于在技能操作考核过程中出现的违章作业现象,每违反一项(次)至少扣减技能考核总成绩 10 分,直至取消其考试资格。

注:按照中国北车规定,各《职业技能操作考核框架》的编制依据现行的《国家职业标准》或现行的《行业职业标准》或现行的《中国北车职业标准》的顺序执行。

二、工具钳工(高级工)技能操作鉴定要素细目表

职业功能	鉴定项目				鉴定要素		
	项目代码	名 称	鉴定比重(%)	选考方式	要素代码	名 称	重要程度
工艺装备零件的加工	E	划线	40	至少选择2项	001	能进行畸形工件的划线	X
					002	能对多孔系箱体进行立体划线	X
		零件加工			001	能完成锉削作业,锉削的尺寸、形状、位置精度达到 IT8,表面粗糙度达 $R_a1.6\mu m$	X
					002	能完成铰孔作业,铰孔的孔径尺寸、形状、位置精度达到 IT6,表面粗糙度达 $R_a0.8\mu m$	X
					003	能完成钻孔作业,钻孔的孔径尺寸、形状、位置精度达到 IT10	X
					004	能钻削斜孔、相交孔,使用枪钻加工冷却水孔、加热管孔等超深孔	Y
					005	能钻削加工高硬度、高韧性材料	Y
					006	能刮削平板、方箱,并达到 1 级精度	X
					007	能研磨量规、塞规、环规及其他机械零件,精度达到 IT3	X
					008	能研磨成型车刀、铣刀等刀具	X
		零件精度测量			001	能检测曲线样板、成型刀具的精度	X
					002	能用针描法测量零件的表面粗糙度值	X

续上表

职业功能	鉴定项目				鉴定要素		
	项目代码	名　称	鉴定比重(%)	选考方式	要素代码	名　称	重要程度
工艺装备的装配、调试	F	装配前装备	40	任选	001	能对高速旋转机床夹具、大尺寸的刀盘进行动平衡	Y
					002	能利用液压合模检测机检测模具的配合精度	Z
		装配			001	能完成镗床、磨床等高精度机床夹具的装配	X
					002	能根据零件加工的要求选择标准元件进行组合夹具的装配	X
					003	能装配三工序复合模、四工步级进模	Y
					004	能装配三板式、侧向分型、热流道等结构的注射模及其他复杂程度相当的型腔模	Z
					005	能装配比较复杂的气动、液压装置	Y
		调试			001	能调试镗床、磨床等高精度机床夹具	X
					002	能调试组合夹具	X
					003	能调试三工序复合模、四工步级进模	Y
					004	能调试三板式、侧向分型、热流道等结构的注射模及其他复杂程度相当的型腔模	Z
					005	能调试比较复杂的气动、液压装置	Y
工艺装备的维修	F	故障分析和检查	20	任选	001	能根据零件的加工质量判断镗床、磨床夹具的故障原因	Y
					002	能根据制件质量(毛刺、回弹、起皱、拉裂及尺寸精度)判断冷冲模的故障原因	X
					003	能根据制件质量(变形、缺陷及尺寸精度)判断型腔模的故障原因	X
		修理			001	能修理镗床、磨床等高精度机床夹具	X
					002	能修理组合夹具	X
					003	能修理三工序复合模、四工步级进模	X
					004	能修理三板式、侧向分型、热流道等结构的注射模及其他复杂程度相当的型腔模	X
					005	能修理比较复杂的气动、液压装置	

工具钳工(高级工)
技能操作考核样题与分析

职业名称：_____

考核等级：_____

存档编号：_____

考核站名称：_____

鉴定责任人：_____

命题责任人：_____

主管负责人：_____

中国北车股份有限公司劳动工资部制

职业技能鉴定技能操作考核制件图示或内容

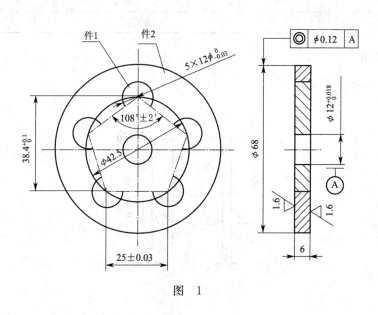

图 1

一、技术要求

件 2 按件 1 配作,配合间隙不大于 0.1 mm。

二、考试规则

有重大安全事故、考试作弊者,取消其考试资格。

职业名称	工具钳工
考核等级	高级工
试题名称	梅花合套
材质等信息:45 号钢	

职业技能鉴定技能操作考核准备单

职业名称	工具钳工
考核等级	高级工
试题名称	梅花合套

一、材料准备

材料规格如图 2 所示。

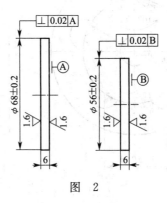

图　2

二、工具、设备准备

1. 设备准备

Z512 型台钻 1 台,规格 φ12.7。

2. 工、量、刃、卡具准备

序号	名称	规格	精度	数量	序号	名称	规格	精度	数量
1	高度游标卡尺	0～300	0.02	1	12	圆弧样板			自定
2	游标卡尺	0～150	0.02	1	13	锤子			1
3	千分尺	0～25	0.01	1	14	錾子			自定
4	千分尺	25～50	0.01	1	15	锯弓、锯条			自定
5	直角尺	100×63	1级	1	16	样冲			1
6	刀口尺	100	1级	1	17	划针			1
7	钻头	φ5、φ11.8		各1	18	钢直尺	0～50		1
8	手用铰刀	φ12		自定	19	划规	150		1
9	绞杠			1	20	塞尺	0.02～1		1
10	万能角度尺	0°～320°	2′	1	21	粗、中、细锉刀			自定
11	塞规	φ12		1	22	什锦锉	φ5×140		1组

三、考场准备

1. 需保证照明充足和一定数量的 250 mm×160 mm 平板;

2. 劳保用品穿戴齐全。

四、考核内容及要求

1. 考核内容

按考核制件图 1 所示及要求制作。

2. 考核时限

(1)准备时间:10 min;(2)正式操作时间:480 min;(3)提前不加分,到时即停止作业。

3. 考核评分(表)

考核项目	考核内容	考核要求	配分	评分标准	扣分	得分
主要项目	锉削	$38.4^{+0.1}_{0}$(5 处)	15	超差不得分		
	锉削	25 ± 0.03(5 处)	20	超差不得分		
	锉削 $\phi12$ 孔	$5\times\phi12^{0}_{-0.03}$	10	每超差 0.01 扣 1 分,超差 0.02 以上不得分		
	配合间隙	$\leqslant0.1$(10 处)	35	超差不得分		
	配合位置公差	同轴度公差 $\phi0.12$	6	超差不得分		
一般项目	钻铰孔	$\phi12$H7	2	超差不得分		
	表面粗糙度	$R_a1.6\ \mu m$	12	每降低 1 级扣 0.5 分		
安全文明生产	国家颁布的安全生产法规或行业(企业)的规定	达到有关规定的标准		按违反有关规定程度扣 1~5 分		
	企业有关文明生产的规定	周围场地整洁,工、量、刃、卡具及零件摆放合理		按不整洁和不合理程度扣 1~5 分		
工时定额	8 h			超过定额 30 min 扣 10 分,未完成不计分		
质量、安全、工艺纪律、文明生产等综合考核项目	考核时限		不限	每超时 5min 扣 10 分		
	工艺纪律		不限	依据企业有关工艺纪律管理规定执行,每违反一次扣 10 分		
	劳动保护		不限	依据企业有关劳动保护管理规定执行,每违反一次扣 10 分		
	文明生产		不限	依据企业有关文明生产管理规定执行,每违反一次扣 10 分		
	安全生产		不限	依据企业有关安全生产管理规定执行,每违反一次扣 10 分		

职业技能鉴定技能考核制件(内容)分析

职业名称	工具钳工
考核等级	高级工
试题名称	梅花合套
职业标准依据	国家职业标准

试中鉴定项目及鉴定要素的分析与确定					
鉴定项目分类 分析事项	专业技能"E"	相关技能"F"	相关技能"F"	合计	数量与占比说明
鉴定项目总数	3	3	2	8	
选取的鉴定项目数量	2	1	1	4	
选取的鉴定项目 数量占比(%)	66	33	50	50	专业技能满足2/3,鉴定要素满 足60%的要求
对应选取鉴定项目所 包含的鉴定要素总数	10	5	5	20	
选取的鉴定要素数量	6	3	3	12	
选取的鉴定要素 数量占比(%)	60	60	60	60	

所选取鉴定项目及鉴定要素分解							
鉴定 项目 类别	鉴定项目 名称	国家职业标准 规定比重(%)	《框架中》鉴 定要素名称	本命题中具体 鉴定要素分解	配分	评分标准	考核难 点说明
"E"	工艺装备零 件的加工	40	零件加工	能完成锉削作业,锉削的尺寸、形状、位置精度达到IT8,表面粗糙度达 $R_a1.6\mu m$	10	超差不得分,表面粗糙度每降低一级扣1分	
				能完成铰孔作业,铰孔的孔径尺寸、形状、位置精度达到IT6,表面粗糙度达 $R_a0.8\mu m$	10	超差不得分,表面粗糙度每降低一级扣1分	
				能完成钻孔作业,钻孔的孔径尺寸、形状、位置精度达到IT10	5	超差不得分	
				能钻削加工高硬度、高韧性材料	5	加工不到位不得分	
			零件精 度测量	能检测曲线样板、成型刀具的精度	5	不能操作不得分	
				能用针描法测量零件的表面粗糙度值	5		
"F"	工艺装备的 装配、调试	40	装配	能完成镗床、磨床等高精度机床夹具的装配	20	配合间隙超差不得分	
				能根据零件加工的要求,选择标准元件进行组合夹具的装配	15	同轴度超差不得分	
				能装配比较复杂的气动、液压装置	5	无法操作不得分	
"F"	工艺装备 的维修	20	修理	能修理镗床、磨床等高精度机床夹具	10	无法操作不得分	
				能修理组合夹具	5		
				能修理比较复杂的气动、液压装置	5		

续上表

鉴定项目类别	鉴定项目名称	国家职业标准规定比重(%)	《框架中》鉴定要素名称	本命题中具体鉴定要素分解	配分	评分标准	考核难点说明
质量、安全、工艺纪律、文明生产等综合考核项目				考核时限	不限	每超时 5min 扣10 分	
				工艺纪律	不限	依据企业有关工艺纪律管理规定执行,每违反一次扣10 分	
				劳动保护	不限	依据企业有关劳动保护管理规定执行,每违反一次扣10 分	
				文明生产	不限	依据企业有关文明生产管理规定执行,每违反一次扣10 分	
				安全生产	不限	依据企业有关安全生产管理规定执行,每违反一次扣10 分	

参 考 文 献

[1]　中华人民共和国人力资源和社会保障部．国家职业技能标准：工具钳工［M］．北京：中国劳动社会保障出版社，2009．

[2]　中国北车集团．工具钳工［M］．北京：中国铁道出版社，2004．

[3]　劳动和社会保障部教材办公室．工具钳工［M］．北京：中国劳动社会保障出版社，2006．